建筑绘图基础教程
建筑制图 + CAD + Revit

刘学贤　郭亚成　袁　涛　等编著

机械工业出版社

本书共分 10 章，其主要内容包括建筑绘图基础知识、建筑图样的绘制、使用 AutoCAD 绘制二维图形、Revit 基本操作、场地设计、创建概念体量、创建建筑构件、视图的创建与深化、布图与打印以及协同工作简介等基本内容。本书条理清晰，以相关的现行建筑制图规范与计算机软件应用为基础，以建筑图形的绘制与模型创建为主线，简明扼要地介绍了手绘、机绘建筑图形以及使用 Revit 创建模型的方法和一些常用技巧，可以作为建筑设计相关专业的工具书以及 BIM 爱好者的参考资料。

图书在版编目（CIP）数据

建筑绘图基础教程：建筑制图+CAD+Revit/刘学贤等编著．—北京：机械工业出版社，2020.7（2024.1 重印）

ISBN 978-7-111-64887-1

I.①建… II.①刘… III.①建筑制图—计算机辅助设计—AutoCAD 软件—教材②建筑设计—计算机辅助设计—应用软件—教材 IV.①TU204-39②TU201.4

中国版本图书馆 CIP 数据核字（2020）第 032954 号

机械工业出版社（北京市百万庄大街 22 号 邮政编码 100037）

策划编辑：赵 荣 责任编辑：赵 荣 范秋涛

责任校对：樊钟英 封面设计：鞠 杨

责任印制：邓 博

北京盛通数码印刷有限公司印刷

2024 年 1 月第 1 版第 2 次印刷

184mm×260mm · 17.75 印张 · 396 千字

标准书号：ISBN 978-7-111-64887-1

定价：59.00 元

电话服务

客服电话：010-88361066

010-88379833

010-68326294

封底无防伪标均为盗版

网络服务

机 工 官 网：www.cmpbook.com

机 工 官 博：weibo.com/cmp1952

金 书 网：www.golden-book.com

机工教育服务网：www.cmpedu.com

前　言

工程图是事关建筑物的创建和施工的重要文件之一，一份清晰、准确的工程图，能够充分体现当代设计师的基本功底。而且近年来，BIM 在建筑领域得到迅速发展，尤其是 BIM 被明确写入建筑业发展"十二五"规划并继续列入住建部、科技部"十三五"相关规划之后，BIM 的发展趋势更是突飞猛进。

本书在融合众多建筑制图和画法几何教材的基础上，结合现行相应的制图规范，加以提炼汇总。随着计算机应用技术的飞速发展，熟练使用计算机也是建筑师不可缺少的功课之一，因此我们将对在建筑设计过程中使用频率较高的 Auto CAD 软件的基本应用加以讲述，一方面便于读者分阶段学习，另一方面也便于综合运用。

另外，随着 BIM 技术的逐步推进，使用 Autodesk Revit 创建建筑信息模型已经成为主流，并广泛应用于工程项目规划、相关单体设计、施工及运维等领域。因此，我们又以 Autodesk Revit 为基础，着重讲述场地设计、创建概念体量、创建建筑构件、视图的创建与深化、布图与打印以及协同工作简介等基本内容。

本书主要是面向建筑类高校、高职高专类学生以及计算机爱好者所编写，条理清晰、综合性强，以现行建筑制图规范和相关绘图软件为基础，简明扼要地阐述了手工绘图以及计算机绘图的方法和技巧，其内容包括投影原理、剖面图与断面图、轴测图、建筑施工图的基本组成与绘制、使用 AutoCAD 绘制二维图形、使用 Autodesk Revit 创建建筑信息模型等内容。本书既可作为各院校建筑类专业的学习用书，又可作为工程技术人员进行 BIM 学习的参考书。

本书由刘学贤、郭亚成、袁涛、王润生、郝占鹏、马立群、李科然、王晖、张笑彦、安家成、潘奕璇等编写。

由于编者经验所限，书中内容难免有不足之处，敬请广大读者批评指正。

编　者

目 录

第1章 建筑绘图基础知识

1.1 投影基本知识

1.1.1 投影原理

1. 影子

影子是光照射到物体上，在物体周围环境中留下物体外形轮廓的一种自然现象（图1-1）。影子的位置、大小、形状随着光源的角度、距离的变化而变化。

在工程制图中通常把光源称为投影中心，光线称为投射线，光线的射向称为投射方向，落影的平面称为投影面，影子的轮廓称为投影，用投影表示物体的形状和大小的绘图方法称为投影法，用投影法画出的物体图形称为投影图（图1-2）。

投影的产生需要三个基本条件，即：光线、物体、投影面，这三个基本条件又称为投影三要素。

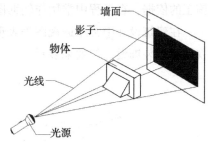

图 1-1 影子的形成原理

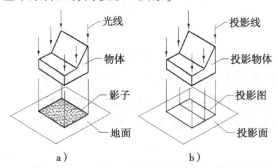

a）　　　　　　　b）

图 1-2 投影的形成

a）影子　b）投影

2. 投影法的分类

根据投影中心与投影面之间距离的远近不同，投影法分为中心投影和平行投影两大类（图1-3）。

（1）中心投影　由一点放射的投射线所产生的投影称为中心投影。

（2）平行投影　由平行的投射线所产生的投影称为平行投影。

此外，根据投射线与投影面的角度不同，平行投影又分为正投影和斜投影。

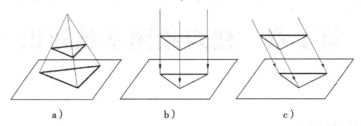

a) b) c)

图1-3 投影的分类

a) 中心投影 b) 正投影 c) 斜投影

3. 工程中常用的图示法

工程中常用的图示法有透视投影图、轴测投影图、正投影图和标高投影图。

（1）透视投影 透视投影图是物体在一个投影面上的中心投影，简称透视图。这种图样形象逼真，具有立体感，符合人的视觉习惯，但作图复杂，且度量性差，不能作为施工的依据，在工程中常用作辅助图样（图1-4）。

在建筑设计中常用透视图来表现建筑物建成后的外观，在室内装饰设计中也常用透视图作为装饰设计的效果展示。

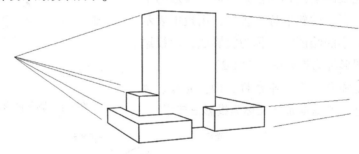

图1-4 透视投影图

（2）轴测投影 将物体安置于投影面体系中合适的位置，选择适当的投射方向，即可得到一种富有立体感的轴测投影图（图1-5）。轴测投影图是物体在一个投影面上的平行投影，简称轴测图。

这种图立体感强，容易看懂，但度量性差，并且对复杂形体也难以表达清楚，因而工程中常用作辅助图样。

（3）正投影 用正投影法把形体向两个或两个以上互相垂直的投影面进行投影，再按一定的规律将其在一个平面上展开，所得到的投影图称为正投影图，如图1-6所示。

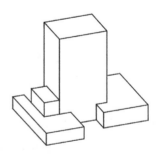

图1-5 轴测投影图

正投影图的特点是能够准确地反映物体的形状和大小，作图简便，度量性好；缺点是立体感差，通常需要多个投影图结合起来表达，不易看懂。正投影图是目前工程中最主要的图样。

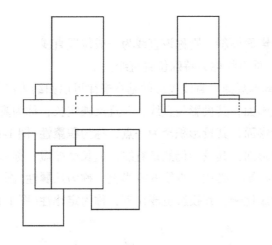

图 1-6　正投影图

（4）标高投影　标高投影图是利用正投影法画出的单面投影图，并在其上注明标高数据。它是绘制地形图等高线的主要方法，在建筑工程中常用来表示地面的起伏变化，如图 1-7 所示。

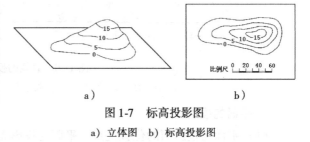

a)　　　　　　　　　b)

图 1-7　标高投影图

a）立体图　b）标高投影图

1.1.2　点、直线、平面的投影

1. 点的投影

点是形体中最基本的元素，是定位的依据，点的投影是线、面、体投影的基础。点在一个投影面上的投影仍然是一个点（图 1-8）。

当空间两点位于某一投影的同一射线上时，这两点在该投影面上的投影重合为一点（图 1-9），这两点称为重影点。离投影面较远的点为可见点，而另一点为不可见点。

可见点的投影以相应的小写字母表示，而不可见的点的投影则以相应的小写字母置于括号内表示。

2. 直线的投影

（1）直线与投影面的位置　对于一个投影面来说，直线可以是投影面的平行线、垂直线或倾斜于投影面。在三面投影体系中，直线与投影面的位置关系有如下三种情况：

1）直线平行于某一投影面，而倾斜于另两个投影面，则直线称为该投影面的平行线。

2）直线垂直于某一投影面，而平行于另两个投影面，则直线称为该投影面的垂

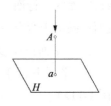

图 1-8　点的投影

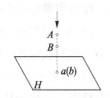

图 1-9　重影点的投影

直线。

3）直线与所有投影面倾斜，则称该直线为一般位置直线。

投影面的平行线、垂直线称为特殊位置直线。

（2）直线投影的基本规律 直线投影的基本规律可以归纳为以下几个方面：

1）直线平行于投影面，其投影是直线，并且反映实长，称为**真实性**（图1-10a）。

2）直线垂直于投影面，其投影积聚为一点，称为**积聚性**（图1-10b）。

3）直线倾斜于投影面，其投影仍然是直线，但长度缩短，称为**收缩性**（图1-10c）。

4）直线上一点的投影，必在该直线的投影上，称为**从属性**（图1-10d）。

5）直线上的线段成比例，其投影也成比例，称为**定比性**（图1-10e）。

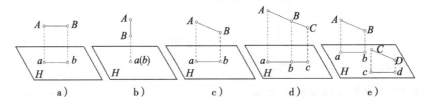

图1-10　直线的投影

a）真实性　　b）积聚性　　c）收缩性　　d）从属性　　e）定比性

3. 平面的投影

（1）平面与投影面的位置关系 平面与投影面的位置关系有平行、垂直、倾斜三种位置关系。在三面投影体系中，平行于某一投影面，而垂直于另两投影面的平面，称为该投影面的平行面；垂直于某一投影面，而倾斜于另两投影面的平面称为该投影面的垂直面；倾斜于所有投影面的平面称为一般位置平面。

（2）平面正投影的基本规律

1）平面平行于投影面，投影反映平面实形，即形状、大小不变，称为**真实性**（图1-11a）。

2）平面垂直于投影面，投影积聚为直线，称为**积聚性**（图1-11b）。

3）平面倾斜于投影面，投影变形面积缩小，称为**收缩性**（图1-11c）。

4）面上一点或者直线的投影，必在该面的投影上，称为**从属性**。

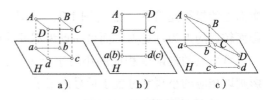

图1-11　平面的投影

a）真实性　　b）积聚性　　c）收缩性

1.1.3　几何形体的投影

1. 三面投影体系

（1）三面投影体系的确立 为了确定形体的形状及其空间位置，通常需要用三个互相垂直的投影面来反映其投影，图1-12是一个两两垂直的三面投影体系，图中标注H的水平位置平面，称为水平投影面（简称H面）；标注V并与H面垂直的正立平面，称为正立投影面（简称 V 面）；标注 W 同时与 H、V 面垂直的侧立平面，称为侧立投影面（简称 W 面）。

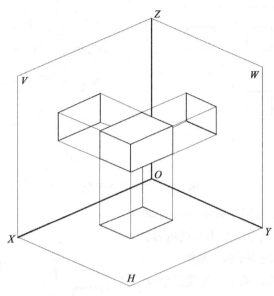

图 1-12 三面投影体系

对一般形体，用三面投影已能确定其形状和大小，所以 H、V、W 三个投影面称为基本投影面，其投影称为基本投影。

如果采用单面或两面投影，有的形体的空间形状不能唯一确定。如图 1-13 所示的平面投影，同一个 H 面投影能得出至少三个答案，而图 1-14 所示采用两面投影时，同样一组 H、V 面投影也至少能得出两种答案，但如果用三面投影则答案是唯一的（图 1-15）。

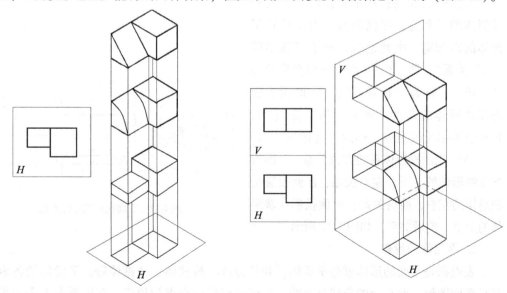

图 1-13 单一投影面的多解示例　　　　图 1-14 两个投影面的多解示例

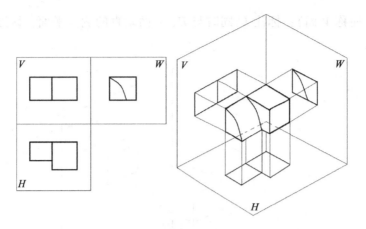

图 1-15　三面投影示例

单一投影面及两面投影没有唯一解的原因是只反映形体的一、两个坐标方向的内容，显然一图多解的图样不能用于施工制作。

（2）三面投影体系的确立　为使三个投影图（也称三视图）处在同一平面内，可将投影面展开，即：V 面不动，H 面绕 X 轴向下旋转 90°，W 面绕 Z 轴向右旋转 90°，于是物体的三面投影图处在同一平面内（图 1-16）。

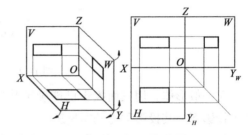

图 1-16　三面投影展开

由于形体是在同一位置上分别向三个投影面进行投影，所以在正面投影图上反映了形体的长和高；在水平投影图上反映了形体的长和宽；在侧面投影图上反映了形体的高和宽。由此也就形成了三视图的"三等关系"，即：V、H 面两投影都反映形体的长度，称为"长对正"；V、W 面投影都反映形体的高度，称为"高平齐"；H、W 面投影都反映宽度，称为"宽相等"。

（3）三面投影体系的方位关系　V 面投影反映形体的上下、左右关系；H 面投影反映形体的左右、前后关系；W 面投影反映形体的上下、前后关系，如图 1-17 所示。

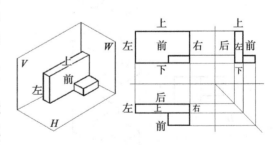

图 1-17　三面投影的方位关系

2. 平面体的投影

表面都是平面的形体就是平面体，如长方体、棱柱体、棱锥体等。平面体的各表面都是平面图形，面与面的交线是棱线，棱线与棱线的交点为顶点。在投影图上表示平面立体，就是把组成立体的平面和棱线表示出来，并判断可见性，把可见的平面或棱线的投影（统称为轮廓线）画成粗实线，把不可见的轮廓线画成虚线。

（1）棱柱的投影　棱柱是由棱面和底面所围成，各棱线相互平行。图 1-18 所示为一正五棱柱的立体图和投影图，正五棱柱由五个棱面和顶面、底面所围成。

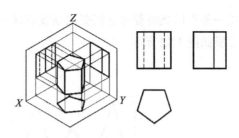

图 1-18　棱柱的投影

（2）棱锥的投影　棱锥是由底面和棱面所围成，各条棱线汇交于一点（锥顶），各棱面都是三角形。图 1-19 为三棱锥的投影。

（3）棱台的投影　棱台是由底面、顶面和棱面所围成，各条棱线的延长线汇交于一点（锥顶），各棱面都是梯形。图 1-20 所示为四棱台的投影。

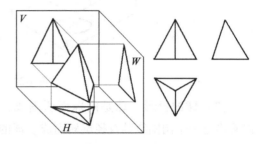

图 1-19　三棱锥的投影

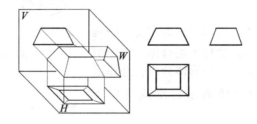

图 1-20　四棱台的投影

3. 曲面体的投影

曲面体是指形体的表面是由曲面或由平面和曲面围成的体，如圆柱、圆锥、圆台、球体等。

曲面是由一直线或曲线绕一定轴回转而成，也称**回转曲面**。运动的直线或曲线称为**母线**，母线在曲面上的任一位置称为**素线**，由这些曲面或回转曲面与平面围成的立体称**为回转体**。

（1）圆柱的投影　圆柱是由圆柱面和两底面所围成。圆柱面可看作是一直母线绕着与它平行的轴线旋转而形成的，圆柱的素线是与轴线相平行的直线。图 1-21 所示为圆柱的投影。

（2）圆锥的投影　圆锥是由圆锥面和底面所围成，圆锥面可看

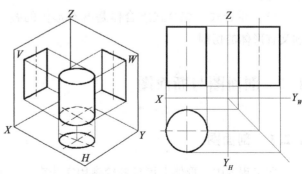

图 1-21　圆柱的投影

作是一条直母线绕着与它相交的轴线旋转而形成，圆锥的素线是通过锥顶的直线，圆锥的投影如图 1-22 所示。

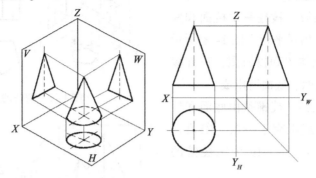

图 1-22　圆锥的投影

（3）球的投影　球是由球面所围成，球面可以看作是一个圆围绕其直径旋转而成。球的投影如图 1-23 所示。

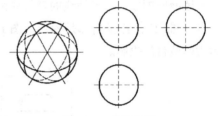

图 1-23　球的投影

4. 组合体的投影

一个比较复杂的形体，可以将其看作是一些基本几何形体组合而成，所以也称为组合体。在画组合体的投影图时，一般应先进行形体分析，选择适当的投影，再画图。组合体的结合形式有以下三种。

（1）叠加式　叠加式是由两个或两个以上的基本体叠加而成。如图 1-24 所示的小房子，是由屋顶（三棱柱）和墙身（四棱柱）叠加而成。

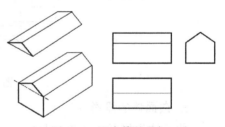

图 1-24　组合体的叠加

（2）切割式　一个比较复杂的形体，还可以将其看作是一基本几何体几经切割后形成。如图 1-25 所示的形体，是由一个长方体切去两个小长方体后形成的。

（3）综合式　综合式组合体是既有形体的叠加又有形体的切割。

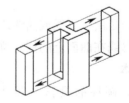

图 1-25　组合体的切割

1.2　剖面图与断面图

1.2.1　剖面图

在工程图中，形体上可见的轮廓用实线表示，不可见的轮廓则用虚线表示。但当形体的内部结构比较复杂时，投影图就会出现许多虚线，使图面上实线和虚线纵横交错，以至于混淆不清，给绘图、读图和尺寸标注等带来诸多不便，且容易产生差错，为此需要选用剖面图来表达。

1. 剖面图的形成

假想用剖切面在形体的适当部位将形体剖开，移去剖切面与观察者之间的部分形体，把原来不可见的内部结构变为可见，将其投射到投影面上，这样得到的投影图称为剖面图（图 1-26）。

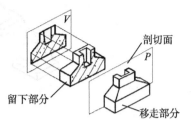

图 1-26 剖面图的形成

2. 绘制剖面图时应注意的几个问题

1）剖切是假想的，形体并非真的被切开和移去一部分，因此，除剖面图外的其他视图应按原状完整地画出。

2）在绘制剖面图时，被剖切面切到部分（即断面）的轮廓线用粗实线绘制；被剖切到，但沿投射方向可以看到的部分（即保留部分）用中实线绘制。

3）剖面图中一般不画虚线，没有表达清楚的部分，必要时也可画出虚线。

4）画出剖切符号。剖面图中的剖切符号由剖切位置线和投射方向线两部分组成，剖切位置线用 6 ~ 10mm 长的粗短画线表示，投射方向线用 4 ~ 6mm 长的粗短画线表示（图 1-27）。

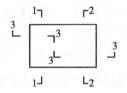

图 1-27 剖切符号与编号

剖面的剖切符号编号宜采用阿拉伯数字，并水平地注写在投射方向线的端部。剖面图的名称应用相应编号，水平注写在相应的剖面图下方，并在图名下画一条粗实线，其长度以图名所占长度为准。

3. 剖面图的种类

根据不同的剖切方式，剖面图有全剖面图、半剖面图、阶梯剖面图、局部剖面图等。

（1）全剖面图 假想用一个剖切平面将形体全部"剖开"后所得到的剖面图称为全剖面图，如图 1-28 所示。全剖面图一般用于非对称或者虽然对称但外形简单内部比较复杂的形体。

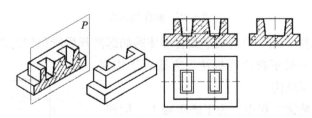

图 1-28 全剖面图

（2）半剖面图 当形体具有对称平面时，在垂直于对称平面的投影面上的投影，以对称线为分界，一半画剖面图，另一半画视图，这种组合的图形称为半剖面图（图 1-29）。

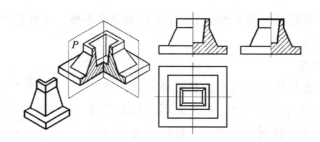

图 1-29 半剖面图

半剖面图适用于表达内外结构形状对称的形体，在绘制半剖面图时应注意以下几点：

1）半剖面图中视图与剖面图应以对称线（细单点长画线）为分界线，也可以用对称符号作为分界线，而不能画成实线。

2）由于被剖切的形体是对称的，剖切后在半个剖面图中已经清楚地表达了内部结构形状，所以在另外半个视图中一般不画虚线。

3）习惯上，当对称线竖直时，将半个剖面图画在对称线的右边；当对称线水平时，将半个剖面图画在对称线的下边。

（3）阶梯剖面图   当用一个剖切平面不能将形体上需要表达的内部结构全部剖切到时，可用两个或两个以上相互平行的剖切平面来剖开物体，所得到的剖面图称为阶梯剖面图（图 1-30）。

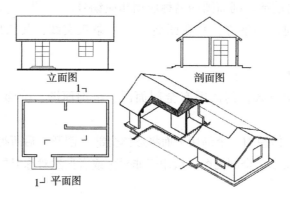

图 1-30 阶梯剖面图

（4）局部剖面图   用一个剖切平面将形体的局部剖开后所得到的剖面图称为局部剖面图。局部剖面图一般不再进行标注，它适合于用来表达形体的局部内部结构。

在建筑工程和装饰工程中，为了表示楼面、屋面、墙面及地面等的构造和所用材料，常用分层剖切的方法绘出各构造层次的剖面图，称为分层局部剖面图；图 1-31 所示为墙面的分层局部剖面图。

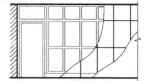

图 1-31 墙面的分层局部剖面图

1.2.2 断面图

1. 断面图的形成

假想用一剖切平面把物体剖开后，仅画出剖切平面与物体接触部分（即截断面）的形状，称为断面图。

断面图常用来表示建筑及装饰工程中梁、板、柱等某一部位的断面实形，需单独绘制。

2. 断面图的表示方法

断面图的断面轮廓线用粗实线绘制，断面轮廓线范围内要绘出材料图例。

断面图的剖切符号由剖切位置线和编号两部分组成，不画投射方向线，以编号写在剖切位置线的一侧表示投射方向。

断面图的下方或一侧应注写相应的编号，如1—1、2—2，并在图名下绘粗实线。

3. 断面图的种类及应用

断面图主要用来表示物体某一部位的截断面形状，根据断面图在视图中的位置不同可分为移出式断面图、中断式断面图和附着式断面图。

（1）移出式断面图 画在视图轮廓线以外的断面图称为移出式断面图（图1-32）。

（2）中断式断面图 对于部分构件或杆件，如木材、型钢等，可以将断面图画在构件投影图的中断处。画在投影图中断处的断面图称为中断式断面图。

中断式断面图的轮廓线用粗实线绘制，投影图的中断处用波浪线或折断线绘制，如图1-33所示。此时不画剖切符号，图名仍用原图名。

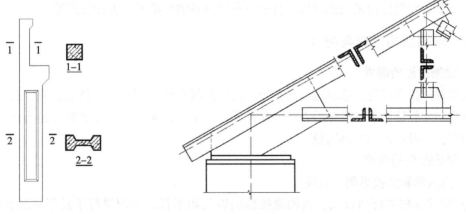

图1-32 移出式断面图   图1-33 中断式断面图

（3）附着式断面图 画在投影图轮廓线内的断面图称为附着式断面图。附着式断面图的轮廓线用粗实线画出。当投影图的轮廓线与断面图的轮廓线重叠时，投影图的轮廓线仍需要完整地绘出，不能间断，如图1-34所示。

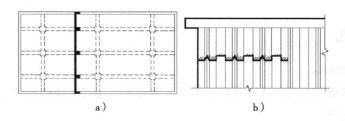

图 1-34 附着式断面图

a) 在楼盖上的断面图 b) 在墙壁上的断面图

4. 剖面图与断面图的联系与区别

1) 剖面图中包含着断面图。剖面图是剖切后物体保留部分"体"的投影，除绘出断面的图形外，还应绘出沿投射方向所能看到的其余部分；断面图只需绘出物体被剖切后截断"面"的投影，断面图包含于剖面图中。

2) 剖面图与断面图的标注方法不同。剖面图的剖切符号要绘出剖切位置线及投射方向线，而断面图的剖切符号只绘出剖切位置线，投射方向用编号所在的位置来表示。

3) 剖面图中的剖切平面可转折，断面图中的剖切平面不可转折。

1.3 轴测图

由于正投影的每个投影只能反映形体的两个尺度，因此要想表达一个完整的形体，必须用两个或两个以上的图形，识读时需要将这几个投影图用正确的方法联系起来，才能想象出其空间形状。所以正投影虽然具有能够完整、准确地表达形体形状的特点，但其图形的直观性差，识读较难。为了便于读图，在工程图中常需用具有立体感强、直观的投影图作为辅助图样来表达形体，其中一种就是轴测投影图，也称轴测图。

1.3.1 轴测图的形成与特性

1. 轴测投影的形成

在作形体投影图时，选取适当的投影方向，并将形体连同确定形体长、宽、高三个尺度的直角坐标轴用平行投影的方法一起投影到一个投影面上，所得到的投影图称为轴测投影图，其投影面称为轴测投影面。

2. 轴测投影的特性

1) 直线的轴测投影仍为直线。

2) 空间互相平行的直线，其轴测投影仍然互相平行。空间平行于投影轴的直线，其轴测投影必定平行于相应的轴测投影轴。

3) 只有与投影轴平行的线段才能与相应的投影轴发生相同的变形。其长度可按轴向变形系数 p、q、r 量取确定。

1.3.2 轴测投影的几个参数

轴测投影主要有轴测轴、轴间角、轴向变形系数等几个参数。

1. 轴测轴

形体的长、宽、高三个尺度原来用直角坐标轴 OX、OY、OZ 表示，轴测投影后分别用 O_1X_1、O_1Y_1、O_1Z_1 表示，这三个轴称为轴测轴，交点为 O_1。

2. 轴间角

轴测轴之间的夹角称为轴间角，分别是 $\angle X_1O_1Y_1$、$\angle Y_1O_1Z_1$、$\angle Z_1O_1X_1$，且这三个轴间角之和是 $360°$。

3. 轴向变形系数

在轴测投影中，平行于空间坐标轴方向的线段，其投影长度与空间长度之比称为轴向变形系数，分别用 p、q、r 表示，其关系如下：

$$p = O_1X_1/OX; \quad q = O_1Y_1/OY; \quad r = O_1Z_1/OZ$$

1.3.3 常用的轴测投影

轴测投影根据投影方向与轴测投影面是否垂直可分为两类。当轴测投影方向垂直于轴测投影面时，得到的轴测投影图称为正轴测投影图，简称正轴测图；当轴测投影方向倾斜于轴测投影面时，所得到的轴测投影图称为斜轴测投影图，简称斜轴测图。

1. 正等测图

当形体的三条直角坐标轴与轴测投影面倾角相等时（轴间角均为 $120°$），所得到的正轴测投影图称为正等测投影图，简称正等测。

正等测图的轴向变形系数也相等，$p=q=r=0.82$，但为了作图方便，常使 $p=q=r=1$。这里的"1"，称为简化系数，用简化系数作出的轴测图，比实际的轴测图略大，大约是实际轴测图的 1.22 倍（图1-35）。

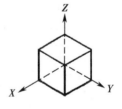

图1-35 正等测图

2. 斜轴测图

当投影线互相平行且倾斜于轴测投影面时，得到的投影图称为斜轴测投影图。斜轴测投影又可分为正面斜轴测和水平斜轴测两种。

（1）正面斜轴测 当形体的 OX 轴和 OZ 轴所决定的坐标面平行于轴测投影面，而投影线倾斜于轴测投影面时，得到的轴测投影称为正面斜轴测投影。

由于 OX 轴与 OZ 轴平行于轴测投影面，所以 $p=r=1$，$\angle X_1O_1Z_1=90°$；而 $\angle X_1O_1Y_1$、$\angle Y_1O_1Z_1$ 常取 $45°$ 或 $135°$，$q=0.5$。这样得到的投影图也称正面斜二测投影图，其形体的正立面不发生变形，只有宽度变化是原宽度的一半（图1-36）。

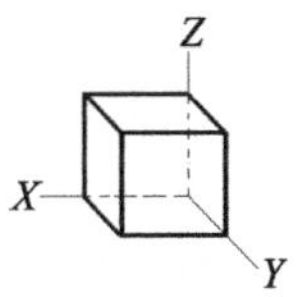

工程图中，表达管线空间分布时，常将正面斜轴测图中的 q 取1，即 $p=q=r=1$，称为斜等测图。

图1-36 正面斜轴测图

（2）水平斜轴测 当形体的 OX 轴和 OY 轴所确定的坐标面（水平面）平行于轴测投影面，而投影线与轴测投影面倾斜一定角度时，所得到的轴测投影称为水平斜轴测投影。

由于 OX 轴与 OY 轴平行于轴测投影面，所以 $p = q = 1$，$\angle X_1 O_1 Y_1 = 90°$；而 $\angle X_1 O_1 Z_1$ 常取 $120°$、$\angle Y_1 O_1 Z_1$ 常取 $150°$，$r = 0.5$ 或 $r = 1$，这样得到的投影图也称水平斜二测投影图，其形体的水平面不发生变形（图1-37）。

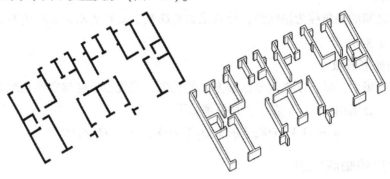

图 1-37 水平斜轴测图

第2章　建筑图样的绘制

在本章当中，主要结合《房屋建筑制图统一标准》（GB/T 50001—2017）、《建筑制图标准》（GB/T 50104—2010）、《总图制图标准》（GB/T 50103—2010）等内容，摘录其中一些制图的基本知识，作为绘制建筑图时的参考标准。

2.1　制图基本知识

2.1.1　图纸

1. 图纸幅面

图纸的大小简称为"图幅"。我国采用 A 幅系列，其中 A0 的面积为 $1m^2$，其余图纸的大小依次对折，形成 A1、A2、A3、A4 等不同规格。

一个工程设计当中，每个专业所使用的图纸，一般不宜多于两种幅面（不含目录及表格所采用的 A4 幅面）。表 2-1 是普通图纸的幅面及图框尺寸。

表 2-1　普通图纸的幅面及图框尺寸　　　　　　　　　（单位：mm）

项目　　　　　　　　类型	A0	A1	A2	A3	A4
$b \times l$	841×1189	594×841	420×594	297×420	210×297
c	10			5	
a	25				

在该表中，a 项均采用 25mm，主要是考虑到在该侧有一个专业工程师签字的"会签栏"和装订图纸所留设；c 项的 10mm 或者 5mm 是图纸在长久保存或者多次翻阅后，避免出现残缺而设。

2. 图纸分类

图纸分为**横式**和**立式**两种，以长边作为水平边称为横式，以短边作为水平边称为立式。一般 A0 ~ A3 图纸宜横式使用。

3. 图纸加长

图纸的短边一般不应加长，长边可加长，但应符合表 2-2 的规定。

表 2-2　图纸长边加长尺寸　　　　　　　　　（单位：mm）

幅面尺寸	长边尺寸	长边加长后尺寸
A0	1189	1486、1783、2080、2378
A1	841	1051、1261、1471、1682、1892、2102
A2	594	743、891、1041、1189、1338、1486、1635、1783、1932、2080
A3	420	630、841、1051、1261、1471、1682、1892

注：有特殊需要的图纸，可采用 $b \times l$ 为 841mm×891mm 与 1189mm×1261mm 的幅面。

2.1.2 图线

1. 线条

线条主要指的是线的粗细，或者说是线宽。每个图样，应根据复杂程度与比例大小，先选定基本线宽 b，再选用表2-3中相应的线宽组。图线的宽度 b，宜从表2-3中选取。对于同一张图纸内，相同比例的各图样，应选用相同的线宽组。

表2-3　线宽组　　　　　　　　　（单位：mm）

线　宽	线　宽　组			
b	1.4	1.0	0.7	0.5
$0.7b$	1	0.7	0.5	0.25
$0.5b$	0.7	0.5	0.35	0.25
$0.25b$	0.35	0.25	0.18	0.13

注：1. 需要微缩的图纸，不宜采用0.18mm及更细的线宽。

　　2. 同一张图纸内，各不同线宽中的细线，可统一采用较细的线宽组的细线。

不同幅面图纸的图框线、标题栏线的宽度按表2-4确定。

表2-4　图框线、标题栏线的宽度　　　　（单位：mm）

幅面代号	图框线	标题栏外框线对中标志	标题栏分格线幅面线
A0、A1	b	$0.5b$	$0.25b$
A2、A3、A4	b	$0.7b$	$0.35b$

2. 线型

工程中所用的图线一般可归纳为实线、虚线、点画线、波浪线、折断线等，分别用于不同图形。

虚线、单点长画线或双点长画线的线段长度和间隔，宜各自相等。单点长画线或双点长画线，当在较小图形中绘制有困难时，可用实线代替。

单点长画线或双点长画线的两端，不应是点。点画线与点画线交接或点画线与其他图线交接时，应是线段交接。

虚线与虚线交接或虚线与其他图线交接时，应是线段交接。虚线为实线的延长线时，不得与实线连接。

图线不得与文字、数字或符号重叠、混淆，不可避免时，应首先保证文字等的清晰。

2.1.3 字体

图纸上所需书写的文字、数字或符号等，均应笔画清晰、字体端正、排列整齐；标点符号应清楚正确。

文字的字高，应从表2-5中选用。字高大于10mm的文字宜采用True type字体，如需书写更大的字，其高度应按 $\sqrt{2}$ 的比值递增。

表 2-5　文字的字高　　　　　　　　　　　　（单位：mm）

字体种类	汉字矢量字体	True type 字体及非汉字矢量字体
字 高	3.5、5、7、10、14、20	3、4、6、8、10、14、20

图样及说明中的汉字，宜优先采用 True type 字体中的宋体字型，采用矢量字体时应为长仿宋体字型。同一图纸字体种类不应超过两种。矢量字体的宽高比宜为 0.7，且应符合表 2-6 的规定。打印线宽宜为 0.25~0.35mm；True type 字体的宽高比宜为 1。对于大标题、图册封面、地形图等的汉字，也可书写成其他字体，但应易于辨认，其宽高比宜为 1。

表 2-6　长仿宋体字的字高与字宽　　　　　　　（单位：mm）

字高	20	14	10	7	5	3.5
字宽	14	10	7	5	3.5	2.5

图样及说明中的字母、数字，宜优先采用 True type 字体中的 Roman 字型，书写规则见表 2-7。

字母及数字，当需写成斜体字，其斜度应是从字的底线逆时针向上倾 75°。斜体字的高度宽度应与相应的直体字相等。

字母及数字的字高，不应小于 2.5mm。

表 2-7　字母及数字的书写规则

书写格式	字　体	窄　字　体
大写字母高度	h	h
小写字母高度（上下均无延伸）	$7/10h$	$10/14h$
小写字母伸出的头部或尾部	$3/10h$	$4/14h$
笔画宽度	$1/10h$	$1/14h$
字母间距	$2/10h$	$2/14h$
上下行基准线最小间距	$15/10h$	$21/14h$
词间距	$6/10h$	$6/14h$

2.1.4　比例

图样的比例指的是图形与实物相对应的线性尺寸之比。比例的大小是指其比值的大小，如 1:50 大于 1:100。

比例的符号为 "："，比例应以阿拉伯数字表示，如 1:1、1:2、1:100 等。比例宜注写在图名的右侧，字的基准线应取平；比例的字高宜比图名的字高小一号或二号。

一般情况下，一个图样应选用一种比例。绘图所用的比例，应根据图样的用途与被绘制对象的复杂程度，从表 2-8 中选用，并优先用表中常用比例。

表 2-8　绘图所用的比例

常用比例	1:1、1:2、1:5、1:10、1:20、1:30、1:50、1:100、1:150、1:200、1:500、1:1000、1:2000
可用比例	1:3、1:4、1:6、1:15、1:25、1:40、1:60、1:80、1:250、1:300、1:400、1:600、1:5000、1:10000、1:20000、1:50000、1:100000、1:200000

特殊情况下也可自选比例，这时除应注出绘图比例外，还应在适当位置绘制出相应的比例尺。需要缩微的图纸应绘制比例尺。

2.1.5 符号

1. 剖切符号

剖视的剖切符号应符合下列规定：

1）剖切符号应由剖切位置线及投射方向线组成，均应以粗实线绘制。剖切位置线的长度宜为 6～10mm；投射方向线应垂直于剖切位置线，长度应短于剖切位置线，宜为 4～6mm。绘制时，剖切符号不应与其他图线相接触。

2）剖切符号的编号宜采用粗阿拉伯数字，按剖切顺序由左至右、由下至上连续编排，并应注写在剖视方向线的端部。

3）需要转折的剖切位置线，应在转角的外侧加注与该符号相同的编号。

4）建（构）筑物剖面图的剖切符号宜注在 ±0.000 标高的平面图或首层平面图。

2. 断面的剖切符号

1）断面的剖切符号应仅用剖切位置线表示（粗实线绘制），长度宜为 6～10mm。

2）断画剖切符号的编号宜采用阿拉伯数字，按顺序连续编排，并应注写在剖切位置线的一侧；编号所在的一侧应为该断面的剖视方向。

3. 索引符号与详图符号

1）图样中的某一局部或构件，如需另见详图，应以索引符号索引。索引符号是由直径为 8～10mm 的圆和水平直线组成，圆及水平直线线宽宜为 0.25b。索引符号应按下列规定编写：

①索引出的详图，如被索引的详图同在一张图纸内，应在索引符号的上半圆中用阿拉伯数字注明该详图的编号，并在下半圆中间画一段水平实线（图2-1）。

②索引出的详图，如被索引的详图不在同一张图纸内，应在索引符号的上半圆中用阿拉伯数字注明该详图的编号，在索引符号的下半圆中用阿拉伯数字注明该详图所在图纸的编号（图2-2）。数字较多时，可加文字标注。

③索引出的详图，如采用标准图，应在索引符号水平直线的延长线上加注该标准图集的编号（图2-3）。

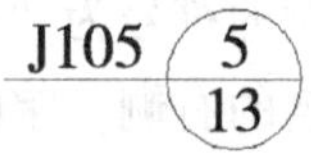

2）详图的位置和编号。详图的位置和编号应以详图符号表示。详图符号的圆直径应为 14mm，线宽为 b。详图应按下列规定编号：

①详图与被索引的图样同在一张图纸内时，应在详图符号内用阿拉伯数字注明详图的编号（图2-4）。

②详图与被索引的图样不在同一张图纸内，应用细实线在详图符号内画一水平直径，在上半圆中注明详图编号，在下半圆中注明被索引的图纸的编号（图2-5）。

图 2-1 详图在同一图纸中的索引号

图 2-2 详图不在同一图纸中的索引号

图 2-3 详图不需绘制而直接引用图集的索引号

图2-4　详图与被索引图样在　　　　　图2-5　详图与被索引图样
同一图纸的详图编号　　　　　　不在同一图纸的详图编号

4. 引出线

引出线线宽应为0.25b，宜采用水平方向的直线，或与水平方向成30°、45°、60°、90°的直线，或经上述角度再折为水平线。文字说明宜注写在水平线的上方或者水平线的端部。

同时引出几个相同部分的引出线，宜互相平行，也可画成集中于一点的放射线。

多层构造或多层管道共用引出线，应通过被引出的各层，并用圆点示意对应各层次。文字说明宜注写在水平线的上方或者水平线的端部，说明的顺序应由上至下，并应与被说明的层次相互一致；如层次为横向排序，则由上至下的说明顺序应与由左至右的层次相互一致。

5. 其他符号

1）对称符号由对称线和两端的两对平行线组成。对称线用单点画线绘制，线宽宜为0.25b；平行线应用实线绘制，其长度宜为6~10mm，每对的间距宜为2~3mm，线宽宜为0.5b；对称线垂直平分于两对平行线，两端超出平行线宜为2~3mm。

2）连接符号应以折断线表示需连接的部位。两部位相距过远时，折断线两端靠图样一侧应标注大写英文字母表示连接编号。两个被连接的图样必须用相同的字母编号。

3）指北针的圆直径宜为24mm，用细实线绘制；指针尾部的宽度宜为3mm，指针头部应注"北"或"N"字。需用较大直径绘制指北针时，指针尾部宽度宜为直径的1/8。

4）标高的标注单位为"米"，分为绝对标高和相对标高两大类。绝对标高又称"海拔"，在图中以涂黑等腰直角三角形表示，三角形高度为3mm，保留小数点后2位有效数字；相对标高的等腰直角三角形不涂黑，高度3mm，保留小数点后三位有效数字。

2.1.6 定位轴线

定位轴线应用0.25b线宽的单点长画线绘制；定位轴线应编号，编号应注写在轴线端部的圆内。圆应用0.25b线宽的实线绘制，直径为8~10mm。

平面图上定位轴线的编号，宜标注在图样的下方与左侧，或在图样的四面标注。横向编号应用阿拉伯数字，从左至右顺序编写，竖向编号应用大写英文字母，从下至上顺序编写。英文字母作为轴线号时，应全部采用大写字母，不应用同一字母的大小写来区分轴号。英文字母的I、O、Z不得用作轴线编号。当字母数量不够使用，可增用双字母或单字母加数字注脚，如Aa、Bb、Yy或E1等。

组合较复杂的平面图中定位轴线可采用分区编号，编号的注写形式应为"分区号-该分区定位轴线编号"，分区号宜采用阿拉伯数字或大写英文字母表示，如1-1、1-2、1-A等。

附加定位轴线的编号，应以分数形式表示，并应按下列规定编写：

1）两根轴线间的附加轴线，应以分母表示前一轴线的编号，分子表示附加轴线的编号，编号宜用阿拉伯数字顺序编写，如：

⑴／₃ 表示 3 号轴线之后附加的第一根轴线。

⑴／ᴅ 表示 D 轴线之后附加的第一根轴线。

2）通用详图中的定位轴线，应只画圆，不注写轴线编号。

2.1.7 常用材料图例

绘制图纸时，有时需标明所用材料，标注方法可用文字注写，也可用图例标注，在工程中通常用图例来体现较好。图 2-6 是部分常用材料图例。

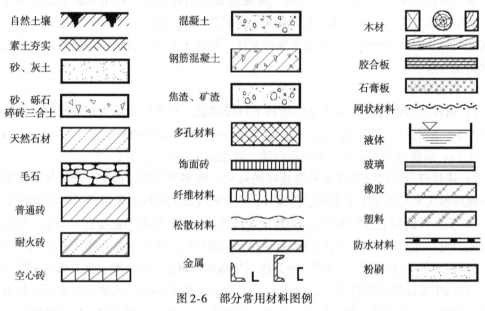

图 2-6 部分常用材料图例

注：

（1）图中只规定常用建筑材料的图例画法，对其尺度比例不做具体规定。使用时，应根据图样大小而定。并应注意下列事项：

1）图例线应间隔均匀，疏密适度，做到图例正确，表示清楚。

2）不同品种的同类材料使用同一图例时（如某些特定部位的石膏板必须注明是防水石膏板时），应在图上附加必要的说明。

3）两个相同的图例相接时，图例线宜错开或使倾斜方向相反。

4）两个相邻的涂黑图例（如混凝土构件、金属件）间，应留有空隙。

（2）下列情况可不加图例，但应加文字说明：

1）一张图纸内的图样只用一种图例时。

2）图形较小无法画出建筑材料图例时。

（3）需画出的建筑材料图例面积过大时，可在断面轮廓线内，沿轮廓线做局部表示。

（4）当选用图中未包括的建筑材料时，可自编图例。但不得与图中所列的图例重复。绘制时，应在适当位置画出该材料图例，并加以说明。

2.2 建筑图样的基本内容

单体建筑图样一般应包括建筑设计说明、室内装饰一览表、建筑构造做法一览表、建筑总平面图、平面图、立面图、剖面图、楼梯图、屋顶平面图、建筑详图、门窗表等内容。

2.2.1 设计说明

设计说明主要包括工程名称、位置、各项技术指标以及一些特殊做法，如建筑装饰、各部位防水处理、保温隔热处理等文字、图表内容。

2.2.2 建筑总平面图

建筑总平面图是表示与该项目有直接关系的能全面表达其地理位置，与其他建筑、道路及绿地等物体的总体关系，表明其方向、占地形状以及拆除、扩建、拟建工程的具体位置等一张综合的平面图。总平面图是新建筑物施工定位、土方设计、施工总平面图设计的重要依据。

在总平面图中，需要注明拟建房屋底层室内地面和室外已经平整的地面的绝对标高和层数，表示出地形高度以及风玫瑰图、风向特征、朝向等。建筑总平面图通常以一定的坐标物准确地表示其位置。

1. 建筑总平面图的形成

将拟建工程四周一定范围内的新建、拟建、原有和拆除的建筑物、构筑物连同其周围的地形地貌（道路、绿化、土坡、池塘等），用水平投影方法所画出的图样，称为总平面图（总平面布置图）。

2. 部分总平面图例

部分总平面图例见表2-9。

表 2-9 部分总平面图例

序 号	名 称	图 例	说 明
1	新建的建筑物	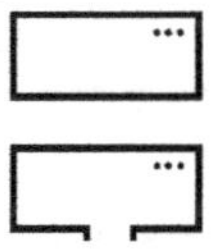	1. 上图为不画入口图例，下图为画出入口图例 2. 在图形右上角以点数或数字表示层数 3. 用粗实线表示
2	原有的建筑物	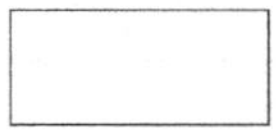	用细实线表示
3	拟建的建筑物		中虚线表示

（续）

序　号	名　　称	图　　例	说　　明
4	拆除的建筑物		细实线表示
5	铺砌场地	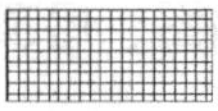	细实线表示
6	烟　囱		实线表示烟囱下部直径，虚线表示基础，必要时可注写烟囱高度与上下口直径
7	围　墙	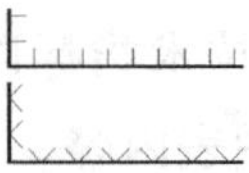	上图为砖石、混凝土或金属材料的围墙 下图为镀锌钢丝网、篱笆等围墙
8	挡土墙		被挡土在凸出的一侧
9	台　阶	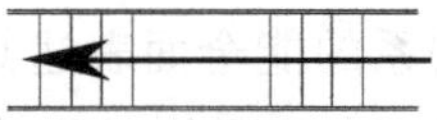	箭头表示向上
10	坐　标	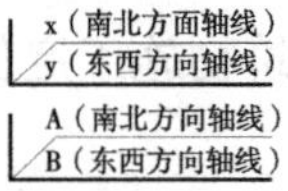 x（南北方面轴线） y（东西方向轴线） A（南北方向轴线） B（东西方向轴线）	上图为测量坐标；下图为施工坐标。注到小数点后两位，单位为米
11	室内标高	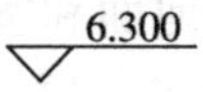 6.300	注到小数点后三位，单位为米
12	室外整平标高	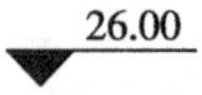 26.00	注到小数点后两位，单位为米
13	跌　水	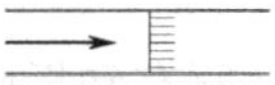	箭头表示水流方向
14	挖填边坡	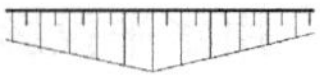	
15	公路桥	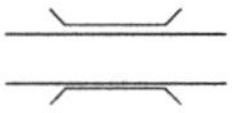	
16	铁路桥	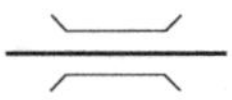	
17	管　线	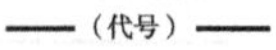 ——（代号）——	
18	地沟管线	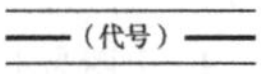 ——（代号）——	
19	管桥管线	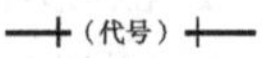 ——┼（代号）┼——	
20	雨水井		
21	消火栓井		
22	水池、坑槽		

2.2.3 建筑平面图

1. 建筑平面图的形成

平面图的形成方式是：假想用一个水平的剖切面沿门窗洞口位置将房屋切开，移去上部后，对剖切面以下部分绘出水平剖面图，称为建筑平面图（简称平面图）。

2. 建筑平面图的用途

建筑平面图主要反映了建筑内部各空间的尺度；门窗尺寸、位置以及各空间之间的相对关系。

3. 建筑平面图的命名

建筑物的每层都应绘制平面图，平面图的图名一般根据楼层的建筑标高来命名，如 ±0.000 平面图、3.000 平面图等；对于楼层相同的平面图，可以只绘制一个平面，在命名时通过括号来表示其他高度，如：6.000（9.000）平面图，表示标高为 6.000 和 9.000 的平面相同。

4. 常用的构、配件图例

部分常用的构、配件图例见表 2-10。

表 2-10 部分常用的构、配件图例

序 号	名 称	图 例	说 明
1	墙 体		
2	隔 断		
3	楼 梯	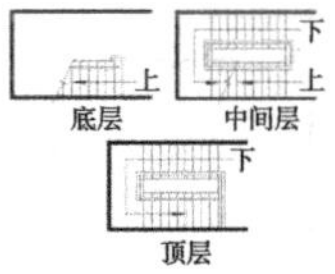 底层 中间层 顶层	
4	长坡道	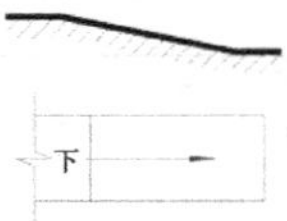 下	
5	门口坡道	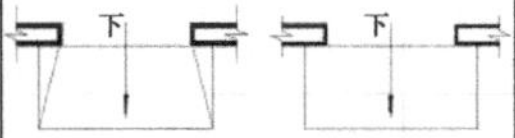 下 下	
6	检查孔	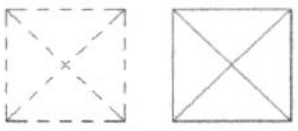	左图为不可见检查孔，右图为可见检查孔
7	孔 洞		阴影部分也可填充灰度或涂色代替
8	坑 槽		

（续）

序　号	名　　称	图　例	说　　明
9	墙上留洞	宽×高或 ∅ 底（顶或中心）标高	
10	墙上留槽	宽×高×深或 ∅ 底（顶或中心）标高	
11	烟　道		
12	通风道		
13	新建的墙与窗		本图为砖墙图例，若用其他材料，应按所用材料图例绘制
14	改建时保留的 墙与窗		
15	应拆除的墙		
16	在原有墙或 楼板上开洞		
17	在原有洞旁 扩大的洞		
18	原墙或楼板上 全部填塞		
19	原墙或楼板上 局部填塞		

（续）

序 号	名 称	图 例	说 明
20	空门洞		
21	单扇门		1. 门的名称用 M 表示
22	双扇门		2. 剖面图左为外，右为内；平面图下为外，上为内 3. 立面图上的开启形式线实线表示外开；虚线表示内开。开启线交角的一侧为安装合页一侧
23	对开折叠门		
24	推拉门		
25	墙外单扇推拉门		
26	墙外双扇推拉门		
27	墙内单扇推拉门		
28	墙内双扇推拉门		
29	单扇双面弹簧门		

（续）

序 号	名 称	图 例	说 明
30	双扇双面弹簧门		
31	单扇内外开双层门		
32	双扇内外开双层门		
33	旋转门		
34	自动门		
35	折叠上翻门		
36	竖向卷帘门		
37	横向卷帘门		
38	提升门		

（续）

序 号	名 称	图 例	说 明
39	单层固定窗		1. 窗的名称用 C 表示 2. 剖面图左为外，右为内；平面图下为外，上为内 3. 立面图上的开启形式线实线表示外开；虚线表示内开
40	单层外开上悬窗		
41	单层中悬窗		
42	单层内开下悬窗		
43	立转窗		
44	单层外开平开窗		
45	单层内开平开窗		
46	双层内外开平开窗		
47	推拉窗		
48	上推窗		

（续）

序　号	名　称	图　例	说　　明
49	百叶窗		
50	高　窗		
51	平面有高差	150	

2.2.4　建筑立面图

1. 建筑立面图的形成

在与房屋立面平行的投影面上所作的房屋正投影图，称为建筑立面图，简称立面图。

主要应标注建筑的各种高度（包括室外地坪标高、底层室内地面标高、凸出主体的标高、檐口标高以及凸出屋面的各种物体的标高等）、外观构造、外墙装修等内容。

2. 建筑立面图的用途

建筑立面图主要反映建筑物的外观形象，通过形体的变化、门窗的设置、表面材料的应用以及其他装饰手段等，来充分体现建筑物的基本属性。

3. 建筑立面图的命名

建筑立面图的命名方式有以下三种。

（1）按照投影方式命名

1）正立面图：反映主要出入口或比较显著地反映出房屋外貌特征的那一面的立面图。

2）背立面图：与正立面相对的立面图。

3）左侧立面图：站在看正立面的位置，左手侧的立面图。

4）右侧立面图：站在看正立面的位置，右手侧的立面图。

（2）按房屋的朝向命名

1）南立面图：面向南面的立面图。

2）北立面图：面向北面的立面图。

3）东立面图：面向东面的立面图。

4）西立面图：面向西面的立面图。

（3）根据轴线编号　建筑立面图的图名还可以根据建筑物的定位轴线编号来确定，如①～⑨立面图、⑨～①立面图等。

2.2.5　建筑剖面图

剖面图主要是将建筑物纵剖所得的剖视图。在建筑设计过程中，有许多空间在高度方向上单纯依靠平面图、立面图不能更好地表现出其竖向尺度，这时就需要绘制建筑剖面图。例如楼梯设计，许多楼梯从平面上看没有问题，但是在空间中很难保证符合相关规范的要求，从而影响其正常使用，因此需要绘制剖面图来体现。

剖面图的名称一般根据剖切编号来表示，如 1-1 剖面图、2-2 剖面图等。

2.2.6　建筑详图

通常，建筑平、立、剖面图的比例一般较小，对于某些细部构造无法表达清楚。房屋的细部或构、配件多用较大的比例（1:20、1:10、1:5、1:2、1:1 等）将其形状、大小、材料和做法，按正投影图的画法，详细地表示出来的图样，称为建筑详图，简称详图，详图又称节点图、大样图，是对建筑形体中的特殊部位的放大绘制。主要表现节点的具体尺度、材料、构造处理等内容。

详图可以单独绘制，也可以引用有关标准图集。

2.2.7　门窗表

门窗表主要是对设计中所使用的所有门窗的一个统计。其内容包括门窗编号、类型、洞口尺寸、数量以及特殊说明等内容。

第 3 章　使用 Auto CAD 绘制二维图形

Auto CAD 是一个可用户化的用于二维及三维绘图设计的软件，设计师、工程师以及设计相关的专业人员可以使用它来创建、浏览、管理、打印、输出和共享设计信息。

使用 Auto CAD 可以在计算机上精确建模、分析设计文件，既节省了时间，又提高了生产效率，而且还方便了团队之间的相互合作。

3.1　Auto CAD 简介

本小节就 Auto CAD 的基本知识做了一个概述，以便于读者尽快了解 Auto CAD 的发展趋势及系统运行的条件和要求。同时能够快速掌握 Auto CAD 的基本操作要领，为以后的学习奠定坚实的基础。

3.1.1　CAD 的发展概述

CAD（Computer Aided Design）也称计算机辅助设计，是随着计算机技术，计算机图形技术，图形输出、输入技术的发展而发展起来的。

随着计算机本身的发展，特别是彩色图形 CRT 设备的出现，扫描仪、电子相机等图形输出、输入设备的先进技术的发展，CAD 技术也迅猛地发展起来。

20 世纪 70 年代，出现了全新设备的 CAD 工作站，随之 CAD 软件技术发展更是迅速。20 世纪 80 年代初期，在应用中又出现了 CAD/CAM（Computer Aided Manufacture），并从大企业向中、小企业扩展，从用于产品设计发展到用于工程设计。20 世纪 80 年代后期，高分辨率彩色 CRT、激光静电复印式绘图仪、光笔、鼠标等先进技术也应用于 CAD 技术，从而使 CAD 技术从单一的图形向交互图形、标准化、集成化、智能化的方向迅速发展起来。

当计算机网络出现的时候，CAD 技术也随着进入网络时代，并向各个领域渗透。诸如无图纸产品制造、虚拟产品加工等。到 20 世纪 90 年代，随之发展起来有：CAD（计算机辅助设计）、CAI（计算机辅助教学）、CAM（计算机辅助制造）、CAE（计算机辅助工程）、CIMS（计算机集成制造系统）等。

Auto CAD 是美国 Autodesk 公司开发出的一个通用的辅助设计软件。由于它的操作简单、易于二次开发等特点深受广大用户的喜爱。近十几年来，Auto CAD 在我国也有了较大的发展，随着计算机的应用和普及，AutoCAD 被广泛应用到各个行业当中（如机械、化工、电子、土木建筑、服装设计等）。

Auto CAD 绘图系统于 1982 年推出，并且首次应用于微型计算机，是计算机应用历史上的一次重大的变革。它从 1.0 版本开始，逐步改进和完善，先后经历了 2. x、9. x、10. 0、R11、R12、R13、R14、LT98、Auto CAD 2000、MSCAD 2001、Auto CAD 2002、Auto CAD 2004、Auto CAD 2005、Auto CAD 2006、Auto CAD 2007、Auto CAD 2008、Auto CAD 2009、Auto CAD 2010、Auto CAD 2012、Auto CAD 2014、Auto CAD 2016、Auto CAD 2017、Auto CAD 2018、Auto CAD 2019、Auto CAD 2020 等更新。R12 以前为 DOS 版本，从 R12 起为适应 Windows 操作系统，开发了 Windows 版本，其平面的 2D 功能日趋完善，并且三维功能也得到了进一步的开发和升级；从 R14 起已经具备了强大的 3D 建模功能，而且渲染功能也颇具特色；LT98（又称 R15）则是在此基础上增加了一些接口，可以和一些编程语言（如 VB）直接沟通；从 Auto CAD 2000 起，它除了兼有以前版本的功能以外，又增加了 Internet 功能；Auto CAD 2002、Auto CAD 2004、Auto CAD 2005 版本则类似于 Auto CAD 2000，并且 Internet 功能有了较大发展，部分命令的可视化程度更高，到 Auto CAD 2006 版，则增加了动态输入功能，用户可以不用紧盯着命令提示区来绘图（但准确度不高），而从 Auto CAD 2009 版起，CAD 的界面有了较大的改观，许多 CAD 命令被废止，部分对话框更类似于 3DS MAX，使得 Auto CAD 与 3DS MAX 这两个软件的距离越发缩小，而且 CAD 已初步具有了动画以及漫游的功能。

3.1.2　Auto CAD 的特点

Auto CAD 作为一种计算机辅助设计软件，是手工绘图所无法比拟的高效绘图工具。使用 Auto CAD 不仅可以准确快速地根据指令绘出图形，而且还可以准确清晰地输出图纸。

Auto CAD 绘图系统的主要特点如下。

1. 绘制实体功能

Auto CAD 可以按照输入的命令及参数，准确地绘制出各种实体图形，例如：直线、圆、圆弧、文字等，并且可以组合出各种各样的图形。

2. 强大的编辑功能

Auto CAD 可以利用系统提供的编辑指令对实体进行删除、移动、旋转、放大、缩小、剪切以及复制等。对于熟练用户来说，编辑功能强于实体绘制功能，可以利用几个实体如：一条直线、一个圆、一段圆弧、一段文字等，通过编辑命令形成一幅甚至一整套工程图纸。例如：当绘制建筑工程图纸时，有些情况下建筑物的各个楼层相同或者相似，可以复制第一幅图，然后稍加修改就可以得到第二幅图、第三幅图……这样比再重新绘制要方便、简捷得多。由此看来，熟练掌握 Auto CAD 中的编辑命令是提高作图效率的一个重要环节。

3. 图形的精确显示

Auto CAD 绘图软件的坐标系统是基于向量浮点运算的坐标系统，精度可以达到小数点后 16 位。这样，在使用该软件显示图形时，就不会出现像别的软件那样越大越虚的情况，也就是说，无论怎么放缩图形，其尺寸始终保持清晰、准确。

4. 图形的输入、输出方便简单

可以利用数字化仪器输入已有的图形；也可利用打印机、绘图仪等设备将绘制的图形输出到图纸上；还可以通过一些虚拟设备等来进行图形格式的转换，以便于一些软件的交互工作。

5. 扩展功能

利用 Auto CAD 系统内部的编程语言——AutoLISP，可以直接绘图，也可以对图形进行自动处理，还可以在 Auto CAD 平台上进行二次开发。

6. 容量小、存储方便

由于 Auto CAD 采用的是向量浮点运算方法，它的图形格式多为 DWG 格式，其容量很小，存储较为方便。

7. 具有一定的安全性

Auto CAD 在绘图过程中，除了生成 DWG 格式的图形以外，还可自动生成 BAK 格式的备份文件；同时还可以根据设定，定时自动存盘（如 10min、30min 等）。这样，如果不小心丢失了 DWG 格式的文件，用户可以通过备份文件找回自己的劳动成果。

3.2 Auto CAD 基础知识

3.2.1 Auto CAD 的操作界面

启动 Auto CAD 以后，直接面对的是 Auto CAD 的操作界面（图3-1），该界面包括应用程序菜单、自定义快捷访问工具栏、标题栏、工具面板、状态栏、命令提示区以及绘图区域等。

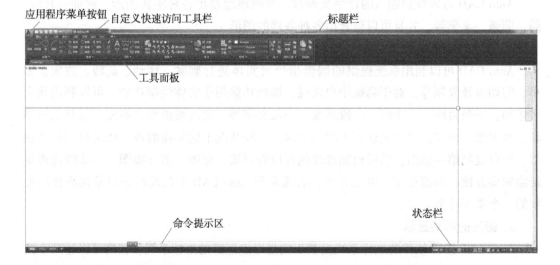

图 3-1　Auto CAD 操作界面

由于上述界面使用 Ribbon（又称罗宾）工作界面，不以传统的菜单和工具栏为主，而是按任务和流程，将软件的各功能组织在不同的选项卡和面板当中。对于传统的 CAD 用户来说不太适应，我们可以进行界面的切换。具体方法是：先单击自定义快捷访问工具栏处的【草图与注释】，在弹出的对话框中，选择【Auto CAD 经典】（图 3-2），即可完成如同 Auto CAD 2008 以前版本的界面。

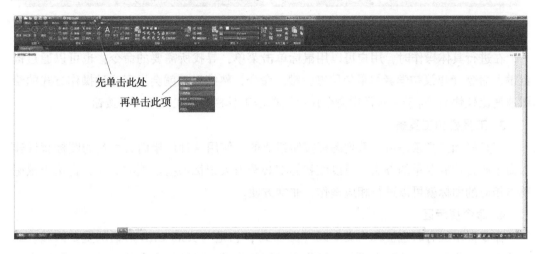

图 3-2　切换到【Auto CAD 经典】界面的方法

【Auto CAD 经典】界面包括标题栏、菜单栏、状态栏、工具条、命令提示区以及绘图区域等（图 3-3）。

图 3-3　【Auto CAD 经典】界面简介

1. 标题栏

在工作界面上方为标题栏，主要包括软件的版本信息及当前图形的位置以及文件名等。

2. 下拉式菜单

菜单栏里面包含了 Auto CAD 系统所提供的命令，主要包括【文件（F）】、【编辑（E）】、【视图（V）】、【插入（I）】、【格式（O）】、【工具（T）】、【绘图（D）】、【标注（N）】、【修改（M）】、【参数（P）】、【窗口（W）】、【帮助（H）】等，如图 3-4 所示。

图 3-4　下拉式菜单

在进行具体操作时，用户可以用鼠标单击菜单，寻找所需要的命令；也可以通过键盘键入命令（建议初学者尽量使用键盘键入命令，熟练以后就会发现这种操作方式的绘图速度比较快）；对于一些常用命令还可以单击工具栏或者工具条中的按钮。

3. 工具栏和工具条

工具栏和工具条是由一系列图标按钮组成的，使用这种形象而又直观的图标替代输入命令或者选取菜单的方法，可以使我们不必费力去记忆那些繁琐的命令，直接用鼠标单击相应的图标就可以进行相应操作，非常方便。

4. 命令提示区

命令提示区有时也被称为文本区（图 3-5），它是与 Auto CAD 对话的重要区域。通过该区域，我们可以获取完成某一操作所经历的步骤，以及相应参数的设置。可以说命令提示区是一个重要的对话窗口，通过它可以及时地收到和发送信息给 Auto CAD 系统。如果没有该窗口，我们就会对于一些操作感到茫然，不知道命令的执行情况如何，下一步到底该怎么办。因此在学习过程中，必须时刻注意该区域，这一点对于初学者来说，尤为重要。

图 3-5　命令提示区

5. 状态栏

状态栏表示绘图过程中所处状态，如图 3-6 所示。它可以显示当前绘图状态，如实体所处的图层、颜色、线型、线宽等。

图 3-6　状态栏

3.2.2　软件的几个默认项

1. 坐标系及坐标原点

Auto CAD 是一种准确绘图的工具，可以通过一系列参数输入或设置（如尺度）来完成准确绘图。通常情况下，系统采用的是笛卡儿坐标系，在初始状态，系统默认屏幕的左下角为坐标原点（0，0，0），X 轴为水平轴，向右为正，向左为负。Y 轴为垂直轴，向上为正，向下为负。Z 轴垂直于 XY 平面，指向操作者为正，背离操作者为负。这套坐标系统也称为世界通用坐标系，简称 WCS。用户可以用【UCS】命令来自行调整 X、Y 轴的方向（建议初学者在绘制二维图形时不必考虑此项）。

2. 方向与角度设置

Auto CAD 系统默认的角度是按照逆时针方向来确定的（东向为 0°，北向为 90°……）。可以通过【Units】命令来改变其方向（注意：对于初学者来说，不必调整此项，以免引起不必要的混乱），调整方法如图 3-7 所示。

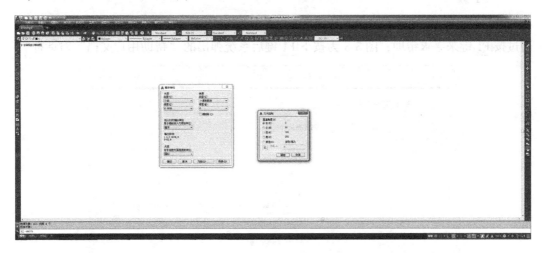

图 3-7　键入【Units】后的【方向控制】对话框

3.2.3　命令的输入、终止方法

在使用 Auto CAD 绘图过程中，如何快速而又准确地输入命令，是熟练绘图的基础，因此在学习过程中，不但要熟悉命令的功能，更要熟悉如何输入命令。另外，如果不小心输错命令，或者在命令执行过程中，想取消命令，则必须了解命令的终止方式。

以下将介绍 Auto CAD 系统中命令的输入及终止方式。

1. Auto CAD 系统命令的输入方法

1）从下拉式菜单中选取：用鼠标从下拉式菜单中单击所需命令。

2）单击命令按钮：用鼠标在工具栏上单击表示相应命令的图标按钮。例如单击 ✏ 按钮表示画线段。

3）键盘输入：通过键盘输入命令名称或者快捷键，然后按回车键或者空格键。使用这种方法绘图速度比较快，并且有助于命令的记忆，建议初学者尽量采用该方法。

4）重复执行上一次命令：在"命令："下按回车键或者空格键可以再次执行上一次的命令。

2. 终止 Auto CAD 命令的方式

在命令的执行过程中，可以随时按 Esc 键（在键盘的左上角）来终止命令，退到"命令:"状态下等待新的命令输入。

3.2.4 系统常用的功能键

在绘图过程中，除了应当掌握命令的基本操作以外，还应当了解一些功能键，使用它们可以更快、更准确地绘制图形。

1. F1 键

Auto CAD 的帮助键，当用户对于某一个命令的操作方法和操作步骤不清楚时，可以通过按 F1 键来寻求帮助，图3-8 为按下 F1 键后系统弹出的"帮助用户文档"对话框。

图3-8　帮助对话框

2. F7 键

F7 键是栅格开关控制键。栅格是为了方便使用鼠标绘图而设置的网格，网格的距离可以通过【Snap】命令或【OSnap】命令来调整。在绘图过程中，由于建筑物的尺寸比较大，设置栅格可能显示不清，并且大多数的参数要通过键盘来输入，因此栅格对绘制建筑类图纸来说意义不大，简单了解即可。

3. F8 键

正交模式开关由 F8 键控制，在使用过程中，按一下 F8 键，正交模式打开（在提示区中出现"正交 开"字样），此时系统只认 4 个方向即：0°、90°、180°、270°。也就是说用鼠标操作时只能按照横平竖直方向进行（通过键盘操作例外），$\boxed{\text{F8}}$ 键为绘制工程图提供了很大的方便，因为在工程图中有相当一部分是横平竖直的线条。因此对于 $\boxed{\text{F8}}$ 键，建议大家能够掌握并且熟练应用。

4. 鼠标左键

鼠标左键的主要作用是单击命令按钮、选择菜单中的命令项、确定点位、选择实体等。该键在绘图过程中使用比较频繁，应当注意多加练习。

5. 鼠标右键

鼠标右键的主要作用是激活浮动选项框。

6. 回车键

回车键在操作过程中所起的作用是执行命令、重复执行上一次命令、命令执行过程中终止某一操作步骤再接着进行下一操作步骤等。

7. 空格键

除了文本输入状态之外，空格键的作用等同于回车键，并且由于它的位置在键盘的下部，对于使用键盘输入命令的用户来说，按空格键比按回车键更方便。

8. 对象捕捉键

在绘图过程中，往往需要用鼠标确定某一点，而用十字光标的交点对准一个点位非常不容易。这时应该采用捕捉方式（$\boxed{\text{Shift}}$ + **鼠标右键**或 $\boxed{\text{Ctrl}}$ + **鼠标右键**）来完成工作。

9. F3 键

$\boxed{\text{F3}}$ 键是控制自动捕捉的开关。在绘图过程中，有时不需要从某些特殊的点位开始，但鼠标的光标靠近这些位置，光标就会自动与某些点（如交点、端点、中点等）靠近，这时，需要按一下 $\boxed{\text{F3}}$ 键将捕捉功能关闭。当然，如果需要系统自动捕捉，再按一下 $\boxed{\text{F3}}$ 键即可，非常方便。

10. F9 键

$\boxed{\text{F9}}$ 键是捕捉模式开关，该键通常与 $\boxed{\text{F7}}$ 键结合使用，简单了解即可。如果绘图过程中发现鼠标指针不灵敏，可以按 $\boxed{\text{F9}}$ 键将该功能关闭，也可以通过【Snap】命令或【OS-nap】命令来设置。

11. F10 键

$\boxed{\text{F10}}$ 键是极轴控制开/关。

3.3 Auto CAD 基本操作

在本节中，将学习 Auto CAD 的基本操作，学习如何打开一张图，如何放缩、拖移、观察图形，如何保存图形以及退出 Auto CAD 等。

3.3.1 打开文件

打开文件的过程非常简单，只需单击工具栏上的 按钮或者通过键盘在命令提示区中"命令："提示下，键入"Open"命令后回车，在弹出的对话框中选取相应文件名后，单击 按钮或双击该文件名即可将其打开。

Auto CAD 本身带有【Sample】（示例）子目录，内部装有许多示例，初学者可以单击该目录寻找一些范例练习；另外，Auto CAD 可以识别几种文件格式，如：＊.dwg、＊.dws、＊.dxf、＊.dwt 等，默认的是＊.dwg 格式。

3.3.2 图形的缩放

在绘图过程中，有些图形经常在显示屏上看不到或者看不清楚，这时需要对视图的显示状态进行调整（放大和缩小），以便于更完整或清晰地观察图形，要用到的命令是【Zoom】。

【Zoom】命令如同一只放大（缩小）镜，它可以改变显示状态，但并没有改变图形的实际大小。该命令是一个比较综合的命令（在后面的学习中将会遇到许多类似这种形式的命令），它的后面嵌套了许多子项，每一项代表一种操作，该子项可以在命令提示区中显示（在"命令："下键入"Z"后回车），如图 3-9 所示。

图 3-9　命令提示区中【Zoom】命令的各个子项

在具体使用过程中，要选择某一子项，通过键盘键入该项中大写字母即可（键入时无所谓大小写）。例如：在"［全部（A）/中心（C）/动态（D）/范围（E）/上一个（P）/比例（S）/窗口（W）/对象（O）］＜实时＞："状态下分别键入"a"（或"A"）、"c"（或"C"）、"d"（或"D"）……系统都会执行相应选项。此外，选择项后面有一"＜　＞"，其中的内容称为默认值或默认项，它表示如果不进行选择（或者输入新的数值），系统将执行该项（值）。

【Zoom】命令中各个子项功能简介如下：

1. 显示全部内容【Zoom】/【全部（A）】

全屏显示，即显示绘图界限内的全部图形。有些参考资料在介绍 Auto CAD 时，常常提出先用【Limits】来建立绘图界限，实际上有些多余。因为在绘制建筑类工程图纸时，图形尺寸比较大，过早地限定界限有时反而不太方便。

2. 中心缩放【Zoom】/【中心（C）】

可以将图形中指定的点（用鼠标定点或者通过键盘输入该点的坐标值）作为屏幕的中心，按照给定的屏幕高度显示图形。相当于以定点为中心安放一个一定大小的窗口。

3. 动态缩放【Zoom】/【动态（D）】

可以动态地确定图形放缩的大小和位置。

4. 显示全部内容并充满屏幕【Zoom】/【范围（E）】

显示当前所绘制的图形并且充满绘图区域。

5. 显示前一视图【Zoom】/【上一个（P）】

在绘图过程中，有时需要多次的放缩才能够看清楚，使用该项可以依次返回前一次的显示。注意：在返回时，以前的实体操作不改变。例如，放缩后在绘图区域中绘制了一条线，再返回到上一次的显示时，该线依然存在。

6. 按比例缩放【Zoom】/【比例（S）】

按比例显示图形，输入比例因子时注意在因子后面加 "X"。例如要把当前图形放大一倍，则需要输入 "2X"；缩小一倍，则输入 "0.5X"。

7. 按窗口缩放【Zoom】/【窗口（W）】

直接指定窗口大小（用鼠标左键确定），并且将窗口内的图形部分充满绘图区域，又称为 "窗选"。

该项使用比较频繁，如果需要详细观察或编辑图形的某一部分时，只需用鼠标左键在该位置拉一个窗口，则该窗口内的图形会充满绘图区域，窗口内所选图形随之被放大。

8. 按对象放缩【Zoom】/【对象（O）】

选择此项时，会将所选择的对象进行放大并充满屏幕。

9. 实时缩放【Zoom】/【＜实时＞】

用鼠标移动放大镜符号时，图形随之改变，称为实时缩放。

实际上，在绘图过程中，经常使用鼠标滚轮来缩放图形，向前推动滚轮图形放大，向后推动滚轮则图形缩小。

3.3.3 图形拖移

绘图过程中，有时需要看一下显示区域以外的图形，这时可以用拖移命令【Pan】来实现。该命令相当于在拍摄过程中被拍摄的物体的位置不变，只是移动拍摄镜头。

操作时，在命令提示区内的 "命令：" 下键入 "P" 后回车；或者单击工具栏上的 按钮，此时屏幕上的光标变成一只小手形状，按住鼠标左键向某一方向移动光标，图纸也跟着向光标方向移动。在确定好图形的位置后，按 Esc 键结束命令；或者单击鼠标右键，在弹出的快捷菜单（图 3-10）中选择 "退出" 项退出。

实际绘图过程中，经常使用鼠标滚轮来拖移图形，按住滚轮不动，然后拖动鼠标即可完成图形的拖移。

图 3-10 按鼠标右键退出【Pan】命令时弹出的快捷菜单

3.3.4 其他辅助命令

绘制工程图纸时，有一些辅助命令是必不可少的，使用辅助命令是为了准确清晰地绘图，具体有以下几个命令。

1. 点坐标查询【ID】

查询某点的坐标时，可以在"命令："下键入"ID"后回车，在"指定点"的提示下，选择相应的点位后，即可显示所指定点的坐标信息（图 3-11）。

图 3-11　提示区中显示某一点的坐标

2. 测定两点之间的距离【Dist】

在绘图时，如果随时想了解两点之间的距离，只需在"命令："下键入"Di"（【Dist】的快捷键）回车，然后用捕捉方式确定两个点位，则在命令提示区中即会出现答案（图 3-12）。

图 3-12　提示区中显示某两点之间的距离

3. 测定面积【Area】

在设计过程中，如果想了解某一区域的面积与周长时，可以利用【Area】命令来完成。

该命令的操作方法是：

1）在"命令："下键入"AA"（【Area】的快捷键）后回车。

2）根据命令提示区"指定第一个角点或［对象（O）/增加面积（A）/减少面积（S）］＜对象（O）＞："的提示，依次选择区域的角点；或者选择子项"O"后，选择闭合的组合线区域（根据具体情况选择相应的子项）；按回车键后，在命令提示区中会出现如图 3-13 所示的内容。

```
命令: AA AREA
指定第一个角点或 [对象(O)/增加面积(A)/减少面积(S)] <对象(O)>: o
选择对象:
区域 = 239383.7165, 周长 = 1957.0810
命令:
```

图 3-13　提示区中显示某区域的面积

4. 列举实体属性命令【List】

对于操作时有些实体的属性不清楚，可以使用列举命令【List】来了解。操作方法是：在"命令："下键入"Li"（【List】的快捷键）后回车，然后选择所要了解的实体后回车（可以是一个实体，也可以是多个实体），这时系统将会启动文本窗口，显示出所选实体的属性。例如键入"Li"后按回车键，单击选择某一条直线并按回车键，其文本窗口中将会列举该直线的相关属性，比如图层、起点坐标、终点坐标、长度、角度等（图 3-14）。要关闭文本窗口时，单击窗口右上角 ✕ 按钮即可。

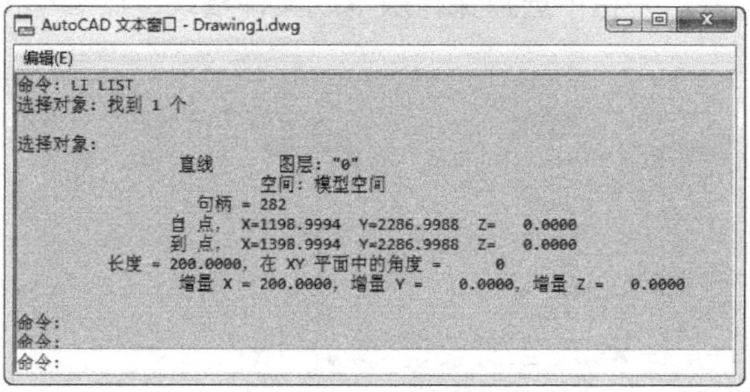

图 3-14　文本窗口

5. 撤消命令【Undo】

绘图过程中，有时发现前几次的操作结果不太满意，想取消最近几次操作时，可以采用【Undo】命令来完成，操作方法是在"命令:"下键入"U"回车或单击工具栏中的 ↶ 按钮，即可清除最近的一次操作。

需要注意的是，在该状态下（指的是键入"U"回车后）如果再按回车键时，则又一次操作被取消，而不是上一次被取消的操作又恢复了。所以说【Undo】命令是单向执行的（它只能从现在绘图状态依次退到打开文件状态）。

另外在"命令:"下使用的【Undo】命令，操作时取消的是命令操作，不是操作步骤。例如：用【Line】命令一次绘制出 4 条线，用【Undo】命令时，只需一次就可以取消；但如果用 4 次【Line】命令才绘制出这 4 条线的话，要取消这 4 条线，则需执行 4 次【Undo】命令的操作。

由于 Auto CAD 是以 Windows 为操作平台的，所以在 Windows 中有相当一部分的快捷键在 CAD 中也同样适用。比方说，【Undo】命令可以用 Ctrl + Z 来替代。

6. 重做命令 Ctrl + Y

在前面我们讨论了撤消命令【Undo】，接下来我们看一下与其相反的一个操作：Ctrl + Y，当用户对操作过程中的一系列撤消不满意时，可以按 Ctrl + Y 键依次退回撤消状态（即重做）。

3.3.5　图形保存

图形绘制完成后，或者由于其他原因要退出 Auto CAD 时，需要将已经完成的图形保存，常用的操作方法有以下几种。

1）用鼠标单击工具栏中的"快速保存"按钮（Ctrl + S）🖫，将所绘制的图形保存。

2）用鼠标单击工具栏中的"另存为"按钮 ，或者在命令提示区内的"命令："下键入"Save"或者"Saveas"命令（注意键入过程中不要按空格。前面学过，空格键等同于回车键），则弹出保存对话框（图 3-15），在【文件名】一栏中输入将要保存的文件名，在【文件类型】一栏中选择保存版本或文件格式，然后单击 保存(S) 即可。

图 3-15   保存文件对话框

在这里要注意区别"快速保存"（$Ctrl$ + S）和"另存为"（"Save"或者"Saveas"）命令。使用 $Ctrl$ + S 命令存图时是覆盖性的，存图后无法找回原来的图形，因此建议慎重使用该命令，尤其是方案创作阶段；使用"另存为"（"Save"或者"Saveas"）命令则可以将现有图形另外赋名保存，而不影响之前的图形文件。

3.3.6   退出 Auto CAD

绘制结束后退出系统时，可以通过键盘在"命令："下键入"Quit"后回车；或者直接单击右上角的关闭按钮 ，以及从菜单【文件（F）】中选择"退出（X）"项。

如果图形被改动过，会出现提示框（图 3-16）提醒是否保存，进行相应选择后即可退出系统。

图 3-16   退出时的提醒对话框

3.4   Auto CAD 绘制实体命令

在本节当中，将着重介绍 Auto CAD 绘制实体的基本命令，并且结合一些简单的实例来学习其基本图元的绘制过程。

3.4.1   直线命令

绘制装饰类图纸时，其中大部分的线条是直线，在 Auto CAD 系统中提供了多种直线的画法，具体有【Line】、【Pline】、【Mline】等，下面将分别介绍这几个命令的操作方法。

1. 绘制直线命令【Line】

首先介绍【Line】命令，该命令是绘制直线时常用的命令，该命令的操作方法比较简单，而且容易理解，使用得比较频繁。

使用该命令可以画一条线段、一个多边形等，在建筑装饰图中的墙线、轴线、门窗轮廓、折断线、家具设备的轮廓线，甚至图纸边框等都可以使用该命令来完成。

我们都知道，两点可以确定一条直线。因此，在使用 Auto CAD 绘图时如果需要画一条直线，只需确定两个点的位置就可以完成这一工作。关键是如何来准确地确定点的位置，以下将通过几个实例来学习如何确定点位。

（1）绘制一条任意线段

1）输入命令：在"命令："下键入"L"（【Line】的快捷键）后回车或者用单击工具栏中的╱按钮。

注意：在输入命令时必须在命令提示区内的"命令："下，否则系统不但不执行命令，还会自动记录一次错误，并且产生一些垃圾文件，影响系统运行速度。

2）确定起点：在命令提示区中出现"指定第一点："提示时，在绘图区域内任意点单击。

3）确定下一点：在命令提示区中出现"指定下一点或［放弃（U）］："提示时，在绘图区域内任意点单击，在绘图区域中就出现一条线（图 3-17）。

在拖移鼠标过程中，可以发现从起点到鼠标光标

图 3-17　在绘图区域中出现一条线

之间有一条虚线，随着鼠标的移动拉长或缩短，称为"橡筋线"，它的作用是提示将要画出的线条的形状。

另外，绘图过程中，在"指定下一点或［放弃（U）］："提示下，如果键入"U"，则前面确定的点位会取消，可以重新确定另一点位置。

4）结束命令：在"指定下一点或［放弃（U）］："提示下按空格键或回车键，系统回到"命令："状态，等待新的命令，则一条直线绘制完成。

操作该命令时，使用键盘键入命令或者单击工具按钮比从下拉式菜单中寻找命令要快得多。实际上，在后面的学习中，建议初学者尽量采用这种方法，尤其是键盘操作，不但能够提高绘图速度，同时还会有助于命令的记忆。

（2）绘制一条有一定长度的线段　熟悉了【Line】命令的操作步骤后，再来绘制一条有一定长度的线段。

假如需要绘制一条长度是 100 个单位的水平线段（初学者一般会在此产生疑惑，100个单位是什么意思？其实可以假设是 100mm，因为 CAD 的默认设置通常是"mm"。可以使用【Units】这个命令去调整设置），具体方法是：

1）输入命令：在"命令："下键入"L"（【Line】的快捷键）后回车或者用单击工

具栏 ╱ 按钮。

2）确定起点：在命令提示区中出现"指定第一点："提示时，在绘图区域内任意点单击。

除了在绘图区单击鼠标外，也可在命令提示区内键入一个坐标值（如"26，35"，该坐标值可正可负，前一项为 *X* 值，后一项为 *Y* 值，而且在 *X* 和 *Y* 之间用"，"分开）后回车；还可使用捕捉方式，在已经存在的图形中选择一点。

3）确定下一点：在命令提示区中出现提示"指定下一点或［放弃（U）］："时，可以通过键盘键入"126，35"后回车（**绝对坐标法**）；或者通过键盘键入"@ 100，0"后回车（**相对坐标法**，加上"@"表示以前一点为相对原点）；或者键入"@ 100＜0"后回车（**极坐标法**，"100"表示长度，"0"表示角度。这种方法对于绘制斜线特别方便，可以不必去计算某一点的 *X*、*Y* 值，建议初学者多练习）。

注意：在绝对坐标法中，以绘图区域左下角为坐标原点（0，0）；在极坐标法中长度和角度可以是正数，也可以是负数。

4）结束命令：在"指定下一点或［放弃（U）］："提示下按空格键或回车键，系统回到"命令："状态，等待新的命令，而一条长度为 100 的水平线段绘制完成（图3-18）。

图3-18 绘制一条长度为"100"个单位的水平线

需要强调的是，前面所完成的线段宽度是"0"线宽（即可调整线宽，表示在出图时如果不做特殊设定，则按照出图设备的默认宽度打印），在建筑类图样中的线条有粗有细，有些用户喜欢在绘图过程中先定义线宽，这种方法比较麻烦，不利于快速绘图。

实际上在绘图过程中，可以利用图层来管理图元属性，或者只定义线条的颜色即可。因为现在大多数的出图设备在出图过程中可以通过笔号来控制线宽，而笔号通常是利用颜色来区分的，当初始线条为"0"宽时，出图时可以任意调整其宽度，但是一旦先定义了线条的宽度，在出图时就无法灵活调整线条的粗细。这样不但浪费了时间，而且还影响了出图效果。所以，初学者在利用 Auto CAD 绘图时，一定分两步：首先应当简单快速地绘制图形；最后在出图时再统一调整线条。

以上练习一方面使我们熟悉绘制直线命令的操作步骤，另一方面让初学者学会准确地确定点位，掌握坐标参数的多种输入方法，练习绘制有具体尺寸的线条，为以后准确绘制工程图样打下基础。

在建筑图样中门、窗、墙体、家具设备以及饰面分界与划分等处的直线都可以用此命令。

2. 用【Pline】绘制组合线

【Pline】命令是一个绘制组合线形的命令，它与【Line】命令不同的是在一次操作当中无论绘制了多少线条，都是一个实体，并且直线曲线都可以绘制。同时用该命令可以绘制一些特殊线条，如图3-19所示。

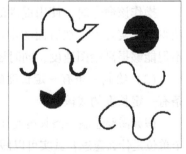

图3-19 用【Pline】绘制的特殊线条

下面就来练习用【Pline】命令绘制一条不等宽度的线条。

1）输入命令：在"命令"下键入"PL"（【Pline】的快捷键）后回车或者单击工具栏上的按钮。

2）指定起点：在命令提示区中出现提示"指定起点："时，在绘图区域内任意位置单击；或者通过键盘输入一个坐标值后回车。

3）选择子项：当命令提示区中出现"指定下一点或［圆弧（A）/半宽（H）/长度（L）/放弃（U）/宽度（W)]："时，键入要选择的项（括弧内的字母）后回车（如选"W"）。

4）指定起点宽度：在"指定起点宽度：＜0.0000＞"（确定起始线宽，默认值是"0"线宽）提示下，按空格键或回车键。

5）指定端点宽度：在"指定端点宽度：＜0.0000＞"（确定终点线宽，默认值是"0"线宽）提示下通过键盘输入数值（如"100"）后回车。

6）指定下一点位置：在"指定下一点或［圆弧（A）/半宽（H）/长度（L）/放弃（U）/宽度（W)]："提示下拖移鼠标，单击确定一点，这时屏幕上出现一个三角形。

7）选择子项：在"指定下一点或［圆弧（A）/闭合（C）/半宽（H）/长度（L）/放弃（U）/宽度（W)]："提示下再键入"W"后回车。

8）设定起点宽度：在"指定起点宽度：＜100.0000＞"提示下键入"30"后回车（如果不选择"W"项，而直接单击来确定另一点位，则后面绘制出的线将是等宽线）。

9）设定端点宽度：在"指定端点宽度：＜30.0000＞"提示下按空格键或回车键。

10）指定下一点位置：在"指定下一点或［圆弧（A）/闭合（C）/半宽（H）/长度（L）/放弃（U）/宽度（W)]："提示下，拖移鼠标，单击确定一点。

11）结束命令：在"指定下一点或［圆弧（A）/闭合（C）/半宽（H）/长度（L）/放弃（U）/宽度（W)]："提示下回车或按空格键，这时屏幕上就出现了一个箭头（图3-20）。

图3-20 用【Pline】绘制箭头

注意：以上示例在绘制过程中，可能由于显示区域大小不同，有些用户会发现绘制的图形太小或太大，这时可以结合【Zoom】命令或者推动鼠标滚轮来综合使用。

【Pline】命令在工程图样的绘制过程中应用不是特别多，初学者可以简单了解，重点掌握【Line】命令，当能够熟练绘图时，再来做具体练习，那时会发现自己绘制的图形更加美观，而且使用该命令时也就感觉特别简单了。

3. 用【Mline】绘制平行双线

使用【Mline】命令，可以根据需要绘制一定间距的平行线，又称多线。在建筑平面类图样当中的墙体线多为双线，可以采用该命令来绘制。

下面，就一起练习用【Mline】来绘制一段厚度为240mm的墙体。

1）输入命令：在"命令："下键入"ML"（【Mline】的快捷键）。

2）选择样式：在命令提示区中出现"指定起点或［对正（J）/比例（S）/样式（ST）］："（确定平行线的起始点或者选项）提示时，键入"J"（设定定点模式）后回车，出现提示"输入对正类型［上（T）/无（Z）/下（B）］＜上＞:"时键入"Z"（中点）后回车。三种定点模式如图3-21所示。

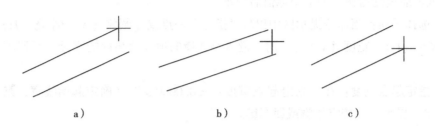

图3-21　【Mline】三种定点模式

a）"上（T）"模式　b）"无（Z）"模式　c）"下（B）"模式

【Mline】画双线时提供了三种模式（按上边线定点、按中间线定点、按下边线定点），在建筑类图样中有相当一部分墙体的轴线居中，因此在已有轴线网格的基础上，应该先设定为"无（Z）"模式（这样画出的线分居于轴线两侧）。在确定起点、终点的时候可以用前面所讲的捕捉方式。

3）确定多线比例：在命令提示区中出现提示："指定起点或［对正（J）/比例（S）/样式（ST）］："（确定平行线的起始点或者选项）时，键入"S"后回车，出现提示"输入多线比例＜20.00＞"时键入"240"（墙厚240）后回车。

注意：在此次操作过程中，注意24墙输入数值为"240"（按照1:1比例输入）；另外用该命令画出的线条是一个实体，如果在修改时有些编辑命令不能直接使用，可以用【Explode】命令将其分解。

4）确定多线起点：在命令提示区中出现："指定起点或［对正（J）/比例（S）/样式（ST）］："提示时，单击确定点位（或者通过键盘键入坐标值）。

5）确定多线另外一点：在"指定下一点:"提示下单击确定点位（或者通过键盘键入另外坐标值）。

6）重复操作：在"指定下一点或［放弃（U）］:"提示下，重复步骤5），然后在"指定下一点或［闭合（C）/放弃（U）］:"提示下回车。系统重新回到"命令:"状态，则一段墙体线完成（图3-22）。

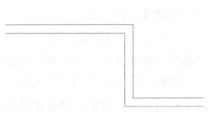

图3-22　用【Mline】绘制一段"240mm"厚的墙线

用该命令画墙线时比较方便，在修改墙角时可以用【Mledit】命令。即在"命令:"下键入【Mledit】命令后回车，在弹出的对话框（图3-23）中选择墙角类型，然后在要修改的墙角位置单击即可修改墙角。

如果要进行别的修改，如开门窗洞口，则用【Explode】命令或单击 ⬚ 按钮将双线分解（实际上这种操作方式不如先用【Line】命令画线，再用偏移命令【Offset】或单击 ⊆ 按钮操作方便）。

另外，还可以使用【Mlstyle】命令来设置多线类型，由于该命令使用不多，在此就不再赘述。

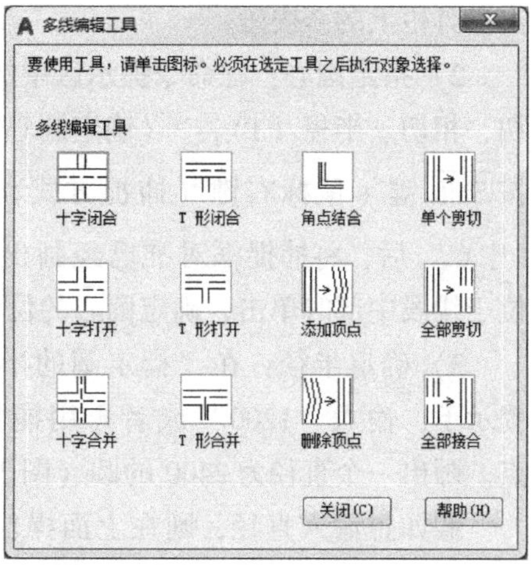

3.4.2　曲线命令

在工程图样中除了直线段以外，还有一部分曲线，如圆【Circle】、圆弧【Arc】、椭圆【Ellipse】、圆环【Donut】。

图 3-23　【多线编辑工具】对话框

下面，一起来学习这些命令及它们的具体应用。

1. 画圆命令【Circle】

绘制工程图样时，经常会遇到圆这一种图形，如标注轴线的轴号时，用直径 8mm 的细线圆、索引详图时的索引号采用直径 8~10mm 的细线圆、指北针用直径 24mm 的细线圆等。这些圆形线条都可以用【Circle】命令来完成。

在建筑类图样中，为了便于读图者分清方向，经常在平面图中设置指北针，用以指示方向，规范要求指北针的圆圈直径为 24mm，内部箭头尾部宽度为 3mm，以下是指北针的具体绘制方法。

（1）绘制直线

1）在"命令："下键入"L"（【Line】的快捷键）后回车或单击工具栏上的 ✐ 按钮。

2）在命令提示区中出现"指定第一点："（线的起始点）提示时，在绘图区域内的任意点单击。

3）在命令提示区中出现"指定下一点或［放弃（U）］:"提示时，键入"@2400<45"（可根据方向不同输入 0 或其他数值）后回车。

4）在"指定下一点或［放弃（U）］:"提示下按空格键或回车键，系统回到"命令:"状态，等待新的命令，则一条长度为 2400 的直线段绘制完成（图 3-24）。

图 3-24　用【Line】画直线

注意：此处先画直线的目的是控制圆的大小和指北针的方向，所以在输入极坐标时角度可以按指北针的方向确定。

（2）用【Circle】命令画圆

1）输入画圆命令：在"命令:"下键入"C"（【Circle】的快捷键）后回车或者单

击工具栏上的⊘按钮。

2）指定圆心：在命令提示区中的"指定圆的圆心或［三点（3P）/两点（2P）/相切、相切、半径（T）］:"（确定圆心或其他选项）提示下，按|Shift|键 + 鼠标右键（捕捉方式），在捕捉菜单中选择"中点"后，将捕捉框对准已经画出的直线。当捕捉光标位于线段中部时单击，确定圆心的位置在直线的中点。

3）确定半径：在"指定圆的半径或［直径（D）］:"提示下，输入"1200"或者再用捕捉方式确定直线的端点。画出一个直径为 2400 的圆（图3-25）。

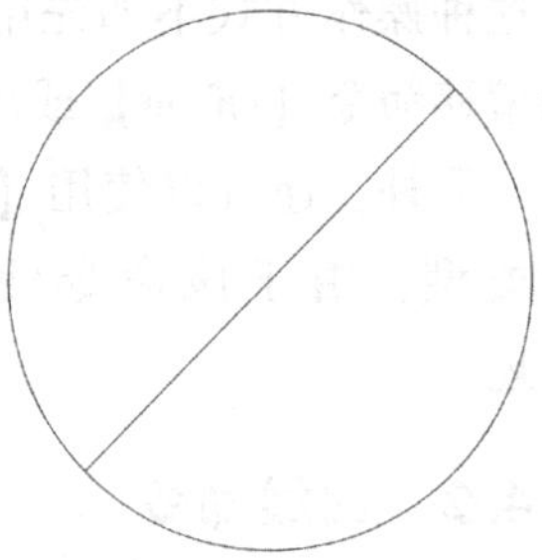

图3-25 用【Circle】画圆

假如想输入直径，则在上面操作中先键入"D"后回车，然后在"指定圆的直径:"下键入"2400"即可。

（3）用【Pline】命令绘制箭头

1）输入命令：在命令提示区"命令:"状态下键入"PL"（【Pline】的快捷键）后回车或单击工具栏上的⌐按钮。

2）指定起点：在命令提示区中出现"指定起点:"提示时，用捕捉方式确定圆与直线的一个交点。

3）选择子项：在命令提示区中出现"指定下一点或［圆弧（A）/半宽（H）/长度（L）/放弃（U）/宽度（W)]:"（确定另一点或选项）提示时，键入"W"回车（表示将要确定组合线的宽度）。

4）指定起点宽度：在"指定起点宽度:<0.0000>"的提示下回车（表示设定组合线的起点宽度为"0"）。

5）指定端点宽度：在"指定端点宽度:<0.0000>"提示下键入"300"后回车。

6）绘制线条：在"指定下一点或［圆弧（A）/ 闭合（C）/半宽（H）/长度（L）/放弃（U）/宽度（W)]:"提示下用捕捉方式确定圆与直线的另一交点。

在"指定下一点或［圆弧（A）/ 闭合（C）/半宽（H）/长度（L）/放弃（U）/宽度（W)]:"提示下按回车或空格键结束，如图3-26所示。

图3-26 用【Pline】画不等宽线
完成指北针的绘制

2. 用【Arc】绘制圆弧

在建筑图中，常常会遇到一些圆弧形墙角、带有开启线的门扇以及室内布置中的圆角桌子、沙发等曲线，可以用圆弧命令【Arc】来完成。

下面，将通过绘制平面图中的一扇门来练习圆弧命令的使用方法。

在建筑平面图中，一部分房间门的宽度为 900mm，并且带一圆弧形开启线，这一圆弧线可以用【Arc】命令绘制，假设门扇的厚度为 50mm，则绘制该门扇的操作步骤如下：

1）绘制门的平面轮廓：用【Line】命令绘制一个矩形框，框体尺寸为 900mm×50mm（如图 3-27 所示）。

2）输入绘制圆弧命令：在"命令："下键入"A"（【Arc】的快捷键）回车或者单击 按钮。

3）选择子项：在"指定圆弧的起点或［圆心（C）］："提示下，键入"C"后回车（选择圆心）。

4）捕捉圆心：在"指定圆弧的圆心："提示下，用捕捉方式选择"交点"后捕捉矩形框右下角。

5）指定圆弧的起点：在"指定圆弧的起点："提示下，用捕捉方式选择"交点"后捕捉矩形框右上角。

6）指定圆弧的端点：在"指定圆弧的端点（按住 Ctrl 键以切换方向）或［角度（A）/弦长（L）］："提示下，按下 F8 键（打开正交模式，该操作可以在前面的任意操作过程中先行打开），拖动鼠标，在形成 1/4 圆弧时，单击即可完成，如图 3-28 所示，一扇 900mm 宽、50mm 厚的门扇绘制完成。

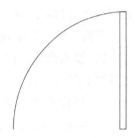

图 3-27　用【Line】
绘制一个矩形框

图 3-28　用【Arc】
绘制圆弧形开启线

该练习在学习画弧命令的同时，主要是学习了将几个命令结合使用。实际上一幅工程图样，无论多么复杂，都可以用几个命令完成一个简单实体，再用几个实体组合出复杂实体的方法。例如前面学会绘制一定厚度的墙体，再在墙体上安置一扇门，那么建筑物中一个房间的一面墙体就完成了。

3. 用【Ellipse】命令绘制椭圆

椭圆是圆的一种变异形式，圆的半径（或者直径）在各个方向都相等，假如不相等的话就是椭圆。在平面图中，偶尔会遇到椭圆线形，当卫生间内部需要详细布置时，如添加坐便器、浴缸、洗手盆等设施。其中的椭圆形状可以用【Ellipse】命令绘制。其绘制方法与圆基本相似，先确定椭圆的圆心，再分别确定两个方向的半径（长轴和短轴）即可完成。

4. 用【Donut】命令绘制圆环

圆环在建筑图中应用也比较少，对于要求绘制有一定线宽的圆（如详图符号使用直径 14mm 的粗线圆）、圆点（结构施工图中钢筋的断面）等，可以使用【Donut】命令完成。

5. 用【Spline】命令创建样条曲线

样条曲线是通过或接近一系列点的拟和曲线，曲线的类型是非均匀 B 样条（NURBS），其中拟和数据点决定了样条曲线图形的控制点。

3.4.3 多边形命令

多边形实际上是由多条直线组合而成的一个封闭图形。对于一些封闭图形，如果使用前面所讲述的【Line】命令绘制比较繁琐，这时用多边形命令，就简捷多了。常见多边形命令有矩形命令【Rectang】和正多边形命令【Polygon】。其中，矩形命令【Rectang】使用比较多。

下面就来介绍一下这几个命令的具体使用情况。

1. 用【Rectang】命令绘制矩形

【Rectang】命令在建筑图中使用得比较频繁，对于绘图过程中遇到的方框图形（无论是等边或不等边的），都可以用该命令来快速完成。【Rectang】命令经常用于绘制图纸边框、平面图中的门扇、立面图中的窗户以及家具布置中的一些矩形框等，这些图形也可以用【Line】命令来绘制，但比较繁琐，而用【Rectang】命令会更快捷一些。

下面，看一下绘制 A2 图纸外框的另一种方法：

1）输入命令：在"命令："下键入"Rec"（【Rectang】的快捷键）后回车或单击工具栏上的□按钮。

2）指定矩形的第一个角点：在命令提示区中出现"指定第一个角点或〔倒角（C）〕/标高（E）/圆角（F）/厚度（T）/宽度（W）〕："提示时，在绘图区域内任意点单击；或者随意输入一个坐标值（如18，15）后回车。

3）指定矩形的另一个角点：在命令提示区中出现"指定另一个角点或〔面积（A）/尺寸（D）/旋转（R）〕："提示时，可以键入"@59400，42000"后回车（相对坐标法，加上"@"表示以前一点为相对原点）。则一个图纸框绘制完成（图3-29）。

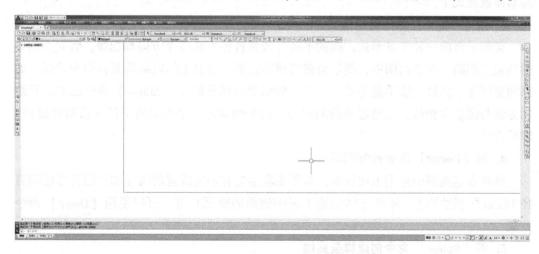

图 3-29　绘制图纸外框（显示不全）

4）放缩图形：在"命令："下键入"Z"回车，再键入"A"或"E"回车，则绘制的 A2 图纸外框就在屏幕中完整显示出来了（图3-30）。

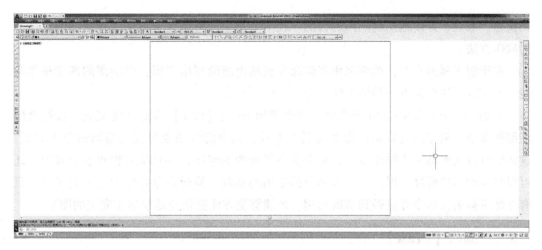

图 3-30　显示完全的 A2 图纸外框

2. 用【Polygon】命令绘制正多边形

在工程图样中，除了矩形以外，还可能有三角形、正方形、五边形、八边形等图线，例如在地面中铺贴的多边形块材，立面图中一些多边形窗户（六边形）等都可以用【Polygon】命令完成。

以下是一个绘制正六边形的操作步骤。

1）输入命令：在"命令："下键入"Pol"（【Polygon】的快捷键）回车或者单击 ⬡ 按钮。

2）确定多边形边数：在提示区出现"输入边的数目 ＜4＞："（确定范围一般为 3 ～ 1024）时，输入"6"后回车。

3）确定多边形中心：在"指定正多边形的中心或［边（E）］："提示下，在绘图区域任意单击确定一点（表示采用先确定正多边形中心的方法）；若键入"E"后再回车则是先确定正多边形的边长。

4）确定与圆的关系：在"输入选项［内接于圆（I）/外切于圆（C）］＜I＞："提示下，按回车键，表示采用内接于圆的方式。

5）确定圆的半径：在"指定圆的半径："提示下，在任意位置单击（在做该例练习时，应打开正交模式即按 F8 键），则绘制出一个正六边形（图 3-31）。

注意：用【Polygon】命令绘制的是正多边形（边长和夹角都相等），并且使用该命令，最多能够绘制边数为 1024 的正多边形。

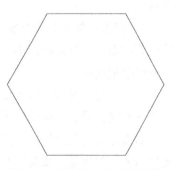

图 3-31　绘制出一个正六边形

3.5　常用 Auto CAD 编辑命令

编辑命令主要用于对实体的形状、尺寸及其在空间的位置关系等做一些处理，以达到快速、准确、方便地绘制图形的目的。在本节当中，将重点学习一些常用的编辑命令的操作方法。

在绘制工程图样时，单纯采用实体命令虽然也能绘制出图形，但绘图的速度却非常慢，真正方便快捷的方法是结合编辑命令来绘制图形。

例如，一个图形中有 10 条直线，需要使用 10 次【Line】命令才能完成。如结合使用编辑命令，只需用【Line】命令绘制一条线，其余的线条便可使用编辑命令来完成。这样做可以大大地节省操作步骤，从而提高了绘图的速度，并且从某种程度上来说，还可以提高绘图的精度。因此，实体命令是绘图的基础，编辑命令是绘图的主要工具，只有熟练掌握编辑命令并且做到准确运用，才能够更方便更快捷地绘制出完美的图形。

3.5.1　删除【Erase】

在绘图过程中，经常会有一些不需要的实体，例如辅助线（为了绘图的方便和准确，经常要加入一些辅助线，在操作结束后，这些辅助线就成为无用的实体），应当采用【Erase】命令（快捷键为"E"）来删除。

以下是删除实体的具体操作方法。

（1）输入命令　在"命令："下键入"E"回车或者单击工具栏中的 ✍ 按钮。

（2）选择要删除的对象　在"选择对象："提示下选择要删除的实体。

选择实体时有多种方法，分别如下：

1）全选：如果文件中的所有实体全部要删除的话，可以在"选择对象："提示下键入"All"即可选择所有实体。

2）点选：对于删除单个实体或者文件中的部分实体时，可以用点选的方式进行，具体方法是将选择光标（此时光标变为一个小方框）对准要删除的实体后，单击即可。

3）窗选：如果有多个实体要删除，采用点选时，比较麻烦，这时如果用窗选的方法就简便多了。所谓的窗选，就是用鼠标在准备选择的区域拉出一个窗口，窗口内部的实体就会被选中。

注意：使用窗选比较方便，但应注意在拉出窗口时，按照形成窗口的两个角点的先后顺序不同，最后选择的结果也不相同。

如果先在绘图区域内单击，然后向右拖曳鼠标（随着鼠标的拖动，屏幕上的窗口也随之加大，并且是实线窗口），此时无论在右上角还是右下角再单击一下，则窗口内的完整实体被选中（选中以后的实体会高亮显示，称为"亮显"，目的是为了能够区分清楚哪些是选中的实体，哪些是未选中的实体），这种窗选方法称为"正选"。

如果在绘图区域内单击，然后向左拖曳鼠标（随着鼠标的拖动，屏幕上出现随之加大的虚线窗口），此时无论在左上角还是左下角再单击一下，所有被框到的实体（包括完全被选到的或只选了一部分的）都被选择，这种窗选方法称为"反选"。

（3）按回车键结束　在"选择对象："提示下按回车键，则选择的实体被删除。

在学习编辑命令时，要注意选择实体的方法，尤其是窗选中的正选和反选的区别。

3.5.2 复制实体【Copy】

【Copy】命令是常用的编辑命令之一，使用该命令可以将一个实体复制到另一位置，可以是一次复制，也可以是多次复制。复制后实体的属性不变（包括形状、颜色、线型、图层等）。以下一起来做一个用【Copy】命令复制实体的练习。

（1）绘制门扇

1）在"命令："状态下键入"Rec"后回车或单击工具栏中的□按钮。

2）在出现"指定第一个角点或［倒角（C）］/标高（E）/圆角（F）/厚度（T）/宽度（W）]:"提示时，在绘图区的任意位置单击，然后在"指定另一个角点或［面积（A）/尺寸（D）/旋转（R）]:"提示下键入"@ 50，900"（绘制 900mm × 50mm 的门扇）后回车。

3）在"命令："下键入"A"回车或者单击工具栏中的⌒按钮。在"指定圆弧的起点或［圆心（C）]:"提示下，键入"C"回车（选择圆心）。

4）在"指定圆弧的圆心："提示下，用捕捉方式选择"交点"后捕捉矩形框右下角。

5）在"指定圆弧的起点："提示下，用捕捉方式选择"交点"后捕捉矩形框右上角。

6）在"指定圆弧的端点或［角度（A）/弦长（L）]:"提示下，按下 F8 键（打开正交模式，该操作可以在前面的任意操作过程中，先行打开），拖曳鼠标，在形成 1/4 圆弧时，单击结束绘制门扇的开启线，如图 3-32 所示。

一扇门便很简单地绘制出来了，接下来使用【Copy】命令将绘制的门进行复制。

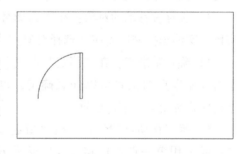

图 3-32　绘制一扇门（900mm × 50mm）

（2）输入命令　在"命令："状态下键入"Cp"（【Copy】的快捷键）后回车或单击工具栏中的❀按钮。

（3）选择被复制的对象　在"选择对象："提示下，按照前面所讲述的选择方法（单选、窗选等）选择实体。选择完毕后，按回车键。

（4）确定基准点　在"指定基点或［位移（D）/模式（O）]<位移>:"提示下，在绘图区域任意点单击（基准点的位置可以任意确定，也可以用捕捉模式确定某一准确位置）。

（5）确定复制点位置　在"指定第二个点或［阵列（A）]<使用第一个点作为位移>:"提示下，在绘图区域任意位置单击（也可以采用捕捉模式准确定位或者键入坐标值，本示例是键入"@ 2400 < 0"参数）。在"指定第二个点或［阵列（A）/退

出（E)/放弃（U)]＜退出＞:"时按回车键，则一扇门被复制完毕，如图3-33所示。

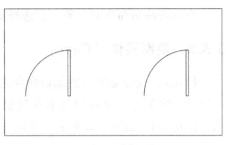

图3-33　复制后的结果

以上的操作过程，在复习【Rectang】与【Arc】结合绘图的同时，系统学习了【Copy】命令的使用，了解了基准点的含义，以及点位的确定方法，并进一步练习了选择实体的方法，为以后学习其他编辑命令奠定了基础。

3.5.3　移动【Move】

【Move】命令的作用是将实体移动到某一合适位置，在绘图时经常用于调整实体的位置。其操作方法类似于【Copy】命令，只是结果不同。【Copy】命令是将一个实体变成两个或多个，而【Move】命令则是将实体从一个位置移到另一个位置。下面做一个将一扇门移动到另一位置的小练习，可以与上一例对照一下其最后的结果。

1）绘制门扇：结合前面绘制门扇的方法，利用"Rec"命令和"A"命令，绘制一个900mm×50mm的门扇（如图3-32所示）。

2）输入移动命令：在"命令:"状态下键入"M"（【Move】的快捷键）后回车或单击工具栏中的➕按钮。

3）选择被移动的对象：在"选择对象:"提示下，按照前面所讲述的选择方法选择实体。实体选择完成后在"选择对象:"提示下按回车键结束选择，进行下一步操作。

4）确定基准点：在"指定基点或［位移（D)]＜位移＞:"提示下，在绘图区域内单击（基准点的位置可以任意确定，也可以用捕捉模式确定某一准确位置）。

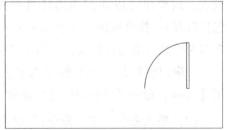

图3-34　移动后的结果

5）确定移动点的位置：在"指定位移的第二点或＜用第一点作位移＞:"提示下，键入"@2400＜0"参数确定一个点位（也可在绘图区内单击，还可以采用捕捉模式准确定位），则一扇门被移动到另一位置，如图3-34所示。

3.5.4　偏移【Offset】

偏移命令是一种特殊的复制命令，它能将实体按一定方向、一定距离多次复制。在建筑图中常用此命令将轴线（单线）生成双线墙。两条相交直线生成轴网，楼梯踏步的绘制等等，如图3-35所示。

下面将使用【Offset】命令来绘制一个"4500mm×6000mm"的房间。

（1）绘制A4图纸外框

1）在"命令:"状态下键入"Rec"后回车或单击工具栏中的▭按钮。

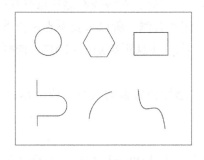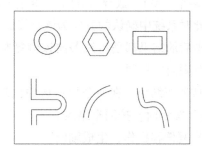

偏移前的图形　　　　　　　　　　偏移后的结果

图 3-35　偏移命令的应用

2）在"指定第一个角点或［倒角（C）/标高（E）/圆角（F）/厚度（T）/宽度（W）］:"提示下，拖动鼠标在绘图区内任意位置单击确定一个点位。

3）在"指定另一个角点或［面积（A）/尺寸（D）/旋转（R）］:"提示下键入"@29700，21000"参数后回车。

（2）放缩图形　绘制完成后，使用【Zoom】中的"A"或"E"项，使 A4 图纸外框完全显示。

（3）绘制两条相交直线

1）在"命令:"下键入"L"（【Line】的快捷键）后回车或者单击工具栏中的 ╱ 按钮，在命令提示区出现"指定第一点:"提示时，拖动鼠标在绘图区内任意位置单击左键（此时应按 F8 键打开正交模式）。

2）在命令提示区中出现"指定下一点或［放弃（U）］:"提示时，拖动鼠标在绘图区内任意位置单击绘制一条任意长度的水平线。

3）重复操作绘制一条与之相交的垂直线，如图 3-36 所示。

（4）输入偏移命令　在"命令:"下键入"O"（【Offset】的快捷键）后回车或者单击工具栏中的 ⊑ 按钮。

（5）输入偏移距离　在命令提示区中出现"指定偏移距离或［通过（T）/删除（E）/图层（L）］< 0.0000 >:"提示时，键入"4500"回车。

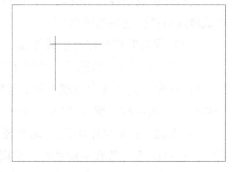

图 3-36　绘制 A4 外框后
再绘制两条相交垂直线

（6）选择偏移的对象　在命令提示区中出现"选择要偏移的对象，或［退出（E）/放弃（U）］:"提示时，选择（此时为单选）垂直线（选中后该线亮显）。

（7）确定偏移位置　在命令提示区中出现"指定要偏移的那一侧上的点，或［退出（E）/多个（M）/放弃（U）] ＜退出＞:"提示时，在该线右侧任意位置单击。

注意此时系统中确认的方向为该直线的左侧和右侧，所以只要不点在直线上，在右侧任意单击后的结果都是将线条向该侧复制一次，并且距离是"4500"。同样，如果单击左侧位置则向左复制。

（8）按回车结束　在命令提示区中出现"选择要偏移的对象，或［退出（E）/放弃（U）]:"提示时，按回车结束。

（9）重复偏移操作，生成轴网

1）在"命令:"状态下按回车重复执行上一次【Offset】命令，在命令提示区中出现"指定偏移距离或［通过（T）/删除（E）/图层（L）]＜4500＞:"提示时，键入"6000"回车。

2）在命令提示区中出现"选择要偏移的对象，或［退出（E）/放弃（U）]:"提示时，选择（此时为单选）水平线（选中后该线亮显）。

3）在命令提示区中出现"指定要偏移的那一侧上的点，或［退出（E）/多个（M）/放弃（U）]＜退出＞:"提示时，拖动鼠标向该线下侧任意位置单击，则一条直线原样向下复制，间距是"6000"。

4）在命令提示区出现"选择要偏移的对象，或［退出（E）/放弃（U）]:"（选择偏移实体）提示时，按回车结束。房间的轴网（4500mm×6000mm）绘制完成，如图3-37所示。

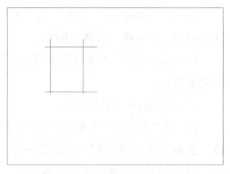

图3-37　用【Offset】绘制轴网

注意：建筑轴线为细点画线，有时大家习惯于这时改动线型，实际上没必要，因为后面要据此生成墙线，若先改为点画线，则生成的墙体线也是点画线。所以，操作时应生成墙线后再改动轴线的线型。

（10）重复偏移操作，生成墙线

1）在"命令:"状态下，按回车重复执行上一次【Offset】命令。

2）在命令提示区中出现"指定偏移距离或［通过（T）/删除（E）/图层（L）]＜6000＞::"提示时，键入"120"回车（假设墙体厚度为240mm，轴线居中）。

3）在命令提示区中出现"选择要偏移的对象，或［退出（E）/放弃（U）]:"提示时，选择线条（若看不清楚时，可以推动鼠标滚轮先放大）。

4）在命令提示区中出现"指定要偏移的那一侧上的点，或［退出（E）/多个（M）/放弃（U）]＜退出＞:"提示时，拖动鼠标在该线一侧任意位置单击，则一条直线原样向该侧复制，间距是"120"。

5）在命令提示区中出现"选择要偏移的对象，或［退出（E）/放弃（U）]:"提示时，再次选择该线条。

6）在命令提示区中出现"指定要偏移的那一侧上的点，或［退出（E）/多个

（M）／放弃（U）] <退出>:"提示时，拖动鼠标在该线另一侧任意位置单击，则又一条直线原样向该侧复制，间距是"120"。

7）循环操作（选择实体、确定方向直至另外几条线偏移完成）。

8）在命令提示区中出现"选择要偏移的对象，或 [退出（E）／放弃（U)]:"提示时，按回车结束，其结果如图 3-38 所示。

该练习在简单介绍了【Offset】命令的同时，做了绘制一个房间的示例。同样道理对于大的房间、多个房间，绘制方法与此类似。这样，整个平面图也就有了初步的形状。

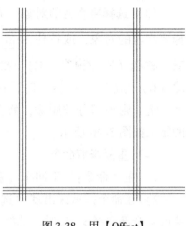

图 3-38 用【Offset】生成 240mm 墙体

3.5.5 修剪【Trim】

修剪命令【Trim】主要是用来将实体的某一部分从指定边界以外裁掉或擦除。操作该命令时，注意边界的选取，同时应当了解到一个实体既可以是修剪边界，又可以是被修剪实体。

在上一例中，通过【Offset】命令生成墙体以后，得到的只是一个房间的轮廓，具体在墙角部位还需要修整。修整的方法多种多样，其中之一就是使用【Trim】命令来完成。下面，就一起来学习【Trim】命令的使用方法。

假设该房间有一个 1800mm 宽的窗户并且居中，门扇宽度为 900mm。

（1）输入命令 在"命令:"下键入"Tr"（【Trim】的快捷键）后回车，或者单击工具栏中的 按钮。

（2）选择修剪边界 在命令提示区出现"选择剪切边…，选择对象或 <全部选择>:"提示时，选择修剪边界（被选实体亮显，并且在选择修剪边界时，可以同时选择多个实体），然后按回车结束，如图 3-39 所示。

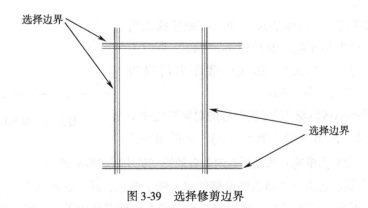

图 3-39 选择修剪边界

（3）选择要修剪的对象　在命令提示区出现"选择要修剪的对象，或按住 Shift 键选择要延伸的对象，或［栏选（F）/窗交（C）/投影（P）/边（E）/删除（R）/放弃（U）］："时，在准备修剪部分单击鼠标左键，则该部分被删除，修剪结束后回车。修剪后的结果如图 3-40 所示。

（4）重复修剪命令

1）在"命令："下回车（重复执行上一次命令）。

2）在命令提示区出现"选择剪切边…，选择对象或 < 全部选择 >："时，选择修剪边界（被选实体亮显），如图 3-41 所示。

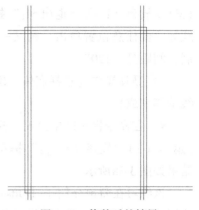

图 3-40　修剪后的结果

3）选择完成后按回车键。

4）在命令提示区出现"选择要修剪的对象，或按住 Shift 键选择要延伸的对象，或［栏选（F）/窗交（C）/投影（P）/边（E）/删除（R）/放弃（U）］："时，单击准备修剪的部分，则该部分消除，如图 3-42 所示。

5）修剪结束后按回车键结束命令。

（5）开设门洞　在此基础上开设门窗洞口时，由于在图形中直接应用实体命令（例如【Line】等）很难做到准确定位，这时可以采用添加辅助线的方法。

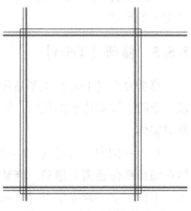

图 3-41　再次选择修剪边界

1）在"命令："下键入"O"（【Offset】的快捷键）后回车，或者单击工具栏中的 ⊂ 按钮。

2）在命令提示区出现"指定偏移距离或［通过（T）/删除（E）/图层（L）］< 通过 >："提示时，键入"240"回车。

建筑类图样当中，门垛的尺寸如果不做特殊说明时，通常默认为半墙厚度。此处键入"240"是因为轴线距离墙内侧为"120"，而墙内侧距离门垛为"120"，所以二者之和为"240"。

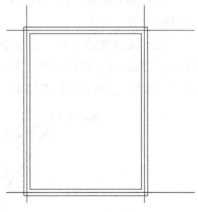

图 3-42　修剪后的结果

3）在命令提示区出现"确定要偏移的对象或选择要偏移的对象，或［退出（E）/放弃（U）］< 退出 >："提示时，选择（此时为单选）该图形右侧垂直轴线（选中后该线亮显）。

4）在命令提示区出现"指定要偏移的那一侧上的点，或［退出（E）/多个（M）/放弃（U）］< 退出 >："提示时，拖动鼠标在该线左侧任意位置单击，此时在该轴线的左侧出现一条与轴线相同的直线，并且距离是"240"，如图 3-43 所示。

5）在命令提示区出现"确定要偏移的对象或选择要偏移的对象，或［退出（E）/放弃（U）］＜退出＞:"提示时，按回车键结束。

6）在"命令:"下按回车（重复执行上一次【Offset】命令），在命令提示区出现"指定偏移距离或［通过（T）/删除（E）/图层（L）］＜240＞:"提示时，键入"900"回车（门扇的宽度为 900mm）。

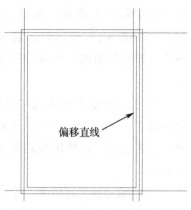

图 3-43　偏移出与
轴线相同的直线

7）在命令提示区出现"确定要偏移的对象或选择要偏移的对象，或［退出（E）/放弃（U）］＜退出＞:"提示时，选择刚才被复制出的直线（选中后该线亮显）。

8）在命令提示区出现"指定要偏移的那一侧上的点，或［退出（E）/多个（M）/放弃（U）］＜退出＞:"提示时，拖动鼠标向该线左侧任意位置单击，则一条直线原样向左复制，间距是"900"，如图 3-44 所示。

9）当命令提示区再次出现"确定要偏移的对象或选择要偏移的对象，或［退出（E）/放弃（U）］＜退出＞:"提示时，按回车键结束。

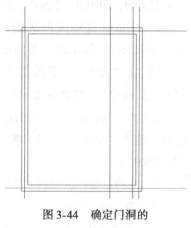

图 3-44　确定门洞的
准确位置

10）在"命令:"下键入"Tr"（【Trim】的快捷键）后回车，或者单击工具栏中的 按钮。

11）在命令提示区出现"选择剪切边...，选择对象或＜全部选择＞:"时，选择修剪边界（被选实体亮显），如图 3-45 所示。

12）选择完成后按回车键。

13）在命令提示区出现"选择要修剪的对象，或按住 Shift 键选择要延伸的对象，或［栏选（F）/窗交（C）/投影（P）/边（E）/删除（R）/放弃（U）］:"时，单击准备修剪的部分，则该部分消除，如图 3-46 所示。

14）修剪完毕按回车键结束命令，则 900mm 宽的门洞开设完成。

（6）开设窗洞

1）在"命令:"下按回车键（重复执行上一次【Offset】命令），在命令提示区出

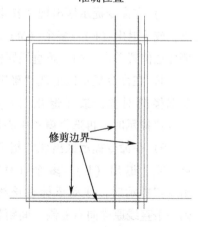

图 3-45　选择修剪边界

现"指定偏移距离或［通过（T）/删除（E）/图层
（L）］＜900＞:"提示时，键入"2250"回车（假设
窗户居于墙体中部，所以应当先确定出窗户的中心位
置）。

2）在命令提示区出现"确定要偏移的对象或选择
要偏移的对象，或［退出（E）/放弃（U）］＜退
出＞:"提示时，选择房间右边垂直轴线（选中后该线
亮显）。

3）在命令提示区出现"指定要偏移的那一侧上的点，
或［退出（E）/多个（M）/放弃（U）］＜退出＞:"提
示时，拖动鼠标在该线左侧任意位置单击，则一条直线原
样向左复制，间距是"2250"，如图3-47所示。

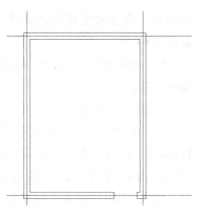

图3-46 修剪出门洞
（宽度为900mm，门垛为120mm）

4）当命令提示区再次出现"确定要偏移的对象
或＜退出＞:"提示时，按回车键结束。

5）在"命令:"下按回车键（重复执行上一次
【Offset】命令），在命令提示区出现"指定偏移距离或
［通过（T）/删除（E）/图层（L）］＜2250＞:"提
示时，键入"1500"回车（窗户宽度"3000"的一半
为"1500"）。

6）在命令提示区出现"确定要偏移的对象或选择要
偏移的对象，或［退出（E）/放弃（U）］＜退出＞:"提
示时，选择刚才被复制出的窗户中线（选中后该线亮显）。

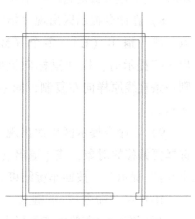

图3-47 确定窗户中心线

7）在命令提示区出现"指定要偏移的那一侧上的
点，或［退出（E）/多个（M）/放弃（U）］＜退出＞:"提示时，拖动鼠标在该线左
侧任意位置单击，则一条直线原样向左复制，间距是"1500"。

8）在命令提示区出现"确定要偏移的对象或选择
要偏移的对象，或［退出（E）/放弃（U）］＜退
出＞:"提示时，再选择窗户中心线。

9）在命令提示区出现"指定要偏移的那一侧上的
点，或［退出（E）/多个（M）/放弃（U）］＜退
出＞:"提示时，拖动鼠标在该线右侧任意位置单击，
则一条直线原样向右复制，间距是"1500"，如图3-48
所示。

10）当命令提示区再次出现"确定要偏移的对象或
选择要偏移的对象，或［退出（E）/放弃（U）］＜退

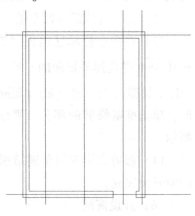

图3-48 确定窗洞的位置

出 > ："提示时，按回车键结束。

11）在"命令："下键入"Tr"（【Trim】的快捷键）后回车，或者单击工具栏中的 🖎 按钮。

12）在命令提示区出现"选择剪切边…，选择对象或 < 全部选择 > ："提示时，选择修剪边界（被选实体亮显）并按回车键结束，如图 3-49 所示。

13）在命令提示区出现"选择要修剪的对象，或按住 Shift 键选择要延伸的对象，或［栏选（F）/窗交（C）/投影（P）/边（E）/删除（R）/放弃（U）]："提示时，单击准备修剪的部分并在修剪结束后回车结束，回到"命令："状态，则该部分消除，如图 3-50 所示。

（7）删除辅助线

1）在"命令："提示下键入"E"后回车或者用鼠标单击工具栏中的 🖉 按钮。

2）在"选择对象："提示下选择添加的辅助线（窗户中心线）后按回车键，将辅助线删除。房间的墙角修整、门窗洞口的开设完成，如图 3-51 所示。

（8）在图形中添加门扇

1）在"命令："下键入"Rec"（【Rectang】的快捷键）后回车或者单击工具栏中的 □ 按钮。

2）在命令提示区出现"指定第一个角点或［倒角（C）/标高（E）/圆角（F）/厚度（T）/宽度（W）]："提示时，利用捕捉方式选择"端点"后，将光标对准门洞右边上角后单击，如图 3-52 所示。

图 3-49　确定修剪边界

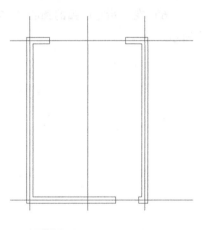

图 3-50　修剪后的结果

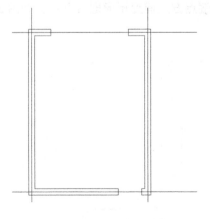

图 3-51　删除以后的结果

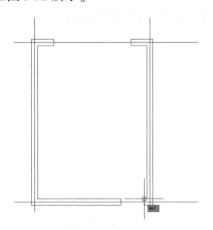

图 3-52　绘制门扇时捕捉"端点"

3）在命令提示区出现"指定另一个角点或［面积（A）／尺寸（D）／旋转（R）］:"时，可以键入"@－50，900"后回车（假设门扇的尺寸为900mm×50mm，注意此时 X 坐标为"－50"，因为按照系统默认坐标系，向左为负，向右为正），则一扇门绘制完成，如图3-53所示。

4）绘制门的开启线（圆弧线）。这时可能图形太小，先用【Zoom】命令将门洞部分放大，然后在"命令:"下键入"A"（【Arc】的快捷键）后回车或单击工具栏中的 按钮。

5）在"指定圆弧的起点或［圆心（C）］:"提示下，键入"C"后回车（选择圆心）。

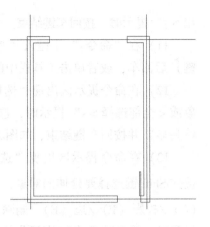

图3-53　绘制门扇

6）在"指定圆弧的圆心:"提示下，以捕捉端点方式，捕捉矩形框右下角，如图3-54所示。

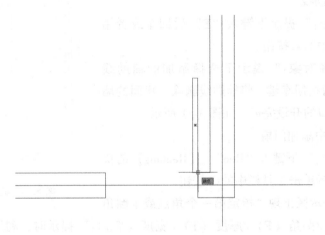

图3-54　绘制门的开启线时捕捉"端点"作为圆弧的圆心

7）在"指定圆弧的起点:"提示下，以捕捉端点方式捕捉矩形框右上角，如图3-55所示。

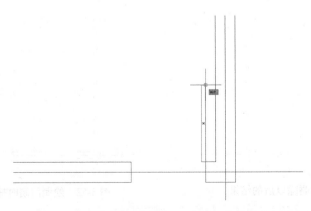

图3-55　绘制门的开启线时捕捉"端点"作为圆弧的起点

8）在"指定圆弧的端点（按住 Ctrl 键以切换方向）或［角度（A）/弦长（L）］:"
提示下，按下 F8 键（打开正交模式，该操作可以在前面的任意操作过程中，先行打
开），拖动鼠标，在形成 1/4 圆弧时单击；或者再用捕捉"端点"方式确定门洞左上角
单击，则一扇门绘制完成，如图 3-56 所示。

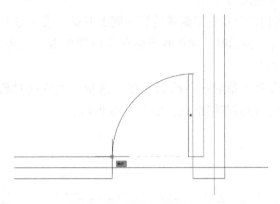

图 3-56　绘制完成门的开启线

（9）绘制窗扇

1）使用【Zoom】命令将窗洞部分放大后，在"命令:"下键入"L"（【Line】的快
捷键）后回车或单击工具栏中的 ✓ 按钮。

2）在命令提示区出现提示"指定第一点:"时，以捕捉端点方式捕捉窗洞左上角，
如图 3-57 所示。

图 3-57　绘制窗户线时捕捉"端点"

3）在命令提示区出现提示"指定下一点或［放弃（U)］:"时以捕捉端点方式捕捉
窗洞右上角的端点，则一条直线绘制完成。

4）在"命令:"下键入"O"（【Offset】的快捷键）后回车，或单击工具栏中的 ⊆
按钮。

5）在命令提示区出现提示"指定偏移距离或［通过（T）/删除（E）/图层（L）］
＜0.0000＞:"时，键入"80"回车（平面图中窗户为 4 条线，为方便起见，这里将
"240"墙体均分）。

6）在命令提示区出现"选择要偏移的对象，或［退出（E）/放弃（U)］:"提示
时，选择（此时为单选）刚绘制出的直线。

7）在命令提示区出现"指定要偏移的那一侧上的点，或［退出（E）/多个（M）/放弃（U）］<退出 >:"提示时，向该线下侧任意位置单击，则一条直线被原样向下复制，距离是"80"。

8）在命令提示区出现"选择要偏移的对象，或［退出（E）/放弃（U）］:"提示时，鼠标选择刚刚被复制出的直线。

9）在命令提示区出现"指定要偏移的那一侧上的点，或［退出（E）/多个（M）/放弃（U）］<退出 >:"提示时，向该线下侧任意位置单击，则又一条直线被原样向下复制，并且距离是"80"。

10）重复该步骤复制出最后一条线后，在"选择要偏移的对象，或［退出（E）/放弃（U）］:"提示下，按回车键结束，如图 3-58 所示。

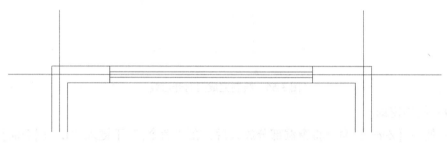

图 3-58　用【Line】命令和【Offset】命令绘制窗户

11）使用【Zoom】命令将整个图形显示出来，如图 3-59 所示。

通过该示例的练习，我们掌握了【Trim】命令的操作步骤，初步了解了边界的概念以及添加辅助线的方法，为以后熟练准确地绘图奠定基础。同样，对于多个房间，绘制方法与此类似。

3.5.6　圆角【Fillet】

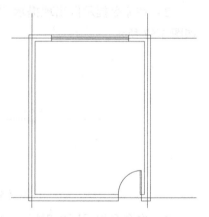

图 3-59　添加门窗后的整个图形

使用该命令可以将两条线（包括直线或者圆弧线）连接起来，并且可以通过输入不同的半径，形成不同的形态，例如平滑的圆弧以及尖角（输入半径为"0"时）。

接下来，通过绘制 100mm × 10mm 的等边角钢，来练习【Fillet】命令的操作方法。

1）绘制相互两条垂直的直线：利用【Line】命令，结合 F8 键绘制两条互相垂直的直线，如图 3-60 所示。

2）偏移直线：利用【Offset】命令，将偏移距离分别设定为"10"、"100"，将直线偏移，如图 3-61 所示。

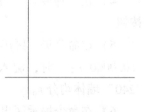

图 3-60　绘制相交直线

3）输入圆角命令：在"命令："下键入"F"（【Fillet】的快捷键）后回车或者单击工具栏中的 按钮。

4）选择子项：在命令提示区出现"选择第一个对象或［放弃（U）/多段线（P）/半径（R）/修剪（T）/多个（M）］:"提示时，键入"R"回车（选择半径）。

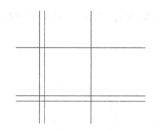

图 3-61　选择第一个实体（一）

5）确定半径：在"指定圆角半径 <10.00>："提示下，键入"0"回车。

6）选择第一个对象：在命令提示区出现"选择第一个对象或［放弃（U）/多段线（P）/半径（R）/修剪（T）/多个（M）］:"提示时，单击一条线（该线为亮显），如图 3-62 所示。

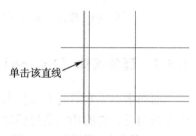

单击该直线

图 3-62　选择第一个实体（二）

7）选择第二个对象：在命令提示区出现"选择第二个对象:"提示时，单击另一条线，修整结果如图 3-63 所示。

8）重复圆角的操作步骤，最后修整的结果如图 3-64 所示。

9）输入切角命令：在"命令:"下按回车键（重复执行上一步命令）。

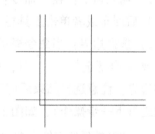

图 3-63　修整结果（一）

10）选择子项：在命令提示区出现"选择第一个对象或［放弃（U）/多段线（P）/半径（R）/修剪（T）/多个（M）］:"提示时，键入"R"回车（选择半径）。

11）确定半径：在"指定圆角半径 <0.00>："提示下，键入"20"回车。

12）输入切角命令：在"命令:"下按回车键（重复执行上一步命令）。

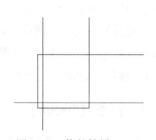

图 3-64　修整结果（二）

13）选择第一个对象：当命令提示区出现"选择第一个对象或［放弃（U）/多段线（P）/半径（R）/修剪（T）/多个（M）］:"提示时，单击一条线（该线为亮显），如图 3-65 所示。

14）选择第二个对象：在命令提示区出现"选择第二个对象:"提示时，单击另一条线，修整结果如图 3-66 所示。

15）重复切角：重复切角命令，并且将"半径"

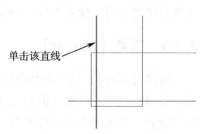

单击该直线

图 3-65　选择第一个实体（三）

选项设置为"10"，将角钢的肢尖修改，结果如图3-67所示。

图3-66 修整结果（三）　　　　图3-67 修整结果（四）

3.5.7 延伸实体【Extend】

前面学习了修剪【Trim】命令，其功能是将修剪边界以外的多余实体剪除；而延伸命令却相反，它的功能是将残缺的实体延长到指定边界。

该命令的操作方法与【Trim】命令极其相似，在这里简单了解一下其基本操作。

1）输入命令：在"命令:"下键入"Ex"（【Extend】的快捷键）后回车或者单击工具栏中的━按钮。

2）选择边界：当命令提示区出现"选择边界的边... 选择对象 或 <全部选择>:"时，在绘图区中选择一个实体（作为延伸边界，注意选择结束后应当按回车键或者空格键结束选择，以便进行下一步操作），如图3-68所示。

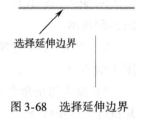

选择延伸边界

图3-68 选择延伸边界

3）选择被延伸实体：在"选择要延伸的对象，或按住 Shift 键选择要修剪的对象，或 [栏选（F）/窗交（C）/投影（P）/边（E）/放弃（U）]:"提示下，选择另一实体（同前一示例，选择实体时的点位应当在该实体中点靠近边界位置），则该实体被延伸。

4）按回车键结束，延伸后的结果如图3-69所示。

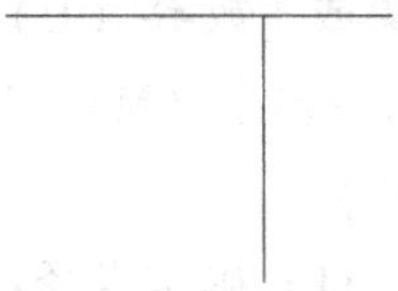

图3-69 延伸后的结果

3.5.8 打断【Break】

【Break】命令主要用于擦除实体上的一部分或者断开实体，在绘制工程图样过程中主要起辅助作用，随着CAD版本的提高，该命令已很少使用。

3.5.9 镜像【Mirror】

镜像【Mirror】是一种特殊的复制命令之一，使用该命令也可以将一个（或者一组）实体复制到指定的位置。但它与【Copy】命令不同，【Copy】命令是将实体在指定位置原样复制，实体的大小、形状等一系列特性都没有改变；而【Mirror】命令则是将实体在指定位置对称复制，复制后实体的某些特性与原实体相反。

在建筑图样中，对于对称的图形，绘图时可以先绘制一部分（1/2、1/4等），然后使用该命令镜像复制，稍加修改即可完成整个图形。下面，做一个镜像复制的小练习。

假设有一房间墙面，净尺寸为 2600mm × 4560mm，对称布置，要绘制该墙面立面图，具体操作步骤如下：

1）绘制相交直线：利用【Line】命令绘制两条相交直线。

2）偏移直线，形成墙面轮廓：利用【Offset】命令将绘制的两条相交直线分别偏移"2600"、"4560"，如图 3-70 所示。

图 3-70　绘制墙面轮廓

3）切角：利用【Fillet】命令修角。

4）确定顶棚、门边、踢脚线、墙裙：利用【Offset】、【Fillet】、【Trim】等命令确定出顶棚、门边、踢脚线、墙裙等位置，如图 3-71 所示。

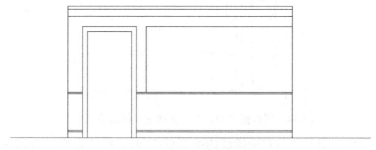

图 3-71　绘制墙面轮廓

5）绘制门扇：利用【Offset】、【Fillet】、【Arc】等命令确定出门扇的形状位置，如图 3-72 所示。

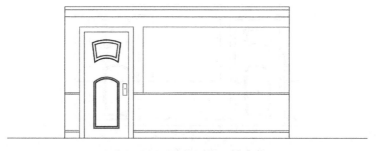

图 3-72　绘制门扇

6）镜像复制

①在"命令："下键入"Mi"（【Mirror】的快捷键）后回车或者单击工具栏中的⚠按钮。

②在命令提示区出现"选择对象："提示时，将整个门扇全部选择后回车，如图 3-73 所示。

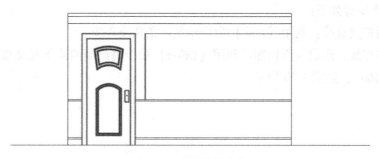

图 3-73　选择镜像实体

③在命令提示区出现提示"指定镜像线的第一点："时，按捕捉中点方式捕捉图形上方线条的中点，如图 3-74 所示。

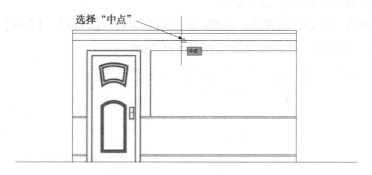

图 3-74　用捕捉"中点"方式确定镜像线的第一点

④在命令提示区出现"指定镜像线的第二点："时，按"正交"方式在图形下方单击（注意此时有一个与选择实体相反的虚图像随着鼠标的移动而移动），如图 3-75 所示。当确定出镜像线第二点后，虚图像消失。

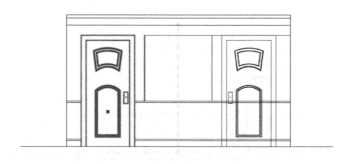

图 3-75　确定镜像线的第二点

⑤在命令提示区出现"要删除源对象吗？［是（Y）/否（N）］＜否＞："（"Y"表示删除原实体，将来只有与之对称的图像存在；"N"表示不删除原实体，将来原实体与镜像后的实体同时存在。本示例选择"N"）时回车，结果如图 3-76 所示。

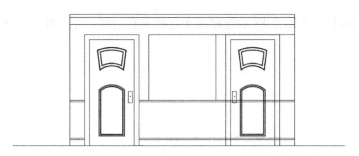

图 3-76 选择 "不删除原实体" 后的镜像结果

7) 修改图形：利用【Trim】命令将多余线条修剪，如图 3-77 所示。

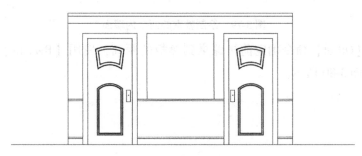

图 3-77 修剪后的结果

在此，我们一起学习了【Mirror】命令的操作方法。实际上，在绘制工程图时，对于对称的图形都可以使用该命令来完成，从而大大提高了绘图的效率。

3.5.10 阵列【Array】

【Array】命令也是一种特殊的复制命令，该命令可以将实体按不同的排列方式复制，如图 3-78 所示。

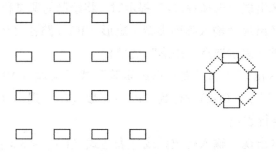

图 3-78 【Array】命令阵列的结果（左边为矩阵式阵列；右边为圆阵列）

在施工图中，该命令经常用于室内家具设备的布置、标注间距相等的轴线编号等。阵列命令有两种阵列方式：一种是**矩阵式阵列**，另外一种是**圆阵列**。

下面，就这两种操作方式分别做一下练习。

1. 矩阵式阵列方式

假设设计一间普通教室，课桌尺寸 600mm×1200mm，方凳尺寸 300mm×400mm。

1）用【Line】命令结合 F8 键绘制两条互相垂直的线，作为教室的两个内墙面，如图 3-79 所示。

图 3-79　绘制教室的两个内墙面

2）使用【Offset】命令确定前排课桌到黑板的距离，使用【Rectang】命令绘制课桌、方凳，如图 3-80 所示。

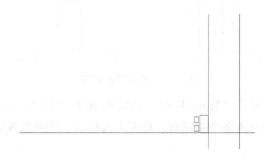

图 3-80　绘制课桌、方凳

3）在"命令:"下键入"Ar"（【Array】的快捷键）后回车或单击工具栏中 按钮。

4）在命令提示区出现"选择对象:"提示时，将绘制的课桌和方凳选择后回车。

5）在命令提示区出现"输入阵列类型［矩形（R）/路径（PA）/极轴（PO）］<矩形 >:"时按回车键（表示选择"矩形"类型）。

6）在命令提示区出现"选择夹点以编辑阵列或［关联（AS）/基点（B）/计数（COU）/间距（S）/列数（COL）/行数（R）/层数（L）/退出（X）］<退出 >:"时键入"R"（表示设定行数）。

7）在命令提示区出现"输入行数数或［表达式（E）］<3 >:"时，键入"4"后回车。

8）在命令提示区出现"指定行数之间的距离或［总计（T）/表达式（E）］<1800 >:"时，键入"2100"（假设课桌之间的净距为"900"）后回车。

9）在命令提示区出现"选择夹点以编辑阵列或［关联（AS）/基点（B）/计数（COU）/间距（S）/列数（COL）/行数（R）/层数（L）/退出（X）］<退出 >:"时键入"COL"（表示设定列数）。

10）在命令提示区出现"输入列数或［表达式（E）］＜4＞:"时键入"8"后回车。

11）在命令提示区出现"指定列数之间的距离或［总计（T）/表达式（E）］＜1500＞:"时，键入"–1300"（假设方凳与其后的课桌净距为"300"，以方便人员通行，"–"表示向左）。

12）在命令提示区出现"选择夹点以编辑阵列或［关联（AS）/基点（B）/计数（COU）/间距（S）/列数（COL）/行数（R）/层数（L）/退出（X）］＜退出＞:"按回车键结束，结果如图3-81所示。

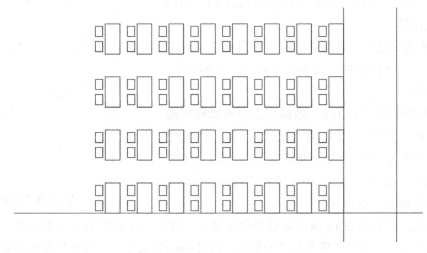

图 3-81　阵列的结果

2. 圆阵列方式

假如某餐厅尺寸为3600mm×4500mm，在房间中布置餐桌和圆凳，我们一起学习使用【Array】命令的操作步骤。

（1）绘制房间　结合【Line】、 【Offset】、【Trim】、【Fillet】、【Circle】等命令将餐厅轮廓以及餐桌和圆凳绘制出来，如图3-82所示。

（2）使用【Array】命令

1）在"命令:"下键入"Ar"（【Array】的快捷键）后回车或单击工具栏中⊞按钮。

2）在命令提示区出现"选择对象:"提示时，将绘制的圆凳选择后回车。

3）在命令提示区出现"输入阵列类型［矩形（R）/路径（PA）/极轴（PO）］＜矩形＞:"时键入"PO"后回车。

4）在命令提示区出现"指定阵列的中心点或

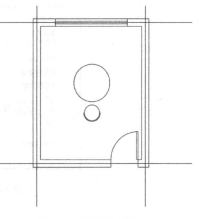

图 3-82　绘制房间轮廓
以及餐桌和圆凳

[基点（B）/旋转轴（A）]:"时，捕捉圆桌的圆心。

5）在命令提示区出现"选择夹点以编辑阵列或［关联（AS）/基点（B）/项目（I）/项目间角度（A）/填充角度（F）/行（ROW）/层（L）/旋转项目（ROT）/退出（X）] <退出 >:"时键入"I"后回车。

6）在命令提示区出现"输入阵列中的项目数或［表达式（E）] <6 >:"时键入"8"回车。

7）在命令提示区出现"选择夹点以编辑阵列或［关联（AS）/基点（B）/项目（I）/项目间角度（A）/填充角度（F）/行（ROW）/层（L）/旋转项目（ROT）/退出（X）] <退出 >:"时键入"F"后回车。

8）在命令提示区出现"指定填充角度（ + = 逆时针、 – = 顺时针）或［表达式（EX）] <360 >:"时按回车键。

9）在命令提示区出现"选择夹点以编辑阵列或［关联（AS）/基点（B）/项目（I）/项目间角度（A）/填充角度（F）/行（ROW）/层（L）/旋转项目（ROT）/退出（X）] <退出 >:"时按回车键退出，结果如图3-83 所示。

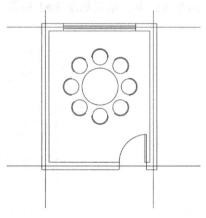

图3-83 阵列完成的结果

实际上，CAD 自2019 版后对很多命令进行了改变，尽管增加了很多功能，但对于老版本用户来说也增加了熟悉软件的负担，像【Array】命令，其方便程度远不如以前低版本的对话框操作那么简单直观（图3-84）。

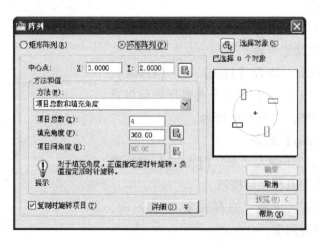

图3-84 低版本的【Array】对话框

3.5.11 用【Rotate】命令旋转实体

【Rotate】命令的功能是将选中的实体绕指定的基准点旋转一个角度。在装饰施工图

中主要用于调整实体的方向，其操作过程类似于
【Copy】命令和【Move】命令。

下面，就来看一下使用该命令将实体旋转 90° 的
操作方法。

1）输入旋转命令：打开前面已经绘制好的房
间，在"命令:"下键入"Ro"（【Rotate】命令的快
捷键）后回车，或者单击工具栏中的 ⟳ 按钮。

2）选择被旋转的对象：在命令提示区出现"选
择对象:"时，选择实体后回车，如图 3-85 所示。

3）确定基准点：在命令提示区出现"指定基
点:"时，结合捕捉"端点"方式，确定图形上的某
一交点为基准点，如图 3-86 所示。

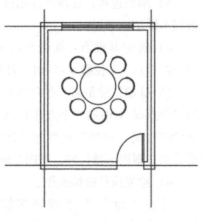

图 3-85　选择被旋转的实体

4）确定旋转角度：在命令提示区出现"指定旋转角度，或〔复制（C）/参照
（R）〕<0>:"时，键入"90"后回车（表示逆时针旋转 90°），结果如图 3-87 所示。

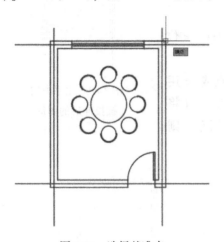

图 3-86　选择基准点

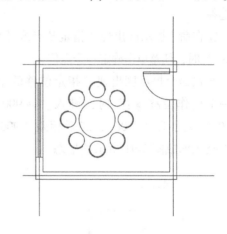

图 3-87　旋转后的结果

3.5.12　用【Stretch】命令拉伸实体

当绘图过程中发现某一空间（或者实体）尺寸或大或小，需要调整时，可以采用
【Stretch】命令来完成。该命令操作比较简单，经【Stretch】拉伸后实体（文字类的实
体除外）的形状有所改变。

接下来使用【Stretch】命令将一个房间的尺寸由 4500mm × 6000mm 改为 3600mm ×
5100mm，其具体操作如下。

1）输入拉伸命令：在"命令:"下键入"Stretch"命令后回车或者单击 ⬚ 按钮。

2）选择被拉伸对象：在命令提示区出现"选择对象:"时，用窗口反选（注意：一
定要采用反选形式而且要选择完整）选择实体，如图 3-88 所示。

3）结束选择：在命令提示区出现"选择对象："时，按回车键结束选择。

4）确定基准点：在命令提示区出现"指定基点或[位移（D）]<位移>："时，任意单击确定一个点位。

5）确定拉伸距离：在命令提示区出现"指定位移的第二个点或 <用第一个点作位移>："时，键入"@900<180"（将"4500"减少为"3600"，二者相差"900"）后回车，则图形被拉伸，如图3-89所示。

6）重复执行拉伸操作。

①在"命令:"下按回车键或空格键，重新执行【Stretch】命令。

②在命令提示区出现"选择对象："（选择被拉伸的实体）时，用窗口反选方式选择实体，如图3-90所示。

③在命令提示区出现"选择对象："时，按回车键结束选择。

④在命令提示区出现"指定基点或[位移（D）]<位移>："时，任意单击确定一个点位。

⑤在命令提示区出现"指定位移的第二个点或 <用第一个点作位移>："时，键入"@900<-90"（将"6000"缩小为"5100"，二者相差"900"）后回车，则图形被压缩成图3-91所示的形态。

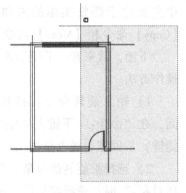

图3-88　选择被拉伸的实体

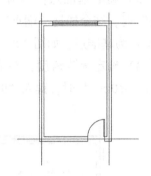

图3-89　水平方向
被拉伸后的图形

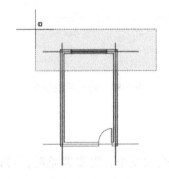

图3-90　用窗口反选方式选择实体

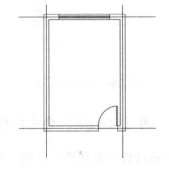

图3-91　被压缩后的图形形式

该练习通过学习【Stretch】命令的简单操作，再一次复习了前面所学过的实体选择方式、基准点的选取以及极坐标的输入等内容，同时还学会如何调整实体的大小。

3.5.13　改变实体大小【Scale】

【Scale】命令主要是将选中的实体以选定的点位为基准点，按照输入的比例值放大或者缩小实体，从而改变了实体的真实尺寸。该命令与前面所讲述过的【Zoom】命令不同，【Zoom】命令只是改变了图形的显示大小，并未真正改变实体的尺寸。

在绘制施工图时，【Scale】命令经常用于调整一些文字、数字等文本的大小以及一些详图的大小等。接下来，做一个使用【Scale】命令将房间整体放大 1 倍的练习。

1）绘制一个房间：绘制一个房间，然后使用【Copy】命令将图形复制一个，如图 3-92 所示。

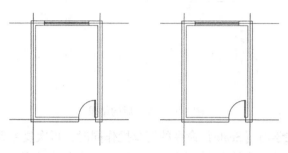

图 3-92 绘制一个房间并复制图形

2）输入命令：在"命令："下键入"Sc"（【Scale】命令的快捷键）后回车，或者单击工具栏中的按钮。

3）选择对象：在命令提示区出现"选择对象："时，用窗口反选方式选择图形后回车，如图 3-93 所示。

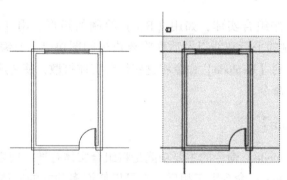

图 3-93 用窗口反选方式选择的实体

4）确定基准点：在命令提示区出现"指定基点："时，用捕捉"交点"方式，选择一个交点作为基准点，如图 3-94 所示。

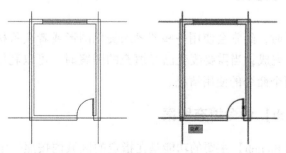

图 3-94 捕捉"交点"作为基准点

5）输入比例因子：当命令提示区出现"输入比例因子或〔复制（C）/参照（R）〕:"时，键入"2"后回车，则实体被放大，如图3-95所示。

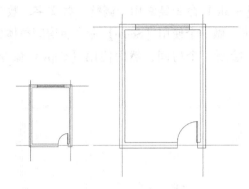

图 3-95　放大后的结果

通过该练习，在学习【Scale】命令的简单操作同时，再次复习到前面所学过的实体的选择方式、基准点的选取等内容，同时学会了调整实体大小的又一基本方法。注意：该命令与【Stretch】命令有区别，用【Stretch】可以将实体拉伸2倍，其墙体厚度不变，依然是"240"，但是使用【Scale】命令放大2倍后墙体厚度也变为"480"，这一点必须区分清楚。

3.5.14　用【Explode】命令将实体打散

绘图过程中，有些组合实体，如用【Rec】绘制的矩形、用【Pline】绘制的组合线、用【Mline】绘制的平行双线以及后面将要讲述的图块等，要编辑其中的一部分很不方便，这时需要用到【Explode】命令将这些组合实体打散，使之成为一个个独立的实体，然后再使用编辑命令。

3.5.15　合并【Join】

前面讲述的【Explode】命令的主要功能是将组合实体打散，使之由一个实体变成多个独立的实体。而【Join】命令则正相反，它可以使许多独立的实体（必须是首尾相连的实体）组合成一个实体。

3.6　图案填充与修改

在绘制工程图样时，经常会使用一些图案来美化图形或者表示材质，这时就需要使用【Bhatch】命令来完成；当需要改变已经填充的图案时，可以利用【Hatchedit】命令来完成。以下是这两个命令的使用情况。

3.6.1　用【Bhatch】命令填充图案

域内填充命令【Bhatch】主要的功能是在指定的区域内按照一定比例大小和旋转角

度填充指定的图案。在建筑施工图中，该命令主要用于剖面图、详图中的材料图例绘制。

下面，就以一个具体实例来了解一下【Bhatch】命令的使用方法。

1）打开前面绘制的单一房间，或者任意绘制一个房间。

2）输入填充命令。单击下拉菜单中的【绘图】／【图案填充】项，或单击工具栏中的 ▦ 按钮，也可以在"命令:"下键入"Bh"（【Bhatch】命令的快捷键）后回车。

3）参数设置。输入命令之后，在系统弹出的【图案填充和渐变色】对话框（如图3-96所示）中，进行参数设置。

该对话框左边属于图案设置区域，包括图案类型的选择和图案属性（旋转角度和比例）的设置等几项。

图 3-96 【图案填充和渐变色】对话框

①【类型】下拉列表框：可以确定使用图案的类型，系统默认有三种情况："预定义"、"用户定义"、"自定义"，一般选取"预定义"，如图 3-97 所示。

②【图案】下拉列表框：该框内主要是一些常用图案的名称列表。对于熟悉图案名称的用户可以直接从列表中选取，如图 3-98 所示（本示例选择"ANGLE"）。

图 3-97 在【类型】下拉列表框中确定"预定义"选项

图 3-98 从【图案】下拉列表框中选择图案名称

③【样例】：对于不熟悉图案名称的用户，可以单击该项，在弹出的【其他预定义】选择框中选择图案，如图 3-99 所示（该项与在【图案】下拉列表中选择类似，根据熟练程度任选其中之一即可）。

④【角度】下拉列表框：用于确定被填充图案的旋转角度，默认值为"0"。

⑤【比例】下拉列表框：用于调整图案的比例，默认值为"1"。该项属于经常调整的项目，经常是根据总体效果反复调整比例数值，直到满意为止。

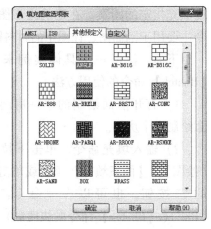

图 3-99 【其他预定义】对话框

4）选择填充区域。参数设置完毕后，接下来需要确定图案填充的区域，在【边界图案填充】对话框的右上角，单击"添加：拾取点"按钮 ⊞，命令提示区中出现"选择内部点："，在将要选择的区域内单击，则系统自动寻找以该点为中心的最小封闭区域作为填充区域，如图 3-100 所示。

注意："拾取点（点选）"方法是常用的选择区域方法，在利用"点选"方式确定填充区域时，区域必须闭合，如果不闭合的话，可以通过添加辅助线等方法来形成闭合区域。此外，可以同时选择多个区域，方法是在多个区域中依次单击。

当命令提示区中再次出现"选择内部点："时，按回车键结束区域选择，回到【图案填充和渐变色】对话框。

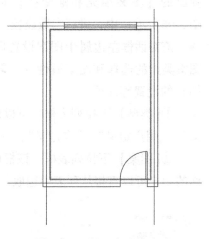

图 3-100 用"点选"方式
选择填充区域

5）预览。单击【图案填充和渐变色】对话框左下角的预览按钮 [预览]（该操作主要是检查图案填充情况，包括图案的比例、角度以及填充范围等），则绘图区域中的选择区域被填充，如图 3-101 所示。

6）调整比例：从预览形式看，设定的填充比例偏小，这时按回车键再回到【图案填充和渐变色】对话框中，将【比例】选项中的"1"修改为"30"后再单击预览按钮 [预览]，检查是否合适。如不满足要求应反复调整，直至满意为止。

7）完成填充：反复调整比例满意后，单击对话框底部的 [确定] 按钮，结束填充。

需要注意的是，填充时不同图案的比例不尽相同，绘图时所填充的图案仅仅是示意形式，不代表材

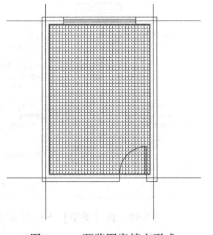

图 3-101 预览图案填充形式

料的真实尺度和数量。

3.6.2 用【Hatchedit】命令修改图案

填充完毕后，有时需要调整图案的样式、比例、角度以及填充方式等，此时可以采用【Hatchedit】命令来完成。以下是该命令的具体操作情况。

1）打开准备更换填充的图案样式的图形。

2）输入命令：在"命令："下键入"Hatchedit"后回车或单击下拉菜单【修改】／【对象】／【图案填充】选项。

3）选择替换对象：在命令提示区中出现提示"选择关联填充对象："时，单击绘图区域中已经填充的"ANGLE"图案后回车。

4）更改图案样式：单击【图案】下拉列表框或者【样例】图案预览框，从中选择另外一种图案，选择完成后，单击 确定 按钮确定。

5）预览：在【图案填充和渐变色】对话框中通过预览（单击 预览 按钮），调整【比例】选项中的比例值。

6）完成填充：然后单击 确定 按钮确定，则图案修改完毕，如图 3-102 所示。

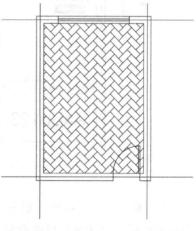

图 3-102　修改图案后的结果

3.7　文字和尺寸的标注与编辑

注写文字和数字是绘制工程图样过程中不可缺少的一部分，图样中的线条只是用来表达形体的轮廓以及相对关系，真正起到量化作用的还是标注。Auto CAD 本身具有较强的文字处理功能，它可以支持不同的输入方法，同时还可以使图形中的文字符合众多的制图标准。

在本节当中，主要学习文字样式的设置、文字的输入、文字的修改方式；标注样式的设定、标注尺寸的方式以及如何修改尺寸等操作。

3.7.1　文字标注与编辑

在工程图样中，对于一些无法直接用图形表现的内容，可以采用文字说明的形式来表达，从而使施工图的内容更加完善，因此文字在工程图样中必不可少。在本小节当中主要结合实例学习【Style】、【Mtext】、【Dtext】、【Ddedit】等命令的使用方法。

1. 用【Style】设置文本样式

【Style】命令主要用于文字属性的设定（包括字型、字高以及字体的效果等），使用该命令不但可以创建文字样式，而且可以修改已有的文字样式。

该命令的操作方法比较简单，而且主要是通过对话框的形式来设定，比较直观，接下来就一起来看一下如何设定文本样式。

（1）输入命令 在"命令："提示下输入"St"（【Style】命令的快捷键）后回车，或单击下拉式菜单【格式】／【文字样式】项。

（2）设定对话框

1）输入命令以后，CAD弹出【文字样式】对话框，如图3-103所示。

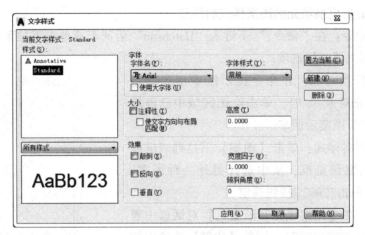

图3-103 【文字样式】对话框

2）单击 新建(N)... 按钮，则出现【新建文字样式】对话框（图3-104），在编辑框中设定样式名后（样式名可以随意命名，中文西文均可），单击 确定 按钮，则新的样式名设定完毕。

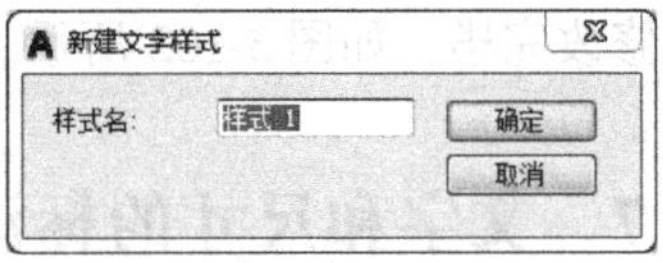

3）在【字体】区域设定字体。

4）在【大小】区域设定字体高度。

图3-104 【新建文字样式】对话框

在施工图中的文字经常大小不同，如尺寸数字一般为"350～500"高，图名为"800～1200"高（这里指的是按照1∶100的比例出图，若按照1∶200的比例出图，则应放大1倍）。

（3）应用并关闭对话框 设置完成后，单击右上角的 置为当前(C) 按钮，再单击 应用(A) 按钮，然后再单击 关闭(C) 按钮，将整个对话框关闭后即可按照设定的文字样式输入文字。

2. 文本的输入方式

在Auto CAD中输入文字方式大致分两种：一种是输入段落文字，所用命令为【Mtext】（也称多行文字）；另外一种是输入单行文字，所用命令为【Dtext】（也称动态输入）。

（1）用【Mtext】命令输入文字 【Mtext】命令是文字输入的常用方式，它是以段落的方式输入文字，具有能控制所输入文字的字符格式以及文字特性的功能。

接下来看一下该命令的简单操作情况。

1）在"命令："提示下键入"Mt"（【Mtext】命令的快捷键）后回车或者单击工具

栏中的 A 按钮。

2）确定文字输入区域

在命令提示区中出现"指定第一角点:"时，在绘图区域中单击确定一点。

在命令提示区中出现"指定对角点或［高度（H）/对正（J）/行距（L）/旋转（R）/样式（S）/宽度（W）/栏（C）］:"（确定文字输入区域的另一个角点或选项），拖曳鼠标至另外一个位置时单击，则文字的输入范围被确定。

3）输入文字。

4）输入结束后单击文字输入框右上角的 确定 按钮，则一段文字输入完毕。

（2）用【Dtext】命令输入文字 【Dtext】命令在使用上基本与【Mtext】命令相似，只是缺少直观的对话框，需要根据命令提示区的提示来逐步完成。并且在使用中会发现：用【Dtext】命令输入文字时，每输入一个字，在区域中随即显示一个字，而【Mtext】命令则必须是在对话框中将一段文字全部输入后方才显示。

3. 用【Ddedit】命令修改文本

在绘图过程中，经常要修改一些已经输入的文本（包括数字），这时候可以采用【Ddedit】命令来完成。

以下是该命令的使用方法：

（1）输入命令 在"命令:"下键入"Ed"（【Ddedit】的快捷键）后回车，或者单击下拉式菜单中的【修改】/【对象】/【文字】/【编辑】项。

（2）选择修改对象 在命令提示区中出现"选择注释对象或［放弃（U）/模式（M）］:"时，单击要修改的文字部分（此时为单选）。选择完成后将弹出文本编辑框。

（3）更改文字 在对话框内将文字擦除，输入新的文字后单击 确定 按钮确认并关闭对话框。

3.7.2 尺寸标注与编辑

在工程图样中，图形部分只是用来表示工程形体的基本形状，或者说主要是体现设计模块的相对关系，而形体的具体大小主要是依靠尺寸来说明。一套好的工程图样，不但图形要求准确、美观，更重要的是尺寸要精确、完整、清晰。以下，将主要介绍标注样式的设定、标注尺寸的方式以及如何修改尺寸等操作。

1. 设定尺寸标注的样式

尺寸标注有四个要素：尺寸线、尺寸界线、起止符号、标注数字，如图 3-105 所示。

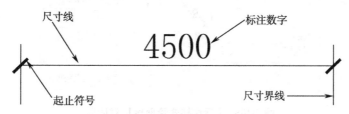

图 3-105 尺寸标注的四个要素

1）尺寸线：尺寸线的线型为细实线，一般在施工图的下方及左侧注写三道尺寸线。第一道尺寸线为外包尺寸，表示形体的总尺寸；第二道尺寸为轴线尺寸，第三道尺寸为细部尺寸，表示各细部的位置及大小。三道尺寸线之间的距离一般为 8～10mm。

2）尺寸界线：与尺寸线相垂直，作为尺寸标注的边界，采用细实线绘制。

3）起止符号：在尺寸线与尺寸界线的交点处，用45°短斜粗实线表示尺寸标注的起点和终点，长度一般为 1～2mm。

4）标注数字：标注尺寸的大小通过标注数字来体现，数字的高度一般为 3～5mm。

Auto CAD 是一个通用的软件包，它允许用户根据需要自行创建尺寸标注样式。由于建筑施工图中的尺寸标注样式比较特殊，因此要在建筑施工图中标注尺寸，应当首先创建尺寸标注样式。

（1）打开【尺寸标注样式管理器】 操作方法共有三种：

1）在"命令："下键入"D"（【Dimstyle】的快捷键）后回车。

2）从下拉式菜单中选取【格式】／【标注样式】项。

3）定制标注工具条。

①在界面的右上角单击右键，在弹出的浮动对话框中，选择【Auto CAD】／【标注】项。

②这时会在操作界面上出现【标注】工具条，如图 3-106 所示。

图 3-106 【标注】工具条

③单击工具条中的 按钮，如图 3-107 所示。

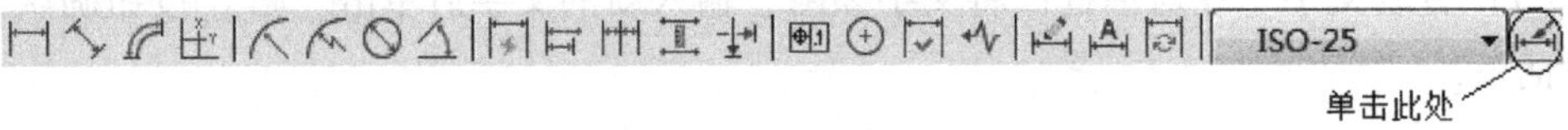

单击此处

图 3-107 单击【标注】工具条中的"标注类型"按钮

以上方法任选一种，系统都会弹出【标注样式管理器】对话框（图 3-108）。

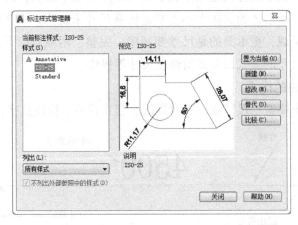

图 3-108 【标注样式管理器】对话框

（2）新建样式

1）单击对话框右边的功能按钮 新建(N)... ，系统弹出一个【创建新标注样式】对话框，如图 3-109 所示。

2）将【新样式名】中的"副本 ISO-25"擦除，输入另外一个名字（名字可以随意设定，本示例输入的是"建筑施工图"），如图 3-110 所示。

图 3-109 【创建新标注样式】对话框　　　图 3-110 设定新标注样式名称

如果在绘制图样时的标注样式不变，该步骤也可以省略。

（3）激活【新建标注样式】对话框　单击 继续 按钮，弹出的【新建标注样式】对话框，如图 3-111 所示。

图 3-111 【新建标注样式】对话框

（4）设定尺寸线形式　【尺寸线】选项区域主要用于设置尺寸线的属性，其中的【颜色】下拉列表框主要用于设定尺寸线的颜色。需要设定颜色时单击该下拉列表框右侧的三角按钮，在弹出的下拉列表中选取适当的颜色即可；超出标记项设置为"0"。修改完毕后该选区的各项设置如图 3-112 所示。

图 3-112 修改完毕后的
【尺寸线】选项区域

（5）设定尺寸界线形式 【尺寸界线】选项区域：主要用于设置尺寸界线的属性（图3-113）。

在该选项区域进行以下几项设置。

1）【颜色】下拉列表框，主要用于设定尺寸界线的颜色。需要设定颜色时

图3-113 【尺寸界线】选项区域

单击该下拉列表框右侧的三角按钮，在弹出的下拉列表中选取适当的颜色即可。

2）【线宽】下拉列表框，用于设定尺寸界线的宽度，建议不要改动此项。

3）【超出尺寸线】微调框，用于确定尺寸界线超出尺寸线的长度。在建筑制图标准中一般为2～3mm，则该项值为"300"（表示在按照1∶100比例出图时，尺寸界线超出尺寸线3mm）。

4）【起点偏移量】微调框，用于确定尺寸界线偏移标注时起点的距离。在建筑图中也可以理解为尺寸界线的起点与建筑物的之间距离。该项值一般设置为500～1500（本示例设置为"500"）。

5）【隐藏】复选项，主要用于确定是否消隐标注尺寸中某一侧的尺寸界线，这一项建议不必修改。

修改完毕后该区域内的各项参数如图3-114所示。

图3-114 修改完毕后的【尺寸界线】选项区域

（6）起止符号的设置 单击【符号和箭头】（即起止符号）标签：主要用于确定起止符号的一系列属性（图3-115）。

图3-115 【符号和箭头】选项区域

该选项区域内选择箭头类型（如"建筑标记"），在【箭头大小】微调框中设置箭

头的大小（一般按照 1:100 的出图比例，斜线长度为 200 左右）。

（7）设定文字属性

1）单击【文字】标签，弹出对话框。

2）设定文字外观。

①【文字样式】下拉列表框，主要用于设定文字属性，可以单击该项右边的按钮，可以设定字型、字体宽度比例等。

②【文字颜色】下拉列表框，主要用于设定标注文字的颜色。操作方法与前面基本相同，只需从下拉列表中选取自己喜欢的颜色即可（本示例将文字设定为绿色）。

③【文字高度】微调框，主要用于设定标注文字的高度。假如按照 1:100 比例出图时，此项一般设置为"350"。

设置完毕后的区域如图 3-116 所示。

3）设置的文字位置。【文字位置】选项区域：主要用于设置文字的位置，使标注的尺寸不但准确而且美观（如图 3-117 所示）。

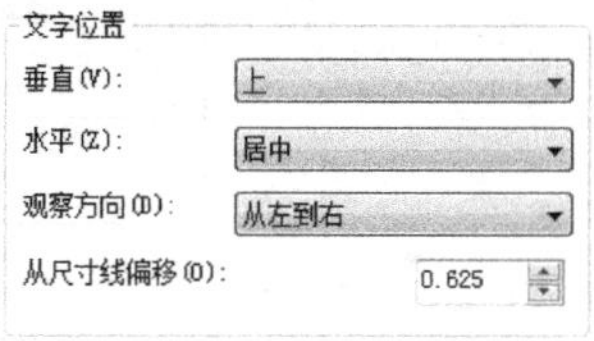

该选项区域共包括四项：

①【垂直】下拉列表框，主要用来控制尺寸数字沿尺寸线垂直方向分布，在列表框中有"居中"、"上"、"外部"、"JIS"（日本工业标准）、"下"五个选项，装饰图中主要采用"上方"、"外部"两个选项（本示例采用默认项"上方"）。

②【水平】下拉列表框，用于控制尺寸数字沿尺寸线水平方向分布，该项采用默认即可。

③【观察方向】下拉列表框，主要是设置文字的观察方向，包括"从左到右"和"从右到左"两项。

④【从尺寸线偏移】微调框，主要用于确定尺寸数字底部与尺寸线之间的间隙。在装饰施工图中，尺寸数字应当偏离尺寸线一段距离，一般以 1～2mm 为好（本示例中设置为100）。

设置完毕后的区域如图 3-118 所示。

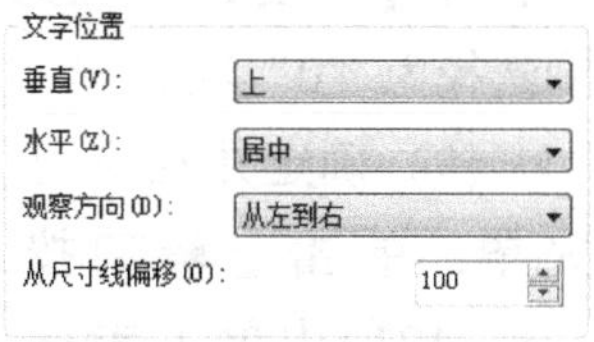

4）文本对齐方式。【文本对齐】选项区域：用来控制尺寸数字的方向，如图 3-119 所示。

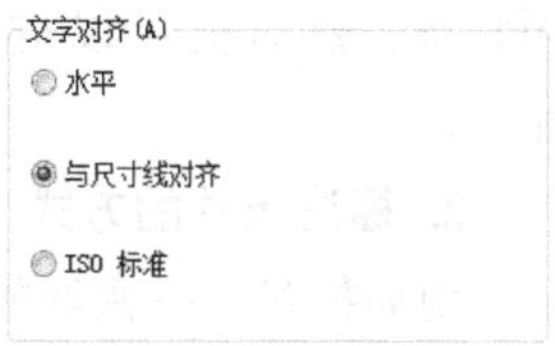

该选项区域有以下三个选项：

①【水平】选项，若选中该项，无论是横向标注还是竖向标注尺寸数字一直向上。

②【与尺寸线对齐】选项，选中该项，尺寸数字与尺寸线平行（我国的建筑类图样均采用该项）。

图 3-116 设置完毕后的【文字外观】选项区域

图 3-117 【文字位置】选项区域

图 3-118 设置完毕后的【文字位置】选项区域

图 3-119 【文本对齐】选项区域

③【ISO 标准】选项，选中该项，尺寸数字符合国际制图标准。

（8）设定数字精度 以上各项设定完毕后再单击【主单位】标签，在弹出的对话框中（图 3-120）设定数字精度。

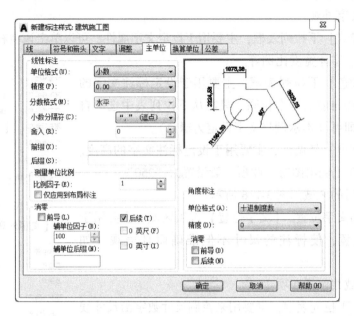

图 3-120 单击【主单位】标签后弹出的对话框

在该选择框的【线性标注】选项区域中，将【精度】下拉列表框的"0.00"项选择为"0"项。

（9）确定并且应用 以上各项设置完毕，单击 确定 按钮，在对话框（图 3-121）中单击 置为当前(C) 按钮，然后再单击按钮 关闭(C) 将对话框关闭。"建筑施工图"标注样式设置完成并处于当前应用状态，然后就可以进行下面的尺寸标注了。

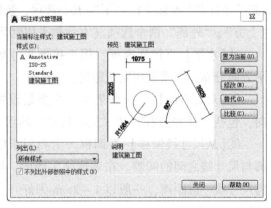

图 3-121 各项设置完毕后的对话框

2. 标注尺寸的方式

前面提过，一幅好的施工图应当有清晰、准确、完整的尺寸标注，这样在施工时才能够方便、快捷。设置完标注样式后，剩下的工作就是如何快速标注尺寸了。

下面一起来看一下尺寸标注的几种常用方法。

（1）线性尺寸标注方式（【Dimlinear】命令） 由于建筑类图形的大部分线条为水平线或者垂直线，所以经常采用"线性尺寸标注"命令【Dimlinear】来标注直线尺寸，希望多练习此命令的使用。

1）用【Line】命令绘制一条水平线（图 3-122）。

2）输入命令：单击下拉菜单【标注】/【线性】项；或者在"命令："下键入"Dimlinear"后回车；也可从【标注】工具条中单击"线性标注"按钮。

3）确定标注起点：在命令提示区中出现"指定第一个尺寸界线原点或＜选择对象＞："时，利用捕捉"端点"方式确定直线的一个端点（图 3-123）。

图 3-122　用【Line】命令绘制一条水平线

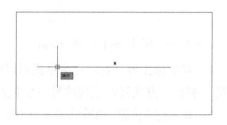

图 3-123　捕捉直线的一个端点

4）确定标注另一点：在命令提示区中出现"指定第二条尺寸界线原点："时，利用捕捉"端点"方式确定直线的另一个端点（图 3-124）。

5）确定标注位置：在命令提示区中出现"指定尺寸线位置或［多行文字（M）/文字（T）/角度（A）/水平（H）/垂直（V）/旋转（R）]："时，拖曳鼠标至合适位置后单击，则该直线标注完毕（图 3-125）。

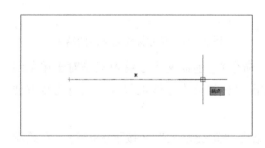

图 3-124　捕捉直线的另一个端点

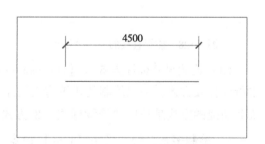

图 3-125　尺寸标注完毕后的结果

（2）对齐尺寸标注方式（【Dimaligned】命令）　在建筑施工图中还有可能存在一些斜线，这时候可以采用"对齐标注"形式来标注。以下是一个简单的示例。

1）用【Line】命令绘制一条斜线（本示例以一条长度为"3300"的"30°"斜线为例），如图 3-126 所示。

2）输入命令：在"命令："下键入"Dimaligned"后回车；或单击下拉菜单中的【标注】/【对齐】项。

3）确定标注起点：在命令提示区中出现"指定第一个尺寸界线原点或＜选择对象＞："时，利用捕捉"端点"方式确定直线的一个端点，如图 3-127 所示。

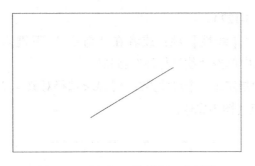

图 3-126 用【Line】绘制一条斜线　　　　　图 3-127 捕捉直线的一个端点

4）确定标注另一点：在命令提示区中出现"指定第二条尺寸界线原点："时，利用捕捉"端点"方式确定直线的另一个端点（图 3-128）。

5）确定标注位置：在命令提示区中出现"指定尺寸线位置或 [多行文字（M）/文字（T）/角度（A）]："时，拖曳鼠标至合适位置后单击，则该直线标注完毕（图 3-129）。

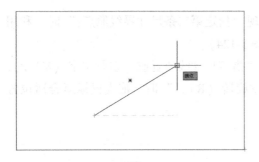
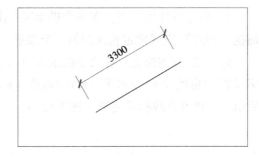

图 3-128 捕捉直线的另一个端点　　　　　图 3-129 尺寸标注完毕后的结果

（3）连续尺寸标注方式（【Dimcontinue】命令）　前面两个小练习只是对于单条线的标注比较方便，一般绘制的建筑施工图经常需要标注许多连续的尺寸，此时比较方便而且快捷的方法是采用"连续标注"的方式。

1）绘制多条直线：采用【Line】命令，结合"正交模式"（按下 F8 键），在绘图区域中绘制两条相交直线，然后采用【Offset】命令将直线偏移，如图 3-130 所示（本示例将偏移距离设置为"3300"）。

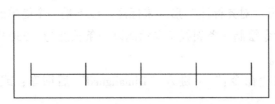

图 3-130 用【Line】命令和【Offset】命令绘制一个简单图形

在此请注意：偏移时不一定采用相同的偏移距离，在练习时可以采用不同数值；另外使用该标注方式时也不一定采用"正交模式"。本示例只是绘制了一个简单的图形，目的是让大家尽快学会"连续标注"的操作。

2）先进行线性标注：采用"线性标注"方式标注一段尺寸，如图 3-131 所示。

3）输入连续标注命令：在"命令："下键入"Dimcontinue"后回车，或单击下拉菜单中的【标注】/【连续】项。

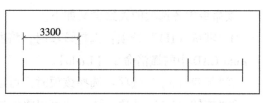

图 3-131　先采用"线性标注"方式标注一段尺寸

4）连续标注：在命令提示区中出现"指定第二条尺寸界线原点或［选择（S）/放弃（U）］＜选择＞:"时，利用捕捉"交点"方式确定另一个交点。循环该操作步骤，依次捕捉各个"交点"后回车终止选择。标注结果如图 3-132 所示。

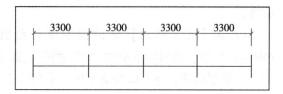

图 3-132　采用"连续标注"方式的结果

本示例适用于沿水平方向或者垂直方向标注尺寸，对于斜向连续标注时，步骤 2）应当为"先进行对齐标注"，请大家注意练习。

（4）曲线标注方式　在建筑图中除了直线以外，有可能有一些弧形线（圆或者圆弧），这一部分弧形线也应当标注尺寸以便于施工，常用的标注方法是标注其半径或者直径。操作方法与前几个示例类似，在此就不再一一叙述。

3. 修改标注尺寸

尺寸标注完毕后，如果有些尺寸数字需要改动调整，这时要用到修改标注尺寸的命令。

实际上只要是按照准确尺寸输入，一般标注的尺寸很少出现错误。出现错误主要的原因是标注完毕后，将整个图形（包括标注的尺寸）用【Scale】命令进行整体放缩造成的（如将图形放大"2"倍，所标注的尺寸也会随之放大"2"倍）。

对于这种情况，用户可以在放缩之前，先用【Explode】命令或者直接单击工具条中的按钮，将标注的尺寸打散，然后再使用【Scale】命令将整个图形（包括已经打散的标注尺寸）放缩，就不会出现上述情况，但标注尺寸的样式会不统一，解决这个问题的方法是使用多样式标注。另外，打散后假如有些尺寸数字确实需要修改，可以使用文本编辑命令【Ddedit】来改正数字。

除此之外 Auto CAD 本身还具有直接修改标注尺寸的功能，下面看一下其具体使用情况。

用【Dimedit】命令编辑尺寸　该命令主要用于修改尺寸数字的大小以及调整标注数字的旋转角度、尺寸界线的倾斜程度。同大多数 Auto CAD 命令一样，该命令之下也嵌套了一些子项。

下面，通过一个具体示例来学习该命令的操作方法。

1）打开前面已经标注完毕的一幅图形。

2）输入命令：在"命令："下键入"Dimedit"后回车。

3）选择子项：在命令提示区中出现"输入标注编辑类型［默认（H）/新建（N）/旋转（R）/倾斜（O）］＜默认＞:"时，键入"N"后回车。

该命令中各选项的大致含义如下。

①"默认（H）"选项：选择该项时，将所选尺寸标注回退到未编辑前的状态，相当于 Auto CAD 中的撤消命令【Undo】。

②"新建（N）"选项：选择该项时，可以将标注尺寸数字更新为新的数值。

③"旋转（R）"选项：该选项可以将所选择的尺寸数字按照指定的角度旋转。

④"倾斜（O）"选项：该选项可以将所选取标注尺寸的尺寸界线按照指定的角度旋转。

4）在【文字格式】对话框中更新数值。在系统弹出的【文字格式】对话框（图3-133）中，将对话框中的"0"擦除，重新输入新的数值（如"4500"），如图3-134所示（必要的话，还可以变动字体、字高等字体属性）。

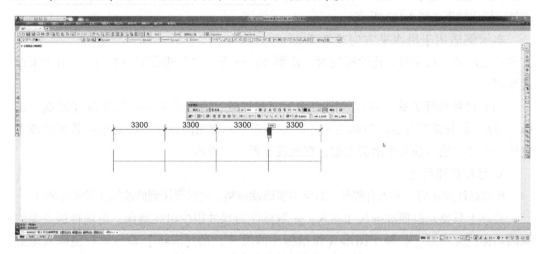

图3-133　弹出的【文字格式】对话框

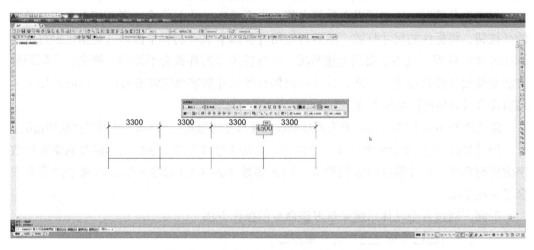

图3-134　改动后的【文字格式】对话框

5）单击 确定 按钮关闭对话框。

6）选择编辑对象：在命令提示区中出现"选择对象："时，单击已经标注的尺寸，

如图 3-135 所示（本示例未全部选择已经
标注的尺寸，主要是让初学者明确选择实
体时的随意性，同时也是为了比较编辑后
的结果）。

图 3-135　选择已经标注的尺寸

　　7）结束命令：选择完毕后，在命令提
示区中出现"选择对象:"时，按回车键结
束命令，该操作结束，编辑结果如图 3-136
所示。

图 3-136　尺寸编辑后的结果

　　通过以上具体实例的练习，一方面学
习了【Dimedit】命令的基本操作；另一方
面了解到【Dimedit】命令主要用于改变标注的数字形式及其大小。另外，还可以使用
【Ddedit】命令来直接修改数字，在此就不再赘述。

3.8　图层与图块

　　在绘制建筑图样时，通常需要有多种线型；为了绘图方便，需要有多种颜色来区别
各种线型及其功能；这些都可以通过图层来完成。另外，在设计过程中，为满足各个专
业系统绘图的要求，还可以利用图层来分项管理图形。在本节中，将学习 AutoCAD 的图
层设置方法以及如何用图层来管理图形等内容；并且就如何进一步提高绘图速度以及绘
制质量来系统阐述图块的制作、调用以及替换等一系列操作方法。

3.8.1　图层【Layer】

　　在施工过程中，需要的施工图样很多，按照专业分工的不同，可以分为：建筑施工
图（简称"建施"）、结构施工图（简称"结施"）、设备施工图（简称"设施"）。其中
设备施工图又分为给水排水、采暖通风、电气照明施工图，这些图样都是围绕同一个建
筑物的外形而做的不同内容设计。因此，在绘制建筑图时，可以将建筑物的外形作为共
用内容，而图中的室内家具设备、门窗尺寸和位置以及其构造方法和材料做法等内容则
作为建筑图的特有内容。这种情况下，可以使用图层【Layer】来完成。

　　图层的概念，对于大多数初学者来说可能感到陌生而且费解。其实很简单，一个图层如
同一张透明纸，实体就绘制在这张透明纸上。一幅图样中可以设定许多图层，将每个图层中
的内容叠加，则是一幅完整的图样；如果将某一图层关闭，则该图层的内容就不会显示。

　　此外，图层的设置可以在绘图之前设置，也可以在绘图过程中随时设置。

1. 设置新图层

1）在"命令:"下键入"La"（【Layer】的快捷键）后回车或单击下拉式菜单
【格式】／【图层】。系统弹出【图层特性管理器】对话框（图 3-137）。

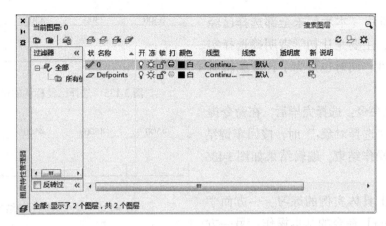

图 3-137 【图层状态管理器】对话框

2）在【图层特性管理器】对话框中，鼠标对准新建图层按钮 单击，即可新创建一个图层，如图 3-138 所示。

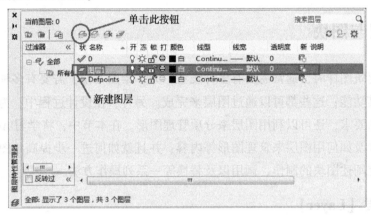

图 3-138 创建新图层

3）更改图层名称。由于"图层 1"、"图层 2"、"图层 3"…之类的图层名不方便查询，所以应当将图层名改为比较直观的名字，如"Zhouxian"或"轴线"等。方法是单击"图层1"位置，将"图层 1"擦除后激活输入法输入另外的名字，如"轴线"等（图 3-139）。

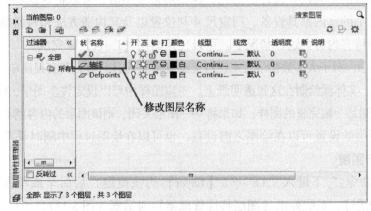

图 3-139 改动图层名为"轴线"

4）设置图层颜色。

①单击图层的"颜色"处。

②在弹出的【选择颜色】对话框（图 3-140）中，选择颜色后单击 确定 按钮（本例选择"红色"），则图层的颜色设定完毕。

5）设定图层线型。除了对图层中实体的线条粗细程度加以控制外，还应该设定图层中实体的线型。

①单击图层的"线型"处。

②在系统弹出的【选择线型】对话框中选择线型（本示例选择点画线"Center"项），如图 3-141 所示。

③选择完成后，单击 确定 按钮关闭对话框，则一个图层设置完毕（图 3-142）。

6）重复操作：重复上述步骤 2）~5），依次完成其他各层（如"墙体"、"门窗"、"标注尺寸"、"其他"等几个图层），如图 3-143 所示。

7）图层设置完毕后，单击 × 按钮关闭对话框。

注意：在进行步骤 2）的操作时，可以连续设置多个图层后再同时更改图层名字、颜色以及线型；另外，在确定图层的名字时，如果没有统一规程要求，用户可以根据自己的喜好任意命名，中文、西文均可。

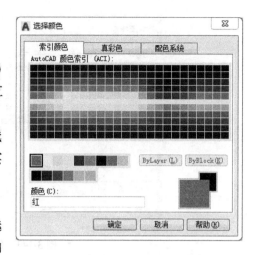

图 3-140 【选择颜色】对话框

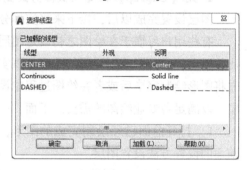

图 3-141 【选择线型】对话框

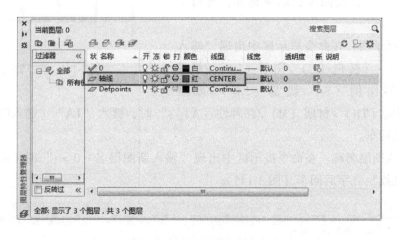

图 3-142 设置完成的图层

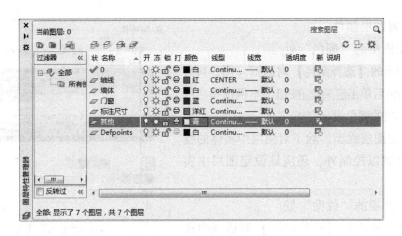

图 3-143　依次设置其他图层

2. 用【Chprop】命令将实体分配到各个图层

图层设置完成以后，接下来将实体分配到各个图层中去，使用的命令是【Chprop】。

有些用户习惯于在绘图之初设定图层，然后在各个图层中绘制实体，其实这种方法比较繁琐，容易影响到绘图的速度。事实上如果真正需要用图层来管理图形的话，可以先将图形绘制完毕后或者在绘图过程中设定图层，然后再将所绘制的实体分配到各个图层，以满足各专业绘图的需要。下面，一起来学习该命令的操作情况。

1）打开前面已经绘制完成的图形，并按照前面的设置方法设置图层。

2）在"命令:"下键入"Chprop"后回车。

3）选择对象：在命令提示区中出现"选择对象:"，按照以前所讲述的选择实体方式来选择轴线（图 3-144）。在命令提示区中再次出现"选择对象:"时，按回车键结束选择，进行下一步操作。

4）选择子项：在命令提示区中出现"输入要更改的特性［颜色（C）/图层（LA）/线型（LT）/线型比例（S）/线宽（LW）/厚度

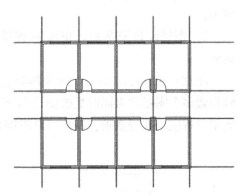

图 3-144　选择轴线

（T）/透明度（TR）/材质（M）/注释性（A）]:"时，键入"LA"（键入时注意大小写均可）后回车。

5）输入图层名称：在命令提示区中出现"输入新图层名 < 0 > :"时，激活输入法并键入"轴线"二字后回车（图 3-145）。

图 3-145　在命令提示区中键入"轴线"

6）结束命令：在命令提示区中再次出现"输入要更改的特性［颜色（C）/图层（LA）/线型（LT）/线型比例（S）/线宽（LW）/厚度（T）/透明度（TR）/材质（M）/注释性（A）］:"时，按回车键结束（如果想改动其他项，可以继续选择），则所选实体被分配到名为"轴线"的图层（图 3-146）。

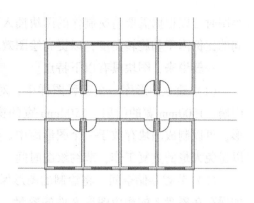

图 3-146　将所选实体改动到"轴线"图层

上述操作完成以后，会发现所选择的实体颜色已经改变，但线型看起来却没有变化，好像还是实线（"轴线"图层的线型设定为"点画线"）。用显示列表命令【List】检查，显示的却是"Center"（点画线）。

其实这些都是线型比例问题，以"点画线"为例，该线型是由许多段长实线和短实线相间组合而成的一种特殊线型。长短线之间有一定的间隙，如果线型比例过小，其间隙也会很小，以至于视觉上感到是一条连续线（实线）。同样打印出图时，该线也会由于间隙太小的原因而被打印成一条实线，影响图样的效果同时也不符合规范要求，因此应当调整线型比例。具体方法为：

1）在"命令:"下键入"Ltscale"后回车。

2）输入比例因子：在命令提示区中出现"输入新线型比例因子 ＜1.0000＞:"（确定线型比例因子）时，键入"30"后回车，调整结果如图 3-147 所示。

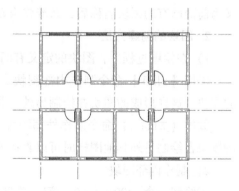

图 3-147　调整线型比例后的图形

注意：键入的数值不是一个固定数，应当根据图形的大小和视觉上的感觉自行调整。如果发现键入一个数值后线型没有变化，应重复执行【Ltscale】命令，重新键入新的数值，直到满意为止。

此外，关于图层的操作，应当根据具体情况来设置，不能太教条。假如考虑方便其他专业绘图时，设置多个图层比较方便；但是如果仅仅是绘制一张或者一套图样的话，采用图层绘图反而麻烦。此时，只需用【Chprop】命令改动相关实体的颜色（"C"选项）、线型（"LT"选项）照样也能将图样绘制出来。希望在学习当中反复练习，仔细体会。此外，在"命令:"下可以键入的命令还有"Color"、"Linetype"等命令，其操作与图层中设置类似。

3.8.2　图块

1. 图块的概念与特点

所谓图块是由实体（可以是一个，也可以是多个）组成的并具有一定名称的整体。

绘图时可以根据需要将所制作的图块插入到图中指定的位置，而且插入时还可以指定不同的比例因子和旋转角度，以提高绘图效率。

一般说来，图块具有以下特点。

（1）建立图形库 在工程图样中，对于一些经常重复的图元，比如说 900mm 宽的门扇、1500mm 宽的门扇、1500mm 宽的窗户，室内家具以及设备等经常重复出现的图形，可以制成图块存放于一个图形库中。绘图时，如果需要的话可以随时调用，这样可以避免大量的重复工作，节约绘图时间，从而提高绘图效率。

（2）节省存储空间 将绘制的图形保存以后，图样当中所绘制的每一个实体都会增加保存在磁盘上的相应图形文件的容量。这是因为 Auto CAD 必须记录每一个实体的信息，如该实体的类型、位置、坐标等。但如果将多个实体定义为一个图块，对于每一次图块的调用，Auto CAD 只需记住该图块（多个实体）的名称、坐标等项，这样就大大节省了磁盘的使用空间，尤其是组成一个图块中的实体越多，这一优势就越明显，但过多使用图块会增加内存的负担。

（3）便于修改图形 一张图样有时需要多次修改才能完成，假如将图形中某一重复图形（如门扇）作为调用的图块，在需要更换其类型时，就不需要先用【Erase】删除旧实体，再用【Copy】命令复制实体这样频繁的操作。此时只需将新替换的图形重新定义为前面已有的图块名称后，系统将自动更换绘图区域中的原有图形，十分方便。

2. 图块的创建方法

1）在绘图过程中，图块的定义有两种方法：

①用【Block】命令制作内部图块。这种方法适用于在该张图样当中插入已经绘制的图块。这样形成的图块在绘制另外一张图样时不能直接调用。

②用【Wblock】命令制作外部图块。这种方法是单独建立外部的图块库，这样形成的图块在绘制另外其他图样时可以直接调用。

2）制作内部图块

①绘制一个 3300×4200 房间，并且开设门窗洞口（图 3-148）。

②使用【Rec】、【Arc】命令在该图形任意位置绘制一个门扇（图 3-149）。

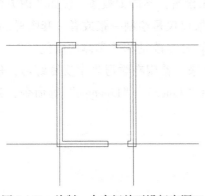

图 3-148 绘制一个房间并开设门窗洞口

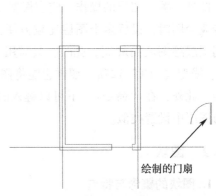

绘制的门扇

图 3-149 绘制一个门扇

③在"命令："下键入"B"(【Block】的快捷键)后回车。系统弹出【块定义】对话框(图 3-150)。

图 3-150 【块定义】对话框

④定义图块名称：在该对话框中的【名称】下拉列表框中键入"Door9"(图块名称可以任意确定)。

⑤选择基准点：在【基点】选项区域中单击"拾取点"按钮🔲，然后在绘图区域中结合捕捉"端点"方式确定门扇右下角(图 3-151)。

⑥选择对象：单击【对象】选项区域中的选择对象按钮⊕，然后在绘图区域中选择整个门扇。

⑦确定：实体选择完毕后，按回车键结束选择，并在如图 3-152 所示的对话框中单击 确定 按钮关闭对话框，则一个命名为"door9"的图块制作完成。

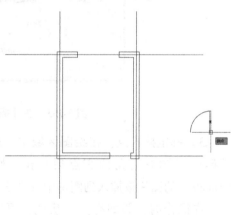

图 3-151 确定图块的基准点

图 3-152 选择实体完毕后的对话框

对于使用【Wblock】命令制作外部图块，操作方法与【Block】类似，只是需要设置保存图块的路径，在此就不再赘述。

3. 图块的调用

图块制作完成以后，接下来就是如何调用图块，该操作所使用的命令是【Insert】。以下来学习如何调用所制作的图块。

1）打开绘制的单一房间平面图。

2）在"命令:"下键入"I"（【Insert】的快捷键）回车，系统弹出【插入】对话框，在【名称】下拉列表框中选择已经存在的图块名称，如"Door9"，然后单击 ▭确定▭按钮（图3-153）。

图3-153 在【插入】对话框中选择图块名称

3）确定插入点：在绘图区域中，用捕捉方式确定门洞右上角的交点后单击，则名称为"Door9"的图块被插入到图形中（图3-154）。

在操作时，假如有多个房间，可以连续操作。另外，在绘图区域中无论是将图块复制（用【Copy】命令或者【Array】命令以及【Mirror】命令），还是将图块移动（用【Move】命令），或者是删除（用【Erase】命令），图块的属性不变。尤其是将整个图形调入后又删除，此时虽然插入的图形不存在，但图块的某些属性（图层、标注方式等）依然保留。这样在绘制新图时，无须重新设定各项参数，只需将以前所绘制的图形整体调入新图当中，然后再删除图块即可。

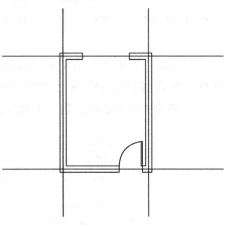

图3-154 插入图块

4. 图块的替换

图块使用过程中，有时需要对图块做一些调整。例如，在调用图块之后，发现图块有错误或者需要用别的图形来更换，这时可以用图块的修改替换方法来完成。

该操作方法非常简单，只需绘制出替换图形，然后利用【Block】命令将该图形制作成图块（注意在确定图块名称时，新图块名称为将要被替换图块名称），原来的图块就会被新图块所代替，绘图区域中所有同一名称的旧图块同时被更新为新设定的图块，非常方便。

3.9　图形输出与格式转换

前面所讲述的主要是如何将工程图形通过一定的方式输入计算机，接下来继续学习如何将计算机中的图形输出到图纸上，以便用来正确指导施工。同时，由于 Auto CAD 系统默认的保存格式为"∗.dwg"形式，不便于与其他软件互换（如"CorelDraw"、"Photoshop"、"FreeHand"等），因此除了要学习如何用【Plot】命令打印图纸外，还将学习转换图形格式的方法。

3.9.1　图形格式的转换

常用的图形文件格式有 bmp，jpg，dwg，dxf 等。

bmp 是在 Windows 中常用的一种图形格式，它以点阵的形式来表示图形，几乎所有的图形处理软件都支持 BMP 文件的处理。它的缺点是图形文件太大，占用空间较多。

jpg 是一种以压缩形式存储的图形格式，在互联网中经常用到图像也比较清晰，但它需要解压缩，耗费时间太多。

dxf 是一种用矢量化方法来表示图形的格式，它采用 ASCII 字符来书写文件，所以读者可以通过文本编辑器阅读文件，DXF 是许多图形软件都支持的一种数据交换格式，它几乎已经成为各种图形软件之间的接口标准。

为了与其他软件进行资源互换，有时需要转换文件的格式，以便在其他软件中能够打开并且使用，这时需要 out 类的命令，比如在"命令："下键入"Dxfout"即可将"∗.dwg"格式另存为"∗.dxf"格式；在"命令："下键入"Bmpout"即可将"∗.dwg"格式另存为"∗.bmp"格式等。常用的有：Dxfout、Bmpout、Jpgout、Tifout 等。

还可以在使用【Save】或【Saveas】命令时，选择"Dxf"格式的文件，然后选择图形保存即可。此外，还可以使用【Export】命令将图形转换为"∗.wmf"格式、"∗.dwf"格式、"∗.eps"格式、"∗.dgn"格式等。

3.9.2　利用打印机、绘图仪出图

出图时，可以使用【Plot】命令将图形打印到纸媒介上形成图样，也可以利用虚拟打印设备将图形打印成图片。

1）打开已经绘制完成的图样。

2）在"命令："下键入"plot"后回车，系统弹出【打印】对话框（图 3-155）。

3）设定打印机属性（包括打印机类型、图纸尺寸、打印比例、打印区域等）。

4）设定完成后，单击 预览(P).... 按钮，查看出图效果（图 3-156）。

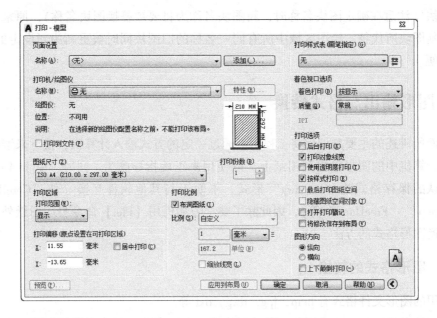

图 3-155 【打印】对话框

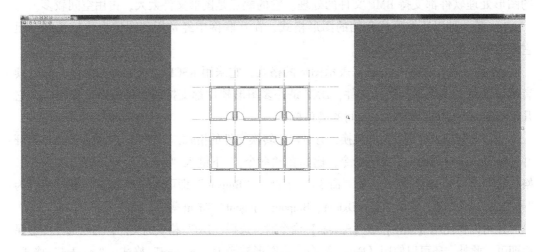

图 3-156 预览图形

5）预览无误后，按回车键，回到【打印】对话框，单击 [确定] 按钮即可在打印机（或者绘图仪）上将所选图形打印出来。

第 4 章　Revit 基本操作

本章当中，主要讲述 Revit 简介；启动 Revit 时如何设定只显示"建筑"选项卡；Revit 操作界面；Revit 的基本术语；常用基本工具与基本操作；项目位置设定以及标高和轴网的创建与修改等内容。

4.1　Revit 简介

Autodesk 公司的 Revit 系列软件是为建筑信息模型（BIM）而开发，2006 年在中国市场发布 Revit Architecture 中文版，此后陆续推出 Revit Structure 和 Revit MEP 中文版，由于其基于 BIM 的三维理念和"一处更新，处处更新"等特点，获得诸多行业设计师的关注。尤其是其协同工作的理念大大提升了设计的准确性和设计效率，有益于降低设计成本以及加强各专业的密切配合。

此外，Revit 可以使用 Bentley Microstation V7 和 V8 文件格式导入和导出图样，并改进了导出到 DWF 和 DWG 格式的功能，增强了工作流程和可交付结果的可靠性和可配置性。

1. Revit Architecture

Revit Architecture 软件能够帮助我们在项目设计前期探究新颖的设计概念和外观，进行自由形状建模和参数化设计，并且能够对早期设计进行分析。借助这些功能，设计师可以自由绘制草图，快速创建三维形状并交互处理。

随着设计的持续推进，Revit Architecture 能够围绕复杂的形状自动构建参数化框架，并提供更高的创建控制能力、精确性和灵活性，使得从概念模型到施工文档的整个设计流程都在一个直观环境中完成。

Revit Architecture 支持可持续设计、碰撞检测、施工规划和建造，同时帮助工程师与承包商、业主更好地沟通协作。而且设计过程中的所有变更都会在相关设计与文档中自动更新，实现更加协调一致的流程，从而获得更加可靠的设计文档。

自 2016 版起，Revit 改进了文档编制控件，增强其修订功能；增加重绘期间导航，可以更快地进行平移、缩放和动态观察；在导出的 PDF 中自动链接视图，可以浏览带有链接的视图和 PDF 图样；显示约束模式，便于即时查看视图中的尺寸标注和对齐约束；增设 Dynamo 图形编程界面，可以在可视化编程环境中工作；可以使用编辑、目标和切换工具调整视图，直接在透视视图中工作；改进了 IFC 文件的可用性，使开放标准进一步集成到 Revit 当中。

2. Revit Structure

Revit Structure 软件为结构工程师提供了相应的工具，可以更加精确地设计和建造高效的建筑结构。

软件增加了钢筋限制条件改进功能，可以使用各类钢筋明细表参数完善文档编制；增加的钢筋明细表改进功能，进一步支持钢筋混凝土文档编制；其结构荷载改进功能，可以在弯曲梁和弧形墙上显示局部坐标系（LCS）；路径钢筋造型功能，可以使三维钢筋建模的功能更加丰富；重力分析功能，可以保证确定由上至下传递垂直荷载，但目前仅限于云服务。

但是由于我国相关结构规范的特殊性，目前往往需要与国产软件比如 PKPM、盈建科等专业软件结合，或者二次开发后才能真正应用到我国市场。

3. Revit MEP

MEP 是 Mechanical Electrical & Plumbing（机械、电气、管道）的缩写，Revit MEP 采用整体设计理念，从整座建筑物的角度来处理信息，将给水排水、暖通和电气系统与建筑模型关联起来。借助该软件，工程师可以优化建筑设备及管道系统的设计，进行更好的性能分析，充分发挥 BIM 的竞争优势。

同时，利用 Revit 与建筑师和其他工程师协同，还可即时获得来自建筑信息模型的设计反馈。实现数据驱动设计所带来的巨大优势，轻松跟踪项目的范围、明细表和预算。

4.2 Revit 操作界面

4.2.1 启动并设置 Revit

双击桌面的 R 按钮，启动 Revit 软件，如图 4-1 所示。

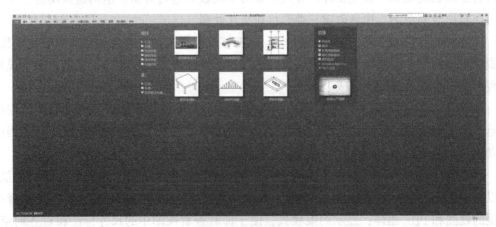

图 4-1 启动 Revit

从图 4-1 中可以看到，Revit 同时显示了"建筑、结构、钢、系统"等几个选项卡，如果仅为创建"建筑"模型，可以通过如下方式设定，将多余的关掉。

1）首先单击启动界面左上角的【文件】按钮，然后单击弹出对话框中的 选项 按钮（图 4-2）。

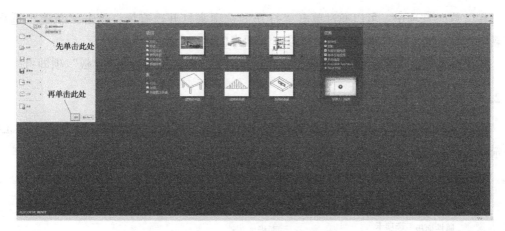

图 4-2 单击"选项"按钮

2）在弹出的【选项】对话框中，单击左侧的"用户界面"项，然后在右侧的"配置"栏中取消其中的"结构"、"系统"等选项的勾选，如图 4-3 所示。

3）单击 确定 按钮，结果如图 4-4 所示。

另外，从图 4-4 中可以看到，页面中含有"项目"、"族"等选项。其中在"项目"选项中单击"打开"项，可以打开已有项目；单击"新建"选项，可以新创建一个项目；其后的"构造样板"为各专业通用样式，而"建筑样板"、"结构样板"、"机械样板"则为各专业独有样板。

图 4-3 在【选项】对话框中，去掉选项的勾选

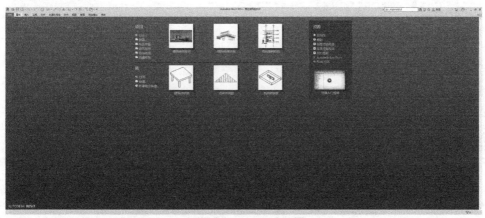

图 4-4 设置完成的结果

在"族"选项中,可以通过单击"打开"选项来打开已有族;单击"新建"选项来新创建一个族;单击"新建概念体量"选项来创建一个概念体量族。

如果直接创建建筑模型,可以直接选择"项目"选项中的"建筑样板"项即可。

4.2.2 界面简介

选择"项目"中的"构造样板"或者"建筑样板"项后,进入 Revit 界面,如图 4-5 所示。

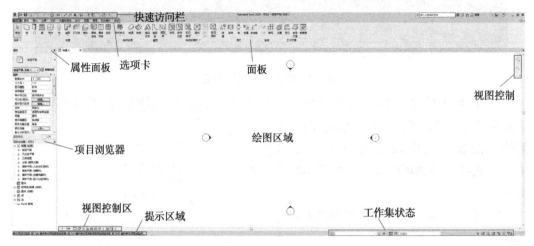

图 4-5 Revit 界面

Revit 自 2010 版后使用 Ribbon 工作界面,不再以传统的菜单和工具栏为主,而是按任务和流程,将软件的各功能组织在不同的选项卡和面板当中。用鼠标单击选项卡,可以进行选项卡的功能切换,而每个选项卡又包含由相应工具组成的面板,单击面板上的工具名称就可以选择使用该工具。

另外,移动鼠标指向面板上的工具图标并稍做停留,软件就会弹出该工具的使用说明窗口,以方便用户直观地了解该工具的使用方法,Revit 工具弹窗如图 4-6 所示。

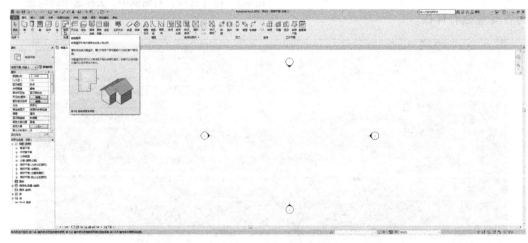

图 4-6 Revit 工具弹窗

1. 快速访问工具栏

单击   后面的 ▼ 按钮，在弹出的工具列表中进行勾选，就可以进行快速访问工具栏的自定义，如图 4-7 所示。

此外，可以在面板中，移动鼠标对准相应工具后单击鼠标右键，在弹出的快捷菜单中选择"添加到快速访问工具栏"，该工具将会添加到快速访问工具栏的右侧，如图 4-8 所示。

同样，移动鼠标对准快速访问工具栏中相应工具后单击鼠标右键，在弹出的快捷菜单中选"从快速访问工具栏中删除"，则该工具将从快速访问工具栏中被删除，如图 4-9 所示。

使用这种方法，可以快捷地使用一些常用工具，对于不熟悉界面和快捷键的用户比较方便。

图 4-7 自定义
快速访问工具栏

图 4-8 向快速访问工具栏中添加工具

图 4-9 从快速访问工具栏中删除工具

2. 选项卡

Ribbon 界面中收藏了众多含有命令按钮和图示的面板，它把面板组织成一组"标签"，并将该"标签"加以命名，即为 Revit 中的选项卡。

当前 Revit 界面中含有【建筑】、【插入】、【注释】、【分析】、【体量和场地】、【协作】、【视图】、【管理】、【附加模块】、【修改】等（因已经将结构和系统等勾选掉，所以未显示【结构】、【钢】、【系统】等几个选项卡）分别如图 4-10～图 4-19 所示。

图 4-10 【建筑】选项卡

图 4-11 【插入】选项卡

图 4-12 【注释】选项卡

图 4-13 【分析】选项卡

图 4-14 【体量和场地】选项卡

图 4-15 【协作】选项卡

图 4-16 【视图】选项卡

图 4-17 【管理】选项卡

图 4-18 【附加模块】选项卡

图 4-19 【修改】选项卡

　　在选项卡中，有部分工具图标下方有一个小黑三角，表示该工具有复选项，单击该小黑三角可以选择该类的另外工具，如图 4-20 所示。

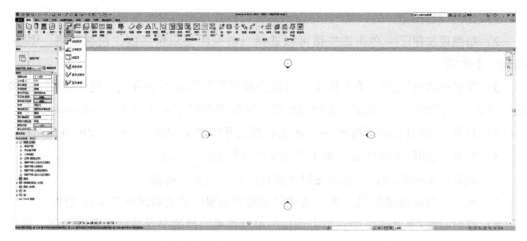

图 4-20　在选项卡中选择复选项工具

另外，单击 文件 建筑 插入 注释 分析 体量和场地 协作 视图 管理 附加模块 修改 ▣ 后面的 按钮，可以将选项卡的面板最小化，或者取消面板最小化。

3. 上下文选项卡

当单击面板中的某些工具或者选择绘图区域已经绘制的图元时，Revit 会增加一个"上下文选项卡"，在其中将包含与该工具或图元有上下文关联的工具。例如单击【建筑】选项卡中的"墙"工具时，会出现【修改|放置墙】选项卡（图 4-21）。

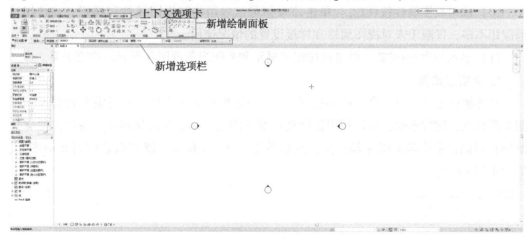

图 4-21　【修改|放置墙】选项卡

该选项卡面板中，除了包含【修改】选项卡中的【属性】、【几何图形】、【修改】、【视图】、【测量】、【创建】等面板外（该部分面板为灰色），在其右侧还增加了【绘制】面板（该部分为绿色），选择绘制面板中的直线、弧线等工具后，即可进行直线墙、弧线墙的绘制。另外，在面板下部还增加了选项栏，用于创建构件时的相应设置。

4. 视图控制栏

在绘图区域的右下角有一组 1 : 100 按钮，主要用于设置视图模式，称为视图控制栏。

1）比例设置按钮 1 : 100 ：单击该按钮可以选择当前视图显示比例。

2）精细度按钮□：单击该按钮可以选择当前视图显示精细度，包括粗略、中等、精细三个选项。

3）视觉样式按钮🗗：单击该按钮可以选择当前视图的视觉样式，包含线框、隐藏线、着色、一致的颜色、真实、光线追踪等，该按钮类似于 CAD 中的 Shademode 命令。

4）打开/关闭日光路径按钮🌣：单击该按钮开启或关闭项目所在区位的日光路径。

5）打开/关闭阴影按钮🗙：单击该按钮打开和关闭阴影效果。

6）裁剪视图按钮📭：单击该按钮选择裁剪和不裁剪当前视图。

7）显示裁剪区域按钮📠：单击该按钮可将当前视图的裁剪区域显示或关闭。

8）临时隐藏/隔离按钮👓：单击该按钮可以将所选择的图元临时隐藏或隔离。这个按钮在建模过程中非常好用，可以将选择的图元隐藏，编辑剩下的图元；还可以将选择的图元隔离，而隐藏剩下的图元，这样就可以单独编辑被隔离的图元了。完成后点击该按钮中的"重设临时隐藏/隔离"选项即可。

9）显示隐藏图元按钮🔘：单击该按钮可以显示被隐藏的图元。注意，前面临时隐藏和隔离后的对象，如果没有及时进行"重设临时隐藏/隔离"时，可以单击该按钮显示被隐藏的对象，在选择被隐藏的对象后单击"上下文选项卡"中的"取消隐藏图元"按钮，就可以将所选择对象的隐藏设置取消。

10）临时视图属性按钮📷：单击该按钮可以启用临时视图属性和样板，该按钮目前应用不多，仅限于未对视图属性和样板设置的情况使用。

11）显示约束按钮📇：单击该按钮可显示和关闭当前视图各图元的约束关系。

5. 选项过滤器

在界面的左下角有一个过滤器按钮▽:0，在建模时非常有用。有时需要选择某一类图元而该图元比较多时，可以利用鼠标框选所有图元，然后单击该按钮，在弹出的【过滤器】对话框中将多余图元勾选掉，然后单击 确定 按钮，就可以选中需要的图元，如图 4-22 所示。

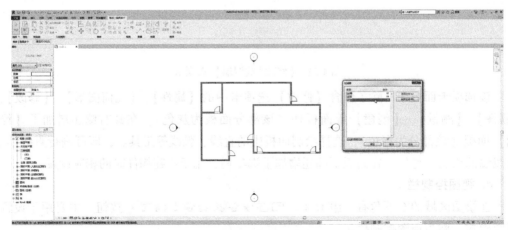

图 4-22　利用【过滤器】选择图元

6. 属性

Revit 中，大多数图元都具有两组属性，用于控制其外观和行为。

（1）实例属性 实例属性应用于项目中的某种族类型的单个图元。实例属性往往会随图元在建筑或项目中位置的不同而不同。修改实例属性仅影响选定的图元或要放置的图元，即使该项目包含同一类型的图元，也不会被修改。【属性】对话框如图 4-23 所示。

（2）类型属性 类型属性是族中许多图元的公共属性。在【属性】对话框中单击 编辑类型 按钮，会弹出如图 4-24 所示的【类型属性】对话框。

图 4-23 【属性】对话框

图 4-24 【类型属性】对话框

修改类型属性会影响项目中族的所有实例（各个图元）和任何将要在项目中放置的实例。因此，在该对话框中进行相关属性的改动，会影响到该类图元的属性，尽管之前我们仅仅选定了某一图元。这一点对于初学者一定要牢记。

7. 项目浏览器

通过【项目浏览器】（图 4-25），可以快速浏览项目中的各个选项，如楼层平面、立面等。

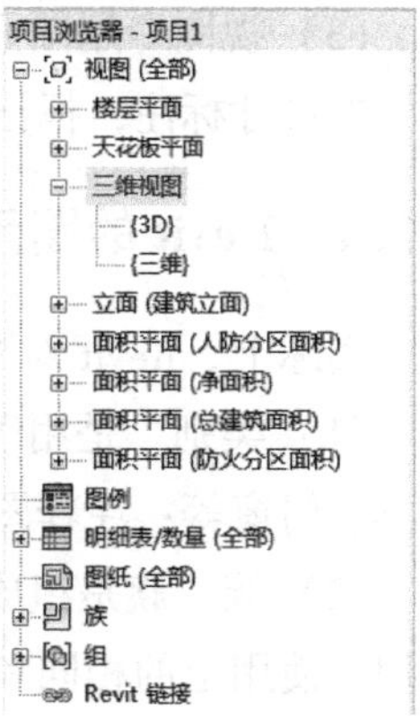

图 4-25 【项目浏览器】
对话框

4.3 Revit 的基本术语

4.3.1 项目

Revit 中所谓项目是单个设计信息数据库模型。

项目文件包含了建筑的所有设计信息（从几何图形到构造数据），这些信息包括用于设计模型的构件、项目视图和设计图样。通过使用单个项目文件，用户可以轻松地修改设计，还可以使修改反映在所有关联区域（如平面视图、立面视图、剖面视图、明细表等）中，方便了项目管理。项目文件的存储格式为"*.rvt"。

4.3.2 项目样板

项目样板提供项目的初始状态，基于样板的任意新项目均继承来自样板的所有族、设置（如单位、填充样式、线样式、线宽和视图比例）以及几何图形。Revit 提供多个样板，用户也可以创建自己的样板。

如果把一个 Revit 项目比作一张图样的话，那么样板文件就可以理解为制图标准。样板文件的存储格式为"＊.rte"。

4.3.3 图元

Revit 是基于 BIM 技术构建的核心建模软件，其设计项目实际上是由许多彼此关联的图元模型构成。Revit 项目包含了三种图元，即模型图元、基准图元和视图专用图元。

（1）模型图元　代表建筑的实际三维几何图形，如墙、柱、楼板、屋顶、门窗、家具设备等。

（2）基准图元　用于协助定义项目范围，如轴网、标高和参照平面。

1）轴网：通常为有限平面，可以在视图中拖曳其范围，使其拓展。

2）标高：为无限水平平面，可用作屋顶、楼板和顶棚等以层为主体的图元参照。

3）参照平面：用于精确定位、绘制轮廓线条等的重要辅助工具。参照平面对于族的创建非常重要，有二维参照平面及三维参照平面，其中三维参照平面显示在概念设计环境中。在项目中，参照平面出现在各楼层平面中，但在三维视图不显示。

（3）视图专用图元　只显示在放置这些图元的视图中，对模型图元进行描述或归档，如尺寸标注、标记和二维详图。

4.3.4 Revit 的图元划分

实际上，Revit 对图元是按照类别、族和类型来进行分级的。

（1）类别　是用于对设计建模或归档的一组图元。例如，模型图元的类别包括墙、家具、门窗等；注释图元的类别包括标记和文字注释等。

（2）族　族是组成项目的构件，同时是参数信息的载体。族根据参数（属性）集的共用、使用上的相同和图形表示的相似来对图元进行分组。一个族中不同图元的部分或全部属性可能有不同的值，但是属性的设置（其名称与含义）是相同的。族样板文件的存储格式为"＊.rft"；族文件的存储格式为"＊.rfa"。

族有三种类型：

1）可载入族：使用族样板在项目外创建的族（＊.rfa）文件，可以载入到项目当中，具有可自定义的特征，因此可载入族是用户最经常创建和修改的族（如同 CAD 中的【Wblock】）。

2）系统族：已经在项目中预定义并只能在项目中进行创建和修改的族类型（如墙、楼板、顶棚等）。它们不能作为外部文件载入或创建，但可以在项目和样板之间复制和粘贴或者传递系统族类型。

3）内建族：在当前项目中新建的族，它与之前介绍的"可载入族"的不同在于"内建族"只能存储在当前的项目文件里，不能单独存成族（＊.rfa）文件，也不能用在别的项目文件中（如同 CAD 中的【Block】）。

（3）类型　类型用于表示同一族的不同参数（属性）值。以窗为例：假如窗为类别，双扇推拉窗则为族，而双扇推拉窗 1200mm×1500mm 就可以看作类型。

4.3.5 参数化

参数化是 Revit 的一个重要特征，由于其图元均以族的方式出现，通过一系列的参数化定义这些图元，在设计过程中，设计师只要改动其参数，就可以完成图元的改动，并且通过关联、协同工作途径真正实现"一处改动，处处改动"，大大降低了劳动强度。

4.4 常用基本工具与基本操作

使用 Revit 创建模型的工具依据创建构件不同而不尽相同，比如场地地形创建、体量的创建、幕墙创建等。

本节将主要讲述一些通用的工具，主要包括绘制、修改以及选择图元方法、终止操作、放缩与拖移、对象捕捉、保存等。

4.4.1 基本绘制工具

进入 Revit 界面，单击【建筑】选项卡，再单击"墙"工具，在【修改|放置墙】上下文选项卡后出现【绘制】面板，其中的工具为基本绘制工具，如图 4-26 所示。

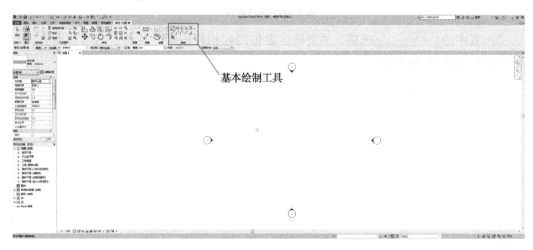

图 4-26　基本绘制工具

【绘制】面板中有绘制直线按钮、绘制矩形按钮、绘制内接多边形按钮、绘制外切多边形按钮、绘制圆形按钮、绘制起点—终点—端点弧按钮、绘制圆心—

端点弧按钮、绘制相切—端点弧按钮、绘制圆角弧按钮、拾取线按钮、拾取面按钮。

其中使用拾取线按钮可以根据绘图区域中选定的墙、直线或边来创建一条直线；使用拾取面按钮可以借助体量或普通模型的面来创建构件；而其他按钮的操作如同CAD，非常简单。

注意：选定工具后，在面板下方会出现一个参数设置框，如图4-27所示。

图4-27　参数设置框

1）可以直接在数据框内填写数据来确定创建构件的高度（上图中是4000.0，表示构件高度为4000mm）；也可以单击未连接中的小黑三角，在下拉框中选择标高来确定构件的位置（如图4-28所示，表示构件将从当前的"标高1"创建到"标高2"）。

图4-28　选择标高

2）其中的定位线墙中心线选项，主要确定定位线在构件的哪个位置，对墙体而言，有多个选项，如图4-29所示。

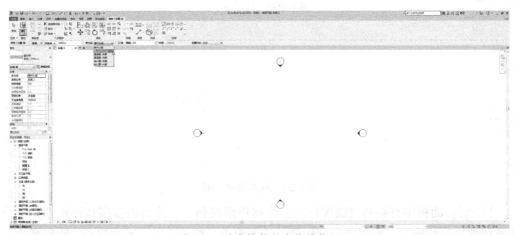

图4-29　确定构件的定位线位置

3）特别要注意的是，其中的 ☑连 选项，如果勾选表示可以连续绘制，若不勾选（将其中的"√"去掉）则表示不连续绘制。

4）其中的 偏移量 0.0 选项，可以确定创建的构件位置与鼠标指定点位置的偏移量。比如定位线确定为"墙中心线"，偏移量如果设定为"300"时，用直线来创建墙体，则在绘图区域用鼠标确定两个点后，所创建墙体的中心线将与鼠标所定点位产生偏移，偏移距离为 300mm。

4.4.2 常用修改工具

在创建模型过程时，上下文选项卡中经常会出现【修改】面板（主要是因为这个面板中的编辑工具使用频率较高），如图 4-30 所示。

图 4-30 常用修改工具

1）对齐按钮 ⊡：快捷键 AL，可以将图元（一个或多个）与选定图元对齐。

2）偏移按钮 ⊡：快捷键 OF，通过设置参数框 ○图形方式 ○数值方式 偏移: 1000.0 ☑复制 ，可以将选定的图元复制或移动到长度的垂直方向上的指定距离处。

3）镜像—拾取轴按钮 ⊡：快捷键 MM，可以使用现有的线或边作为镜像轴，对称复制选定的图元，该命令如同 CAD 中的"Mirror"。

4）镜像—绘制轴按钮 ⊡：快捷键 DM，可以绘制一条临时线作为镜像轴，对称复制选定的图元。

5）移动按钮 ⊕：快捷键 MV，可以将选定的图元移动到指定位置。

6）复制按钮 ⊡：快捷键 CO，可以将选定的图元复制到指定位置。注意在面板下方的选项框 □约束 □分开 □多个 中，勾选"约束"项只能垂直或水平复制，如同 CAD 中的"正交模式"；勾选"多个"则为多重复制。

7）旋转按钮 ⊡：快捷键 RO，可以将选定的图元绕指定位置旋转。

8）延伸—修剪为角按钮 ⊡：快捷键 TR，可以将选定的两个图元用修剪或延伸的方法使之相交，该命令如同 CAD 中的"Fillet"。

9）修剪—延伸单个单元按钮 ⊡：可以修剪或延伸一个图元到选定其他图元的边界。

10）修剪—延伸多个单元按钮 ⊡：可以修剪或延伸多个图元到选定其他图元的边界。

11）删除按钮 ⊠：快捷键 DE，可以删除将选定的图元，该命令如同 CAD 中的"Erase"，实际上，选中图元后直接按键盘上的 Delete 键也可以完成图元的删除。

12）阵列按钮 ⊞：快捷键 AR，可以将选定的图元沿直线方向或环向阵列，该命令如同 CAD 中的"Array"。

13）缩放按钮 ⊡：快捷键 RE，可以将选定的图元按比例放大或缩小，该命令如同 CAD 中的"Scale"。

14）拆分图元按钮 ⊕：快捷键 SL，可以将选定的图元拆成两部分，该命令如同 CAD 中的 2D 操作中的"Break"命令的打断于点，也类似于 CAD 中的 3D 操作中的"Slice"命令。

15）用间隙拆分图元按钮 ⊕：可以通过参数框 连接间隙: 25.4 设置，将选定的图元拆成有一定间隙的两部分，该命令如同 CAD 中的 2D 操作中的"Break"命令的按距离打断。

16）锁定按钮 ⊡：快捷键 PN，可以将选定的图元锁定使其不能移动位置，但与其相连的其他图元移动时，被锁定的图元将随其他图元有所变化。

17）解锁按钮 ⬚：快捷键 UP，可以将锁定的图元解除锁定，使其可以移动位置。

4.4.3 选择图元的方法

在创建模型过程中，经常要选择图元进行相关的编辑和调整，合理选择图元的方法至关重要，通常有如下几种方法。

（1）单选 用鼠标对准要选择的图元单击便可完成图元的选择。这种方法仅用于单一图元的选择。

（2）窗选 用鼠标单击拖动形成选择窗口来选择图元。

窗选方式如同 CAD，也分正选和反选。

1）正选：从左向右拖动鼠标形成选择窗口，会选择被窗口框到的完整图元。

2）反选：从右向左拖动鼠标形成选择窗口，会选择被窗口框到的全部图元。

（3）TAB 选择 当用鼠标单选一个图元后，按 Tab 键，会选择与所选图元关联的其他图元，目前这种选择方式使用较多。

（4）增选 有时需要增加一些图元时，可以按 Ctrl 键来增选图元。

（5）减选 有时需要减少所选的一些图元时，可以按 Shift 键来完成。

（6）过滤选 在建模过程中，有时需要选择某一类图元进行编辑时，常用的方法是过滤选。具体方法为：选择视图区域的所有图元，单后单击右下角的过滤器 ▽₄₁ 图标，然后在弹出的【过滤器】对话框中将不需要的的图元勾选掉，再单击 确定 按钮，即可选择所需要的图元，如图 4-31 所示。

图 4-31 【过滤器】对话框

4.4.4 终止操作

建模过程中，如果想终止操作命令可以按 ESC 键结束；对于创建构件命令，则通常需要按两次 ESC 键结束。

4.4.5 放缩与拖移

（1）放缩视图 如同 CAD 操作一样，在绘图区域，推动鼠标的滚轮就可以实现视图的放大和缩小。

（2）拖移视图 在绘图区域，按住鼠标的滚轮移动就可以实现视图拖移。如同 CAD 中的【PAN】操作一样。

4.4.6 参照平面

在 Revit 中，标高和轴网可以进行项目的整体定位，而对于局部定位则经常使用"参照平面"工具。

"参照平面"工具位于【建筑】选项卡的【工作平面】面板处（如图 4-32 所示），快捷键 RP。参照平面如同添加辅助定位线一样，可以在平、立、剖视图中任意创建，而且还可以在所有与参照平面垂直的视图中生成投影，当参照平面数量较多时，可以在参照平面属性面板中通过修改名称参数来命名，以便于在其他视图中找到指定的参照平面。

图 4-32 【工作平面】面板

尤其注意的是在创建"族"时，"参照平面"是一个非常重要的工具，它起到定位的作用。

4.4.7 对象捕捉

对象捕捉在建模过程中也必不可少，对象捕捉可以很准确地选到图元的特定点，操作方法为：

1）单击【管理】选项卡后，在【设置】面板中单击 按钮，如图 4-33 所示。

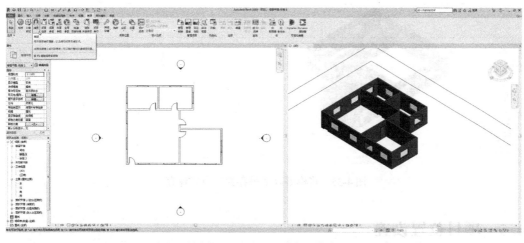

图 4-33 单击【管理】选项卡下【设置】面板的"捕捉"按钮

2）在弹出的捕捉对话框中勾选要设定的点位名称，如图 4-34 所示。

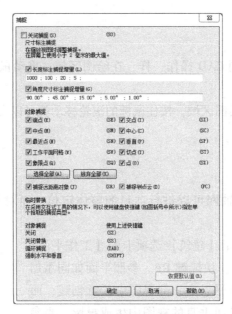

图 4-34　设置【捕捉】对话框

3）完成后单击 确定 按钮，即可完成捕捉设置。

4.4.8　保存

保存模型可以单击 按钮，或者按 Ctrl + S 键；此外，还可以单击【文件】菜单，在"另存为"中进行选项保存，如图 4-35 所示。

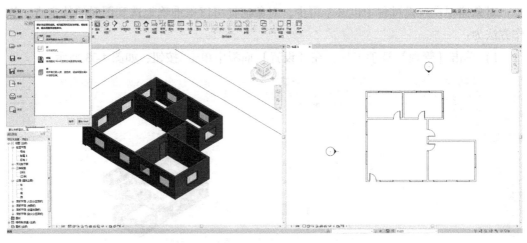

图 4-35　将模型以"另存为"方式保存

4.5　项目位置设置

一个项目通常是由项目样板开始，项目样板承载着项目的各种信息，以及用于构成项目的各种图元。Revit 依据不同专业的通用需求，发布了适用于建筑、结构、MEP 的项目样板。实际建模时，还需要依据项目的特性，对项目样板进行定制。

定制一个项目样板包括项目信息、项目参数、项目单位、视图样板、项目视图、族、对象样式、可见性/图形替换、打印设置等几个方面。

4.5.1 【设置】面板

1. 项目信息

项目信息用于指定能量数据、项目状态和客户信息等。

启动 Revit 后，选择【管理】选项卡后，单击【设置】面板上的"项目信息"按钮 ，如图 4-36 所示。

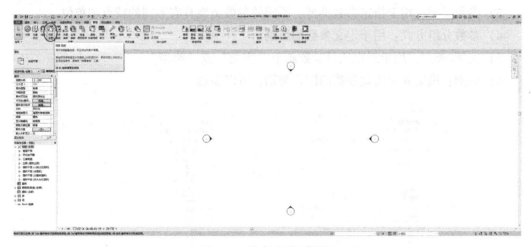

图 4-36 单击"项目信息"

在系统弹出的【项目信息】对话框(图 4-37)中，可以输入当前项目的组织名称、组织描述、建筑名称、作者、项目发布日期、项目状态等信息。

所有这些信息将被图样空间所调用，并且有些信息将显示在图样的标题栏中；使用"共享参数"可以将自定义字段添加到项目信息中。输入完成后单击 确定 按钮，关闭对话框完成项目信息的设置。

2. 项目参数

项目参数用于指定可添加到项目中的图元类别并能在明细表中使用的参数，项目参数仅应用于当前项目，不能与其他项目或族共享，也不出现在标记中。使用"共享参数"工具方

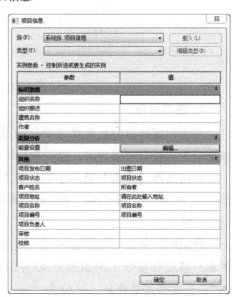

图 4-37 【项目信息】对话框

可创建共享参数。

单击选择【管理】选项卡后，单击【设置】面板上的"项目参数"按钮，在【项目参数】对话框（图4-38）中，用户可以添加新的项目参数、修改项目样板中已提供的项目参数或删除不需要的项目参数。

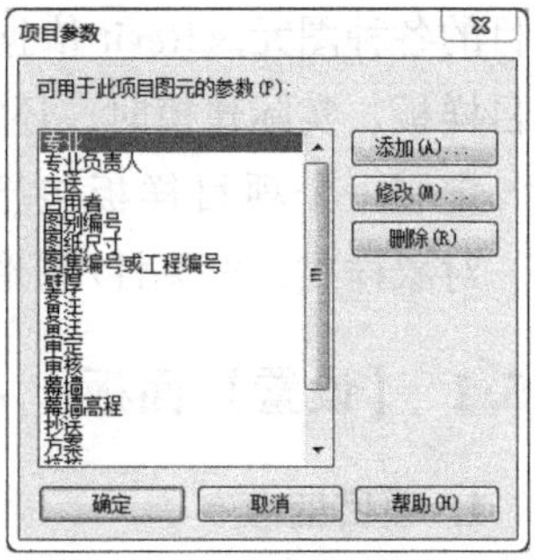

单击 添加(A)... 或 修改(M)... 按钮，可以在打开的【参数属性】对话框中进行编辑，如图4-39所示。

1）名称：输入添加的项目参数名称，但不支持画线。

图4-38 【项目参数】对话框

2）规程：定义项目参数的规程。共有公共/结构/电气/能量等规程可供选择。

3）参数类型：用于指定参数类型，不同的参数类型具有不同的特点和单位。

4）参数分组方式：用于定义参数的组别。

5）实例/类型：用于指定项目参数属于"实例"或"类型"。

6）类别：决定要应用此参数的图元类别，可以多选。

图4-39 【参数属性】对话框

3. 项目单位

用于指定项目中各类参数单位的显示格式。项目单位的设置直接影响明细表、报告及打印等数据输出。

单击选择【管理】选项卡后，单击【设置】面板上的"项目单位"按钮，弹出【项目单位】对话框（图4-40）。

使用时，需选择规程和单位，以用于指定显示项目的单位精度和符号。比如图4-40中，规程选择为"公共"；长度格式是整数，单位为"mm"；体积格式是小数点后两位有效数字，单位是"m³"等。

图4-40 【项目单位】对话框

4. 共享参数

共享参数用于指定多个族或项目中使用的参数。使用共享参数可以添加族文件或尚未定义的特定数据。【编辑共享参数】对话框如图 4-41 所示。

5. 传递项目标准

传递项目标准用于将选定项目的设置从另一个打开的项目复制到当前项目。其中包括族类型、线宽、材质、视图样式等。

图 4-41 【编辑共享参数】对话框

这个工具非常有用，如同样板一样，如果创建的项目类型相同（比如建筑模型），并且之前已经在其他项目中进行过标准设置，那么在开始另一个项目时，无需每次都从头开始设置，只需将原项目的设置（包括相关的族文件）进行传递后，就可以直接进行新模型的创建。

6. 清除未使用项

该工具将从当前项目中删除未使用的族和类型，这样就可以缩小文件的大小，如同 CAD 中的清理命令【Purge】。

4.5.2 【项目位置】面板

【项目位置】面板如图 4-42 所示。

1. 地点

地点主要用于指定项目的地理位置。如果使用"Internet映射服务"可以通过搜索项目位置的街道地址或者项目的经纬度来直观显示项目位置。

图 4-42 【项目位置】面板

该工具对于日光研究、漫游和渲染生成阴影时非常有用，还可以利用其天气数据进行分析。但是对于一些有保密要求的项目，不建议进行此项设定。

2. 坐标

坐标用于管理链接模型的坐标。使用共享坐标可以记录多个链接文件的相互位置，对于共同协作有着至关重要的作用。

包括获取坐标、发布坐标、在点上指定坐标、报告共享坐标等多个选项（图 4-43）。

图 4-43 【坐标】的多个选项

3. 位置

该工具主要是使用共享坐标来控制场地上项目的位置，并且可以修改项目中图元的位置。包括"重新定位项目"、"旋转正北"、"镜像项目"、"旋转项目北"等选项（图 4-44）。

图 4-44 【位置】的多个选项

4.6 标高与轴网

标高与轴网共同构建了模型的三维网格定位体系。标高可以用来确定构件高度方向的信息、定义楼层层高以及生成平面视图；轴网在确定一个工作平面的同时，主要用于构件的平面定位。

设计项目的创建，一种方法是先建立概念体量模型，然后根据概念体量生成标高、墙、门窗等建筑构件，再添加轴网、尺寸等标注；另一种方法是先创建标高和轴网，然后根据标高和轴网添加墙体、门窗等建筑构件，从而完成项目。这两种方法仅仅是设计流程上有差异。

4.6.1 标高

标高与构件在高度方向上的定位相关联，建模之前应当对项目的层高和标高信息进行整体规划。

1. 创建标高

（1）新建一个项目 启动 Revit，选择"建筑样板"，新建一个项目。

（2）激活立面视图 进入 Revit 后，在【项目浏览器】中单击"立面（建筑立面）"旁边的"＋"，任意选择一个立面名称（比如"东"），如图 4-45 所示。

选择立面名称后，界面进入立面视图创建状态，如图 4-46 所示。

图 4-45 选择建筑立面

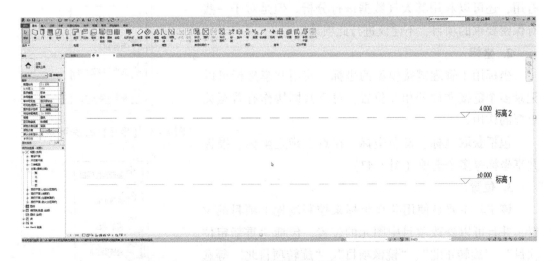

图 4-46 立面视图创建界面

（3）创建标高　在该界面中创建标高有两种方法：一种是绘制标高，这种方法创建的标高会自动创建平面视图；另一种是复制现有标高，所创建的标高不能直接生成视图，需进行相应的设置。

1）利用绘制的方法创建标高。

①单击【建筑】选项卡的【基准】面板的"标高"按钮 ↔。

②在绘图区域适当位置（拖动鼠标时会即时显示其相对高差）单击确定新建标高的起点，拖动鼠标后再次单击，确定新建标高的终点，完成一个标高的绘制。

③按两次 ESC 键退出绘制，单击【项目浏览器】中"楼层平面"旁边的" ＋ "，可以看到新增一个"标高 3"平面视图，如图 4-47 所示。

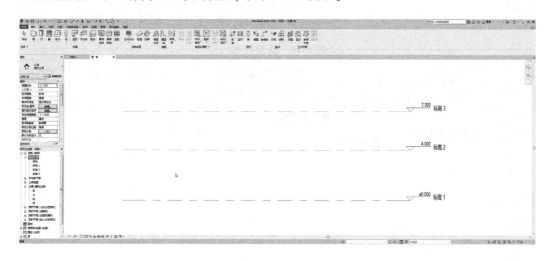

图 4-47　绘制标高

④使用同样方法可以完成多个标高的绘制。

注意"标高 2"、"标高 3"的属性互相关联，修改其中一个标高的属性，其他标高会随之变化。

2）利用复制的方法创建标高。

按 Ctrl + Z 键取消上述操作，退到初始状态。

①单击选择"标高 2"。

②选择上下文选项卡【修改|标高】的【修改】面板的"复制"按钮 ⁀。

③单击标高线上任意一点。

④拖动鼠标至适当位置（图 4-48）后单击鼠标左键，"标高 3"复制完成。

注意：如果勾选"约束"项，将按正交模式复制标高；如果勾选"多个"项，将会进行多个标高的复制。

⑤复制的标高不能直接创建平面视图，需单击【视图】选项卡的【创建】面板中"平面视图"按钮 下的"楼层平面"项，如图 4-49 所示。

⑥在系统弹出的【新建楼层平面】对话框（图 4-50）中，选择"标高 3"。

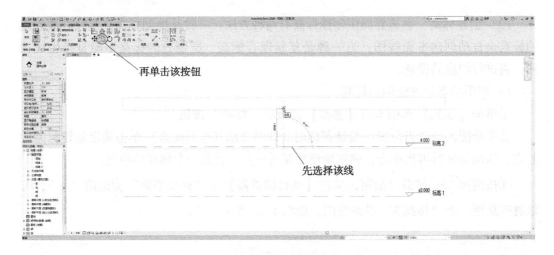

图 4-48　复制标高

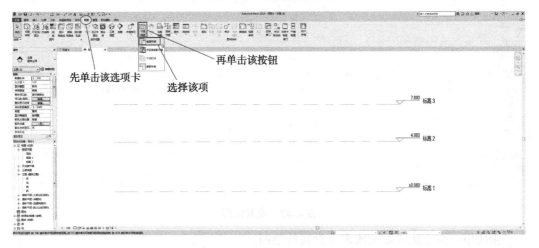

图 4-49　选择"楼层平面"项

图 4-50　【新建楼层平面】对话框

⑦完成后单击按钮 ████ 确定 ，所选标高的平面视图创建完成，如图 4-51 所示。

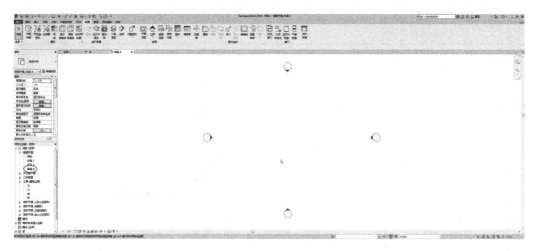

图 4-51　新建楼层平面视图

使用上述方法可以多次创建标高，以满足项目的需要。

2. 修改标高

标高创建完成后，有时需要对标高进行修改调整，通常有如下几个方面的操作。

（1）修改标高值　选择需修改的标高线，然后单击标高线的数字部分，可以修改标高的数值，如图 4-52 所示。

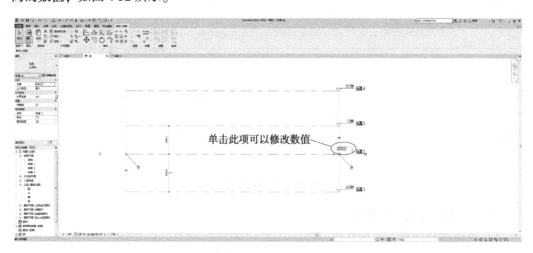

图 4-52　修改标高数值

（2）修改标高名称　选择需修改的标高线，然后单击标高线的文字部分（如标高 5），可以修改标高的名称（如室外地坪），如图 4-53 所示。

（3）调整标高位置　单击任意一条标高线，对准标高符号的尖角部分（圆圈圈定位置），出现"通过拖曳其模型端点修改标高"提示（图 4-54），按住鼠标左键左右拖动，标高线会被拉长或缩短。

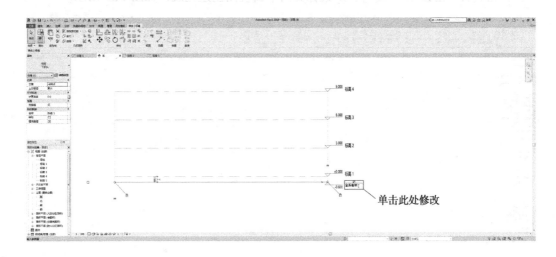

图 4-53　修改标高名称

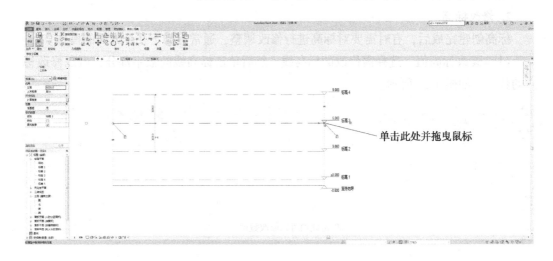

图 4-54　调整标高位置

（4）标高的标头方向调整

1）单击选择任意一条标高线。

2）单击【属性】浏览器中的"标高"按钮。

3）选择"下标头"项（图 4-55），结果如图 4-56 所示。

（5）关于 3D/2D 的理解　单击标高线时，其周围会出现"3D"的文字提示，表示如果在该视图中调整标高，这个调整将会应用到其他所有视图中；单击文字提示"3D"时，该提示会切换成"2D"，表示如果在该视图中调整标高，这个调整只对该视图起作用，而不会应用到其他所有视图中。

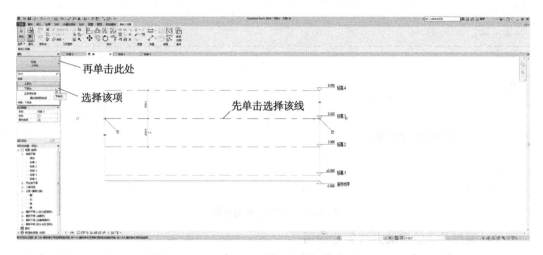

图 4-55　选择"下标头"项

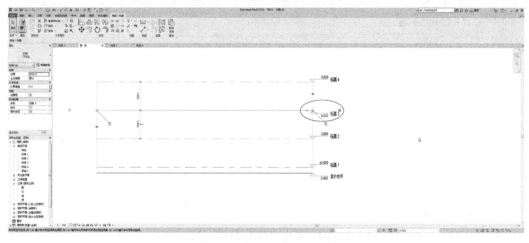

图 4-56　修改标高标头后的结果

4.6.2　轴网

轴网用于在平面中对构件进行定位，这里主要讲述轴网的创建与修改等方法。

1. 创建轴网

轴网的创建有两种方法；一种是通过导入的 CAD 图形，拾取轴线的方法；另一种就是绘制与复制结合的方法。

（1）切换到平面视图　由于轴网确定的是构件在平面图中的相对关系，因此标高创建完成后，应切换到楼层平面视图（如标高 1）来创建和编辑轴网。

单击【项目浏览器】中的"楼层平面"旁边的" + "将其子项展开，双击"标高 1"即可切换到"标高 1"视图，如图 4-57 所示。

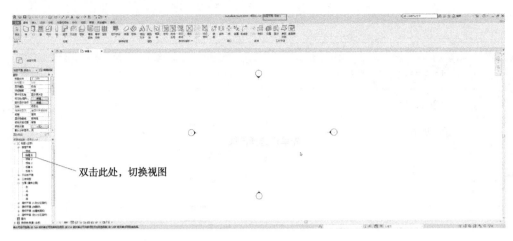

图 4-57　切换到平面视图

（2）通过导入拾取的方法创建轴网

1）单击【插入】选项卡的【导入】面板中"导入 CAD"按钮🔲，如图 4-58 所示。

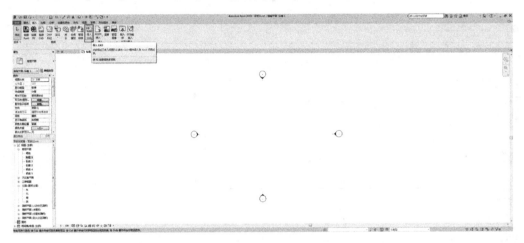

图 4-58　单击"导入 CAD"按钮

2）在弹出的【导入 CAD】对话框中，选择 CAD 文件路径、名称，并将定点模式设定位"手动—原点"，放置模式为"标高 1"（图 4-59）。

图 4-59　设置【导入 CAD】对话框

3）单击 [打开(O)] 按钮后，在绘图区域中单击鼠标左键，结果如图 4-60 所示。

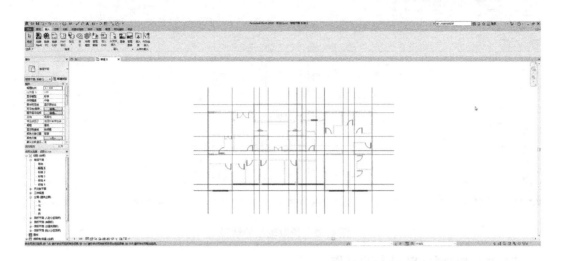

图 4-60 导入 CAD 的结果

注意：由于 CAD 绘图时的原点不尽统一，用户进行上述操作完成后，如果未发现导入的图形，可以推动鼠标滚轮进行放缩，找到图形后将其移动到当前区域即可。

4）单击【建筑】选项卡的【基准】面板中"轴网"按钮 ⊞。

5）单击【修改|放置轴网】上下文选项卡的【绘制】面板中"拾取线"按钮 ⩗，如图 4-61 所示。

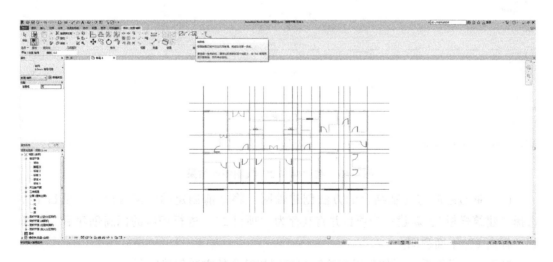

图 4-61 单击"拾取线"按钮

6）根据"选择边或线"的提示，依次拾取轴线（建议先从左向右依次拾取横向定位轴线，再从下向上依次拾取其纵向定位轴线，并且拾取第一根纵向定位轴线时，将其轴号改为"A"，这样可以减少修改轴号的工作量），结果如图 4-62 所示。

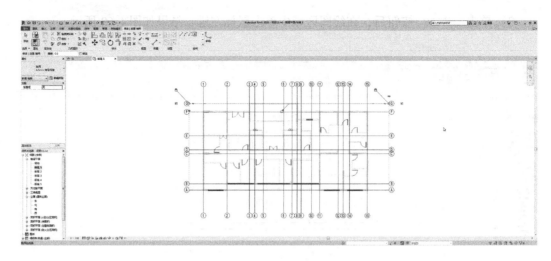

图 4-62   拾取轴线的结果

7）然后按两次 $\boxed{ESC}$ 键结束操作。

8）双击【项目浏览器】中"楼层平面"下的"标高 2"项，切换到"标高 2"视图，可以发现使用这种方法创建的轴网在其他标高视图中均为可见（图 4-63）。

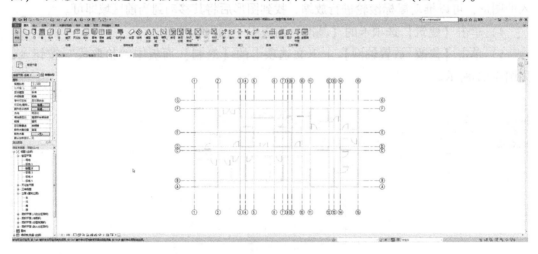

图 4-63   在"标高 2"视图中的结果

（3）通过绘制与复制结合的方法创建轴网　将之前创建的轴网保存为"项目 1"，选择"建筑样板"，新建一个项目并将其存为"项目 2"。进行相应的标高创建后，切换到"标高 1"平面视图。

接下来，具体看一下如何通过绘制与复制相结合的方法创建轴网。

1）单击【建筑】选项卡的【基准】面板中"轴网"按钮。

2）单击【修改 | 放置轴网】上下文选项卡的【绘制】面板中"直线"按钮。

3）在绘图区域绘制第一条直线（建议先绘制左边的第一条横向定位轴线），如图 4-64 所示。

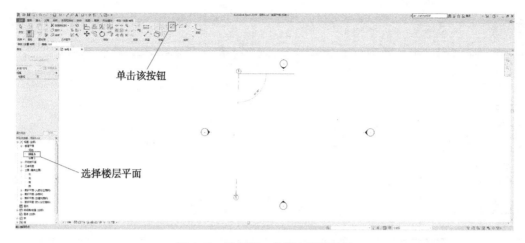

图 4-64　绘制第一条横向定位轴线

4) 按两次 ESC 键结束操作。

5) 单击刚刚绘制的轴线；选择【修改|轴网】上下文选项卡的【修改】面板中"复制"按钮 ，（或者键入快捷键"CO"）；勾选"约束"和"多个"项（"约束"项是保证正交模式，"多个"项可以连续复制），如图 4-65 所示。

图 4-65　选择轴线，单击"复制"按钮并勾选选项

6) 单击轴线的任一点为复制起点。

7) 拖动鼠标至合适的提示数据（如 3300）后单击左键（或者直接键入数据后按回车键），则一条轴线复制完成；继续拖动鼠标至合适的提示数据（如 4200）单击左键，完成第三条轴线的复制；重复如上操作（如 4800、4200、3300）直至完成全部轴线的复制后，按两次 ESC 键结束操作，结果如图 4-66 所示。

8) 再次单击【建筑】选项卡的【基准】面板中"轴网"按钮 ；选择【修改|放置轴网】上下文选项卡的【绘制】面板中"直线"按钮 ；在绘图区域再绘制一条纵向定位轴线（建议先绘制下方的第一条纵向定位轴线），并将轴号修改为"A"，如图 4-67 所示。

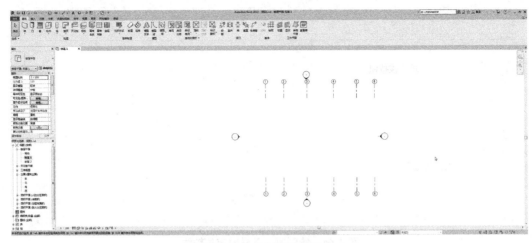

图 4-66 复制完成的结果

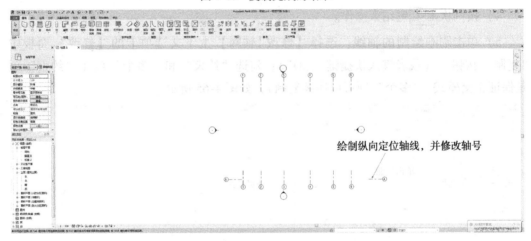

图 4-67 绘制纵向定位轴线并修改轴号

9）同样使用"复制"命令将纵向定位轴线依次向上复制 1200、5400、1800、4800、900，结果如图 4-68 所示。

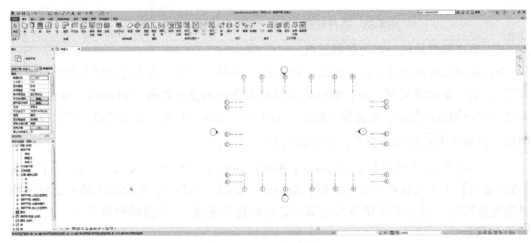

图 4-68 完成后的结果

10）双击【项目浏览器】中"楼层平面"下的"标高 2"项，切换到"标高 2"视图，同样可以发现使用这种方法创建的轴网在其他标高视图中均为可见。

以上操作，简单介绍了绘制与复制结合创建轴网的方法，实际上用户还可以用阵列等命令来完成，但不建议使用镜像命令，主要是因为 Revit 通常会按照绘图顺序进行编号，如果使用镜像命令，增加了修改轴号的难度。

2. 修改轴网

轴网的修改通常包括轴号修改、轴号显示、轴线显示方式、轴线添加弯头等内容。

（1）修改轴号　如果轴号中出现 I、O、Z 等，需要手动修改轴号。修改方式与修改标高类似，只需单击选择相应的轴线，然后单击轴号位置，在弹出的文本框中将轴号擦除，然后输入新的名称即可。

需要注意的是，轴号不允许重复，如果中间需要改轴号名称，建议从后往前修改比较方便。

（2）轴号显示　创建的轴网由于版本不同，显示方式不尽相同。以 Revit 2019 为例，默认状态下，绘制的轴线通常在一端显示轴号，用户如果需要在轴线两端同时显示轴号，只需点击轴线，在轴线另一端单击"显示编号"标记（小方框），即可将该侧的轴号显示（或关闭），如图 4-69 所示。

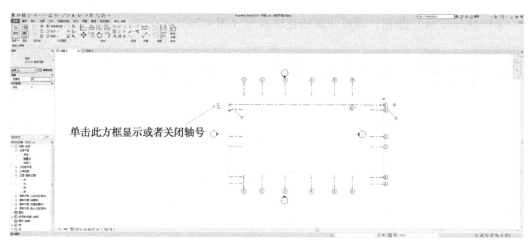

图 4-69　选择轴线，单击"显示编号"标记

用户还可以在绘制轴线之前，单击【属性】浏览器中的"编辑类型"按钮 ，在弹出的【类型属性】对话框中，勾选"平面视图轴号端点 1（默认）"项（图 4-70），那么绘制的轴线将两侧均显示轴号。

（3）轴线显示方式　使用 Revit 2019 创建的轴网，中间不显示，会影响下一步依据轴线创建墙体，这时可以用如下方法来修改。

1）单击选择某一条轴线。

2）单击【属性】浏览器中的"编辑类型"按钮 。

3）在弹出的【类型属性】对话框中，点击"轴线中段"参数项的参数值处（默认为"无"），选择"连续"，如图 4-71 所示。

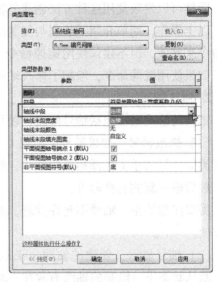

图 4-70　绘制轴线之前，
勾选"平面视图轴号端点 1（默认）"项

图 4-71　选择轴线中段的值为"连续"

4）单击 确定 按钮，即可使轴线连续显示（图 4-72）。

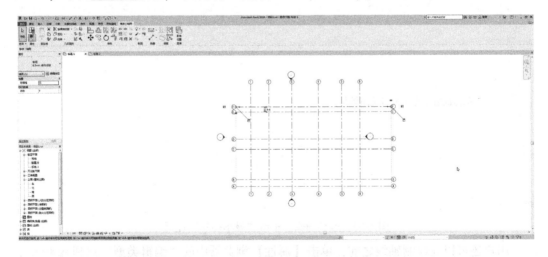

图 4-72　设置完成后的结果

当然，如果绘制轴线之前，进行上述设置，则可不必如此繁琐。

（4）添加弯头　如果两条轴线的距离过近，需要将轴线添加弯头。修改方法是：选择一条轴线，在其添加弯头标记"～"处单击，然后拖动鼠标即可在轴线上添加弯头（图 4-73），同理给标高添加弯头也是类似的操作。

上述修改完成后，单击【修改|轴网】上下文选项卡的【基准】面板中"影响范围"按钮，在弹出的【影响基准范围】对话框中，勾选相应的选项（图 4-74）。

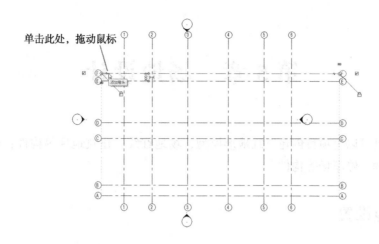

图 4-73 选择轴线，添加弯头

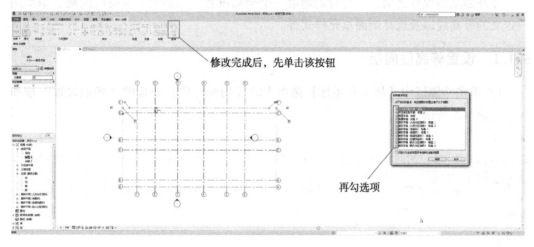

图 4-74 设置"影响范围"

然后，单击【影响基准范围】对话框中的 确定 按钮，则修改结果会在相应的选项中显示。需要注意的是，每条轴线的修改都需要进行上述操作。为简化操作，用户可以在所有轴线修改完成后，选择全部轴线，然后再进行上述操作，可以简化操作的繁琐。

第5章　场地设计

场地工具可以为项目创建三维地形模型、场地红线、建筑地坪等构件；还可以在场地中添加植物、停车场等构件。

5.1　场地设置

在开始场地设计之前，需要对场地做一个全局设置。包括定义等高线间隔、添加用户定义的等高线以及选择剖面填充样式等。

5.1.1　设置等高线间隔

1）单击功能区中【体量和场地】选项卡的【场地建模】面板的"场地设置"按钮 ↘，如图 5-1 所示。

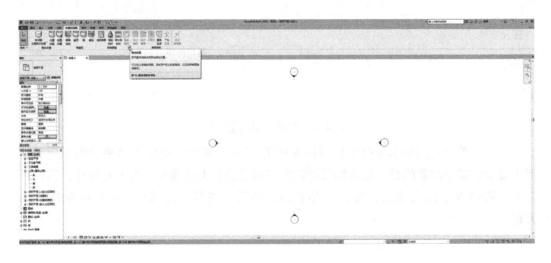

图 5-1　单击"场地设置"按钮

系统弹出【场地设置】对话框，如图 5-2 所示。

2）在"显示等高线"中勾选"间隔"，并输入一个值作为等高线间隔，如图 5-3 中设置为"1000"，表示在将来创建的地形中会按每"1000mm"的高程间隔来显示等高线。

注意：如果勾选"间隔"项来创建地形表面时，需将附加等高线中的各项内容删除。

图 5-2 【场地设置】对话框

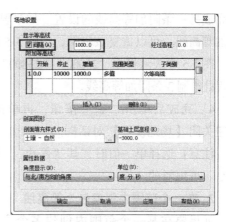

图 5-3 在【场地设置】对话框中
设置"间隔"值

5.1.2 经过高程

"经过高程"主要用于设置等高线的开始高程，实际上就是确定绘制等高线的高程。例如，如果将等高线间隔设置为"10000"，当"经过高程"值设置为"0"时，等高线将出现在 – 20m、– 10m、0m、10m、20m 等的位置；当"经过高程"的值设置为"5"时，则等高线会出现在 – 25m、– 15m、– 5m、5m、15m、25m 等的位置。

而如果将等高线间隔设置为"1000"，当"经过高程"值设置为"0"时，等高线将出现在 – 2m、– 1m、0m、1m、2m 等的位置；当"经过高程"的值设置为"5"时，等高线则会出现在 – 2.5m、– 1.5m、– 0.5m、0.5m、1.5m、2.5m 等的位置。

5.1.3 附加等高线

附加等高线主要是将自定义等高线添加到场地平面中。在"显示等高线"中将"间隔"勾选清除，就可以在"附加等高线"中添加自定义等高线（注意此时自定义等高线仍会显示）。

1. 创建自定义等高线

1）将"间隔"勾选清除。

2）设定等高线参数。

①在"范围类型"中选择"单一值"（表示只绘制一条等高线）。

②在"子类别"中选择"次等高线"。"子类别"中有多个选项，如三角形边缘、主等高线、次等高线以及隐藏线等。此处因绘制的是附加等高线，所以选择"次等高线"。

③在"开始"中输入数据，作为该等高线的高程。完成后如图 5-4 所示。

3）单击 [插入⒀] 按钮，并进行上述设置，可

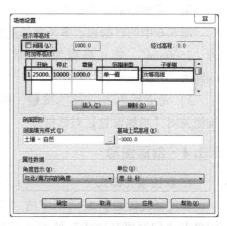

图 5-4 在【场地设置】对话框中
设置第一条附加等高线

135

以完成另一条附加等高线的设置。如果要绘制多条附加等高线，可以重复该步骤，如图5-5所示。

图5-5中表示将在"25000""23800""22000"高程处绘制3条附加等高线。

4）完成后单击 应用 按钮，再单击 确定 按钮关闭【场地设置】对话框。

注意：选择单一值时，其"停止""增量"两项是不可编辑的。

2. 在一个范围内创建多个等高线

如果要在某一个范围内创建多个等高线，应执行以下操作步骤。

1）将"间隔"勾选清除。

2）设定等高线参数。

①在"范围类型"中选择"多值"（表示绘制多条等高线）。

②在"子类别"中选择"次等高线"。"子类别"中有多个选项，如三角形边缘、主等高线、次等高线以及隐藏线等。此处因绘制的是附加等高线，所以选择"次等高线"。

③在"开始"中输入数据，作为该范围等高线的起始高程。

④在"停止"中输入数据，作为该范围等高线的终止高程。

⑤在"增量"中输入数据，作为多条等高线的间隔，完成后如图5-6所示。

图5-6中的数据表示多条次等高线的起始高程为"2500mm"，终止高程为"8200mm"，等高线间隔为"1000mm"。

3）完成后单击 应用 按钮，再单击 确定 按钮关闭【场地设置】对话框。

5.1.4 剖面图形

1. 剖面填充样式

在【场地设置】对话框中的"剖面图形"区域单击"剖面填充样式"处的 … 按钮，可以打开【材质浏览器】对话框（图5-7），选择一种在剖面

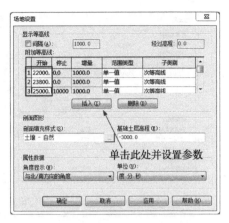

图5-5 在【场地设置】对话框中设置多条附加等高线

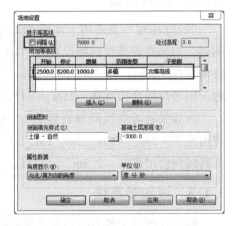

图5-6 在【场地设置】对话框中设置"多值"附加等高线

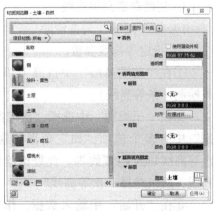

图5-7 在【材质浏览器】对话框中选择剖面填充样式

视图中显示场地的材质。

2. 基础土层高程

在【场地设置】对话框中的"剖面图形"区域的"基础土层高程"输入一个数值，可以控制土壤横断面的深度。该值控制项目中全部地形图元的土层深度。

5.1.5 属性数据

1. 角度显示

"角度显示"提供了"度"和"与北/南方向的角度"两种选项。如果选择"度"，则在建筑红线方向角表中以 360°方向标准显示建筑红线，并使用相同的符号显示建筑红线标记；如果选择"与北/南方向的角度"，则在建筑红线方向角表中以南/××度或北/××度方向标准显示建筑红线。

2. 单位

"单位"提供了"度"和"十进制"两种选项。如果选择"十进制数"，则建筑红线方向角表中的角度显示为十进制数而不是度、分和秒。

5.2 创建地形表面

在三维视图或场地平面中，"地形表面"工具可以通过放置点、导入以 .dwg、.dxf 或 .dgn 格式的三维等高线数据或使用点文件来定义地形表面。

5.2.1 通过"放置点"的方式来创建地形表面

1. 前期设定

（1）设定等高线间隔 例如按图 5-2 所示，在【场地设置】对话框中进行设置。

（2）设置图元的可视性 如果使用"地形表面"工具时出现一个【警告】提示框（图 5-8），表示此时如果创建图元，将不会即时显示，为方便直观观察图形，这时应当首先设置图元的可视性。具体方法为：

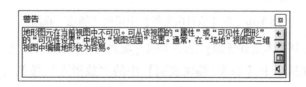

图 5-8 【警告】提示框

1）单击【视图】选项卡的【图形】面板中的"可见性/图形"按钮 。

2）在弹出的【可见性/图形替换】对话框中将"地形"勾选（图 5-9）后单击 确定 按钮。

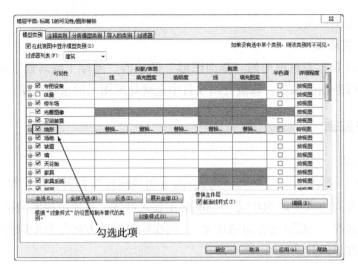

图 5-9 在【可见性/图形替换】对话框中勾选"地形"项

2. 使用"放置点"工具

1）切换到"场地"视图。

①双击【项目浏览器】中的"楼层平面"。

②再双击"场地"，切换到"场地"视图，如图 5-10 所示。

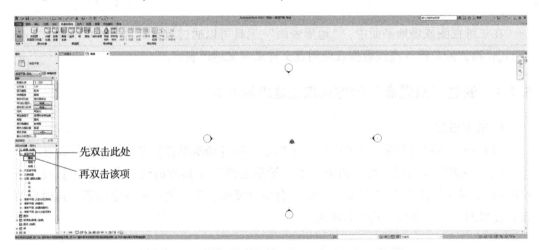

图 5-10 在【项目浏览器】中切换"场地"视图

2）单击功能区中【体量和场地】选项卡的【场地建模】面板的"地形表面"按钮 。

3）单击上下文选项卡【修改 | 编辑表面】中的"放置点"按钮 ，如图 5-11 所示。

4）在参数输入区 的"高程"处输入高程数值后（例如 20000），在绘图区域单击左键依次确定点位，如图 5-12 所示。

5）继续在参数输入区的"高程"处输入不同高程数值后（如 12000、3000、-3000），在绘图区域单击左键确定点位。并重复该操作步骤，直至完成后，单击上下文选项卡【修改 | 编辑表面】中的"完成"按钮 ，如图 5-13 所示。

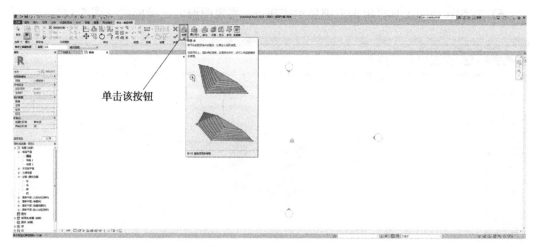

单击该按钮

图 5-11　单击上下文选项卡【修改 | 编辑表面】中的"放置点"按钮

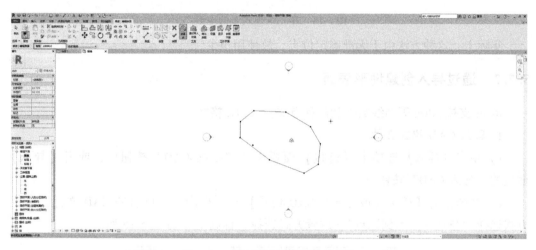

图 5-12　在绘图区域确定地形点位

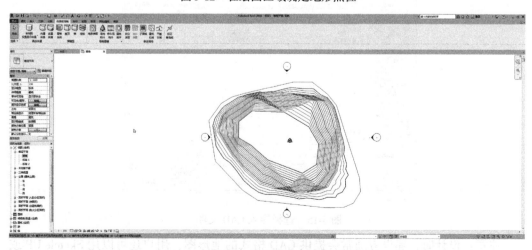

图 5-13　依次输入高程并确定点位后的地形

6）在快速访问工具栏单击三维显示按钮⌂，将视图调为三维模式（图 5-14）。

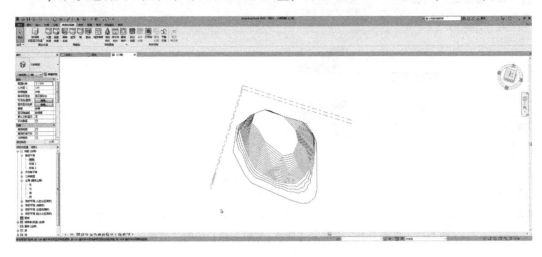

图 5-14　在三维模式下的地形

实际上，这种方法由于无准确定位点，故使用很少。

5.2.2　通过导入创建地形表面

Revit 支持 . dwg 等高线数据和高程点文件（. txt 格式）。

1. 导入 CAD 格式文件

1）单击【插入】选项卡【链接】面板中的"链接 CAD"按钮⌂，或者【导入】面板的"导入 CAD"按钮⌂。

2）在弹出的【链接（或导入）CAD 格式】对话框内选择已有的 CAD 文件，定位方式选择"自动—原点到原点"；放置方式选择"标高 1"，如图 5-15 所示。

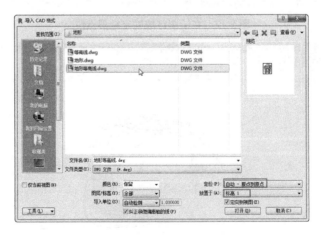

图 5-15　选择导入 CAD 文件

注意：设计时，建设方通常会提供 CAD 格式的地形图，用户还可以用 Sketch UP 或者用 CAD 自行绘制一个地形图作为练习。

3）单击 ▭打开(O)▭ 按钮，将选定的用 CAD 绘制的等高线文件导入 Revit 当中，并适当进行缩放，结果如图 5-16 所示。

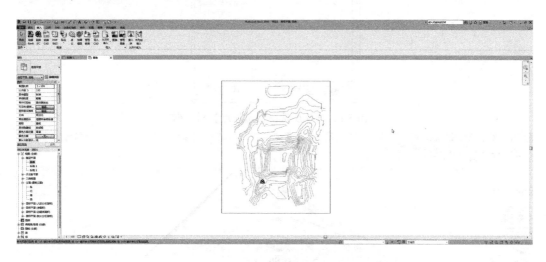

图 5-16 导入 Revit 后的结果

4）单击功能区中【体量和场地】选项卡的【场地建模】面板的"地形表面"按钮▨。

5）单击上下文选项卡【修改|编辑表面】中的"通过导入创建"按钮▨后，单击"选择导入实例"项，如图 5-17 所示。

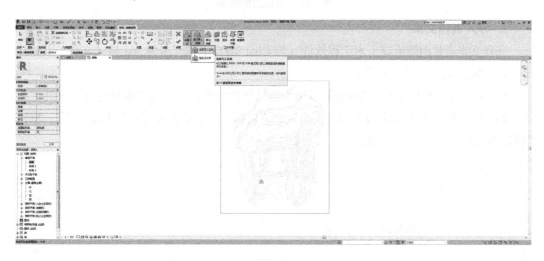

图 5-17 "选择导入实例"项

6）在视图中单击导入的实例，在系统弹出的【从所选图层添加点】对话框（图 5-18）中确定要选择的图层后，单击 ▭确定▭ 按钮。

7）完成后单击上下文选项卡【修改|编辑表面】中的"完成"按钮✔，结果如图 5-19所示。

图 5-18 【从所选图层添加点】对话框

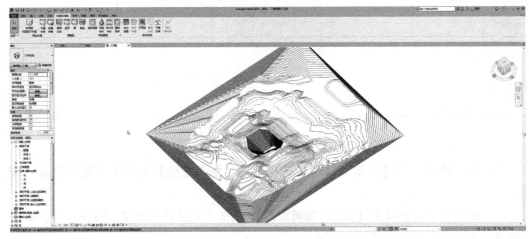

图 5-19 完成后的结果

2. 导入高程文本

高程文本通常由测绘或土木工程软件（如 Civil 3D）生成，多为 . txt 格式文件，其中主要为各控制点位的 X、Y、Z 坐标值。

1）单击功能区中【体量和场地】选项卡的【场地建模】面板的"地形表面"按钮。

2）单击上下文选项卡【修改 | 编辑表面】中的"通过导入创建"按钮后，单击"指定点文件"项，如图 5-20 所示。

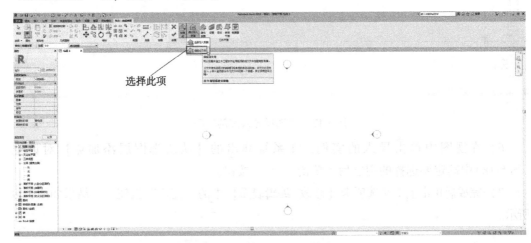

选择此项

图 5-20 选择"指定点文件"项

3）在弹出的【选择文件】对话框内选择已有的 .txt 文件，如图 5-21 所示。

图 5-21 选择导入 .txt 文件

4）单击 打开(O) 按钮，系统弹出【格式】对话框
（图 5-22），主要来选择确定单位（本示例单位为"米"），单
击 确定 按钮。

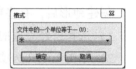

图 5-22 【格式】对话框

5）完成后单击上下文选项卡【修改|编辑表面】中的
"完成"按钮✔，并适当进行缩放（注意如果显示不全，需切
换到"场地"视图），结果如图 5-23 所示。

图 5-23 完成后的结果

另外，如果条件图中只有点位的高程，而没有等高线，用户可以将带点位高程的
CAD 图导入后，利用"放置点"工具逐一设定高程值后，重新绘制地形，在此就不再
赘述。

3. 简化表面

地形表面上的每个点会创建三角几何图形，这样会增加计算负荷。当使用大量的点
创建地形表面时，可以用简化表面工具来提高系统性能。

1）单击功能区中【体量和场地】选项卡的【场地建模】面板的"地形表面"按
钮🗺。

2）单击上下文选项卡【修改|编辑表面】中的"简化
表面"按钮后，在弹出的【简化表面】对话框（图5-24）
中，键入相应数值后，单击 确定 按钮。

3）单击上下文选项卡【修改|编辑表面】中的"完
成"按钮 ✔ 即可完成简化。

图5-24　【简化表面】对话框

5.3　修改场地

5.3.1　表面编辑

创建地形后，有些高程需要调整时，可以使用表面编辑工具来完成。

1）选择已经完成的地形表面。

2）单击上下文选项卡【修改|地形】的【表面】面板中的"编辑表面"按钮。

3）在视图中选择高程点（可以采用单选窗选以及增选和减选等），并在参数框内将
高程调整，如图5-25所示。

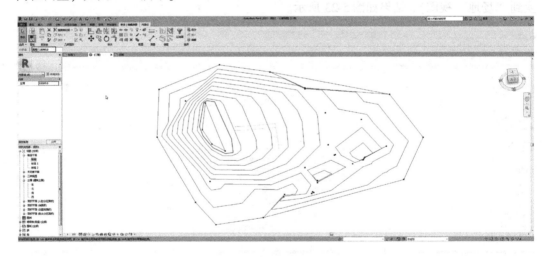

图5-25　选择高程点并修改高程值

4）完成后单击上下文选项卡【修改|编辑表面】中的"完成"按钮 ✔，则选择点
位的高程被修改。

5.3.2　拆分地形

使用拆分工具可以将地形表面切割，然后分别编辑，也可以在拆分后删除地形表面
的一部分。这种方法经常在创建道路等时使用。

1）单击功能区中【体量和场地】选项卡的【修改场地】面板中"拆分表面"按
钮。

2）选择已经完成的地形。

3）在上下文选项卡【修改|拆分表面】的【绘制】面板中选择相应的工具（例如选择"直线"工具）。

4）根据提示在视图区域绘制相应的线（图 5-26），作为拆分地形的界线。

5）完成后单击上下文选项卡【修改|拆分表面】的【模式】面板中的"完成"按钮 ✅ ，则所选地形被新绘制的线拆分成两部分，如图 5-27 所示。

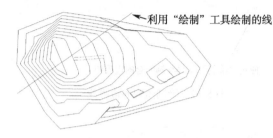

图 5-26 绘制拆分线

图 5-27 完成拆分后的结果

5.3.3 合并地形

除了拆分，还可以将两个单独的地形表面合并为一个表面。要合并的表面必须重叠或共享公共边。

1）使用移动工具将拆分的一个地形移动（必须保证两个地形有重叠或共边），如图 5-28 所示。

2）单击功能区中【体量和场地】选项卡的【修改场地】面板中"合并表面"按钮 。

3）依次选择视图中的两个地形图元，注意此时在参数框区域有 ☑删除公共边上的点 选项（图 5-29）。

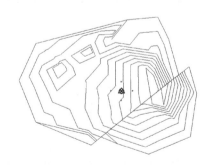

图 5-28 移动拆分后的地形

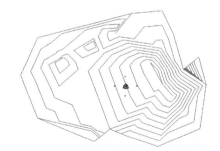

图 5-29 合并后的地形

5.3.4 创建子面域

子面域用于在地形表面定义一个面积区域，并且可以在该区域定义不同属性（比如定义材质)。注意创建子面域不会生成单独的表面，如果要创建可独立编辑的地形表面，需使用"拆分表面"工具将该区域拆分出来。

使用子面域可以平整表面、设置道路或绘制停车场等。

1) 打开或者新绘制一个地形表面。

2) 单击【体量和场地】选项卡的【修改场地】面板中"子面域"按钮　。

3) 在上下文选项卡【修改|创建子面域边界】的【绘制】面板中选择绘制工具在地形表面上创建一个闭合区域(图5-30)。

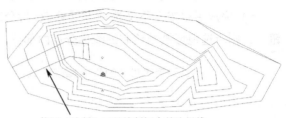

使用"绘制"工具绘制闭合的边界线

图5-30　绘制闭合的边界线

注意：创建地形表面子面域时，应为单个的闭合环；如果创建多个闭合环，则只有第一个环用于创建子面域，其余环将被忽略。

4) 单击上下文选项卡【修改|创建子面域边界】的【模式】面板中的"完成"按钮　，则子面域创建完成(图5-31)。

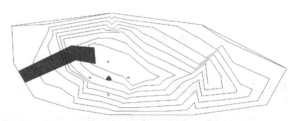

图5-31　创建完成的子面域

5) 如果要修改子面域的边界，应单击所创建的子面域，然后再单击上下文选项卡【修改|地形】的【子面域】面板中的"编辑边界"按钮　。

选择上下文选项卡【修改|编辑边界】中相应的绘制、修改等工具进行编辑，如图5-32所示。

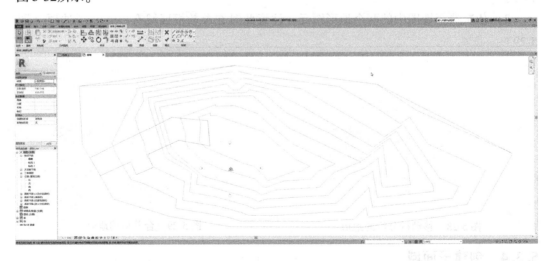

图5-32　编辑子面域的边界

6) 单击上下文选项卡【修改|编辑边界】的【模式】面板中的"完成"按钮　，

则子面域的边界编辑完成（图 5-33）。

7）单击【属性】对话框中的"材质"栏"按类别"处（图 5-34），激活【材质浏览器】对话框。

8）在【材质浏览器】对话框中找到"场地—碎石"材质（图 5-35），单击 确定 按钮，则所选子面域被赋予了"碎石"材质。

9）单击快速访问工具栏的"默认

完成"编辑边界"的子面域

图 5-33　完成"编辑边界"的子面域

三维视图"按钮，将视图调为三维模式，可以清楚地看到被赋予材质的子面域，如图 5-36 所示。

图 5-34　激活【材质浏览器】对话框

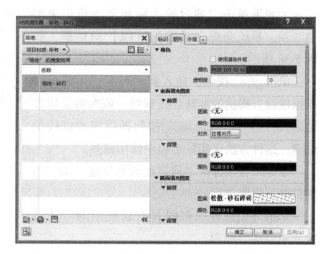

图 5-35　在【材质浏览器】对话框中选择材质

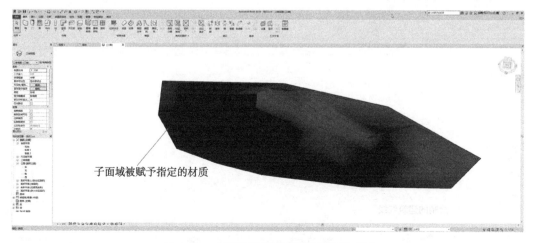

子面域被赋予指定的材质

图 5-36　三维模式下被赋予材质的子面域

5.3.5 建筑红线

建筑红线也称"建筑控制线",是指城市规划管理中,控制建筑物或构筑物位置的界线。

Revit 提供两种创建建筑红线的方法,一种是通过输入距离和方向角来创建;另一种是直接绘制。以下将简单介绍创建建筑红线的方法。

1)激活【项目浏览器】对话框,双击"楼层平面"下的"场地"项,将视图切换到平面视图状态(默认情况下,建筑红线仅在场地平面中显示)。

2)单击功能区中【体量和场地】选项卡的【修改场地】面板中"建筑红线"按钮 ，系统弹出【创建建筑红线】对话框,如图 5-37 所示。

图 5-37 【创建建筑红线】对话框

①如果单击"通过输入距离和方位角来创建"项,系统会弹出【建筑红线】对话框,如图 5-38 所示。

单击 插入 按钮,插入新的行后,用户可以根据建设方提供的准确红线参数,依次将相应参数输入,然后单击 确定 按钮即可完成红线的创建。这种方法在实际工程中使用较多。

②如果直接选择"通过绘制来创建"项,通常按如下步骤进行。

单击【创建建筑红线】对话框中的"通过绘制来创建"选项。

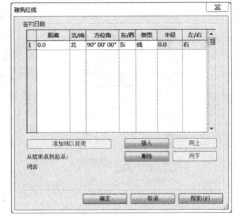

图 5-38 【建筑红线】对话框

使用上下文选项卡【修改|创建建筑红线草图】的【绘制】面板中相应工具,绘制建筑红线,如图 5-39 所示。

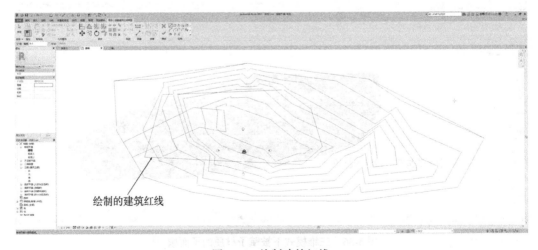

绘制的建筑红线

图 5-39 绘制建筑红线

绘制完成后，单击上下文选项卡【修改|创建建筑红线草图】的【模式】面板中"完成"按钮 ✔，建筑红线创建完成。

完成后选择所绘制的建筑红线，单击上下文选项卡【修改|建筑红线】的【建筑红线】面板中"编辑表格"按钮 📝，系统会弹出【建筑红线】对话框，如图 5-40 所示。

在该对话框中所列各项参数就是刚刚绘制的建筑红线的参数，用户可以通过修改其中的相应参数来修改建筑红线。

使用"通过绘制来创建"的方法简单直观，但初始准确度不高，需要借助修改【建筑红线】对话框中的参数将其完善，在此只是介绍一下简单操作方法，在实际应用中，用户需结合实际工程案例深入学习研究。

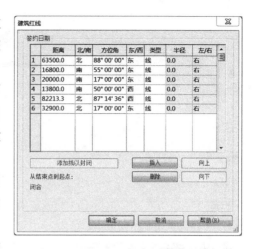

图 5-40　系统弹出的【建筑红线】对话框

5.3.6　平整区域

平整区域主要用于修改地形表面。在平整过程中可以增加或删除点，可以修改点的高程或简化表面。以下简单介绍该工具的使用方法。

1）绘制或者打开一个显示地形表面的场地平面。

2）单击【体量和场地】选项卡的【修改场地】面板中"平整区域"按钮 ⬆。

3）系统弹出【编辑平整区域】对话框（图 5-41）。

选择下列选项之一：

①选择"创建与现有地形表面完全相同的新

图 5-41　【编辑平整区域】对话框

地形表面"，系统将复制新的地形，原地形依然存在（并且会将原始表面标记为已拆除并生成一个带有匹配边界的副本），但此时生成的只是地形表面。

这个选择相当于在原有基础上重新绘制一个地形表面，建议用户选择此项。

②选择"仅基于周界点新建地形表面"，系统则仅对现有地形表面进行平滑处理。

4）选择地形表面。进入草图模式，用户可添加或删除点，修改点的高程或简化表面。

5）完成表面编辑后，单击上下文选项卡【修改|编辑表面】的【模式】面板中"完成"按钮 ✔。

如果拖曳新的平整区域，可以发现其原始表面仍被保留（图 5-42）。

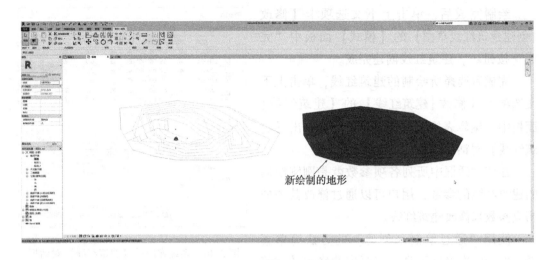

图 5-42　使用 "平整区域" 选项新创建的地形表面

5.3.7　标记等高线

使用该工具可以标记等高线以指示其高程并显示在场地平面视图中，具体操作方法如下：

1）创建一个带有不同高程的地形表面。

2）激活【项目浏览器】对话框，双击 "楼层平面" 下的 "场地" 项，将视图切换到平面视图状态（默认情况下，标记等高线仅在场地平面中显示）。

3）单击【体量和场地】选项卡的【修改场地】面板中的 "标记等高线" 按钮 。

4）绘制一条与等高线相交的线（图 5-43）。

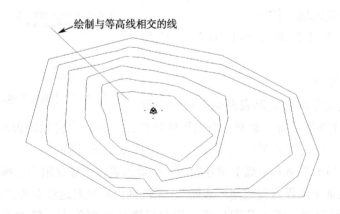

图 5-43　绘制一条与等高线相交的线

5）单击【属性】对话框中 "标记等高线" 旁边的按钮 编辑类型（图 5-44）。

6）在系统弹出的【类型属性】对话框中，将 "文字大小" 由 "1.5000mm" 修改为 "50.000mm"，如图 5-45 所示。

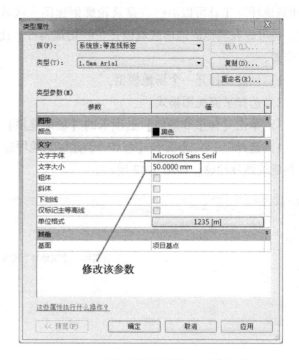

图 5-44　单击【属性】对话框中的　　　　图 5-45　修改【类型属性】对话框中的
　　　　"编辑类型"按钮　　　　　　　　　　　　　"文字大小"参数

7）单击 确定 按钮，关闭【类型属性】对话框，结果如图 5-46 所示（注意此处 "单位格式"的设置为"m"）。

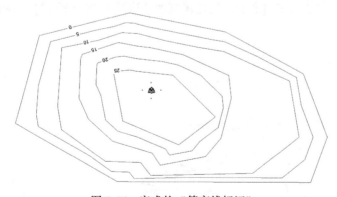

图 5-46　完成的"等高线标记"

5.4　添加场地构件

5.4.1　建筑地坪

建筑地坪的添加是通过在地形表面（场地平面视图）绘制闭合域来完成的。使用

"建筑地坪"工具可以沿已有建筑轮廓创建闭合区域，达到平整场地、测算土方量的目的，还可以在其他的地形区域创建一些场地构件，比如水池、砂坑等，以下为具体的操作步骤。

1）创建或打开一个场地模型。

2）选择平面视图模式。

3）单击【体量和场地】选项卡的【场地建模】面板中的"建筑地坪"按钮📷。

4）选择上下文选项卡【修改|创建建筑地坪边界】的【绘制】面板中相应工具，绘制建筑地坪轮廓，如图 5-47 所示。

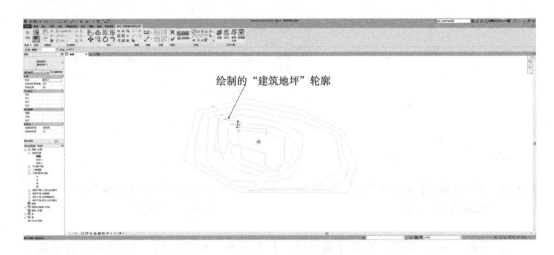

图 5-47　绘制"建筑地坪"轮廓

5）单击上下文选项卡【修改|创建建筑地坪边界】的【模式】面板中的完成按钮 ✅，结果如图 5-48 所示。

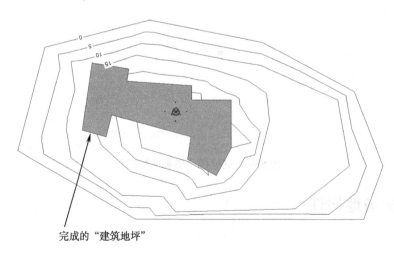

图 5-48　创建完成的"建筑地坪"

6）单击快速访问工具栏的"默认三维视图"按钮 🏠，将视图调为三维模式，可以清楚地看到地形的变化，如图 5-49 所示。

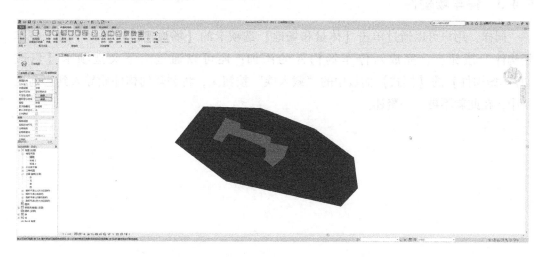

图 5-49 三维模式下创建完成的"建筑地坪"

5.4.2 场地构件

Revit 中提供的"场地构件"工具，可以在场地平面中放置场地专用构件如树木、人物、设备、设施等（这些构件均为构件族），来完善和丰富场地模型。

用户可以通过单击【体量和场地】选项卡的【场地建模】面板中的"场地构件"按钮🔔；在弹出的【属性】对话框中选择相应的构件名称后，在场地中添加即可（图 5-50）；完成后按 ESC 键结束。

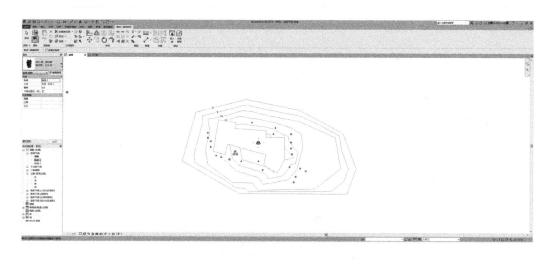

图 5-50 在场地中添加"场地构件"

用户还可以通过上下文选项卡【修改|场地构件】的【模式】面板中的"载入族"按钮📥，将创建的构件族导入到当前项目中，这种方法在实际工程中应用较为普遍。

5.4.3　停车场构件

同样，用户可以通过单击【体量和场地】选项卡的【场地建模】面板中的"停车场构件"按钮▦；完成对停车场构件的添加；还可以通过上下文选项卡【修改|停车场构件】的【模式】面板中的"载入族"按钮▣，将创建的构件族导入到当前项目中，在此就不再一一赘述。

第6章 创建概念体量

概念设计是设计师从分析用户需求到生成产品的一系列有序的、有目标的设计活动，它是一个由粗到精、由抽象到具体的不断进化过程。通过概念设计可以将设计者的感性和瞬间思维上升到统一的理性思维。

建筑的概念设计离不开体量分析，建筑概念体量一般是从建筑竖向尺度、横向尺度以及形体三方面加以控制，目前被广泛应用于设计方案前期。

Revit 提供了两种体量创建方法，一种是内建体量，是在项目中创建体量，这种体量用于创建项目特有的体量，仅供该项目使用，相当于 CAD 中的内部块命令【Block】；另一种是创建体量族，它是独立于项目的体量，可以在一个项目中多实例放置，也可以放置在其他项目中，相当于 CAD 中的外部块命令【Wblock】。

6.1 内建体量

6.1.1 创建实心几何图形

1）单击【体量和场地】选项卡中【概念体量】面板的"内建体量"按钮🔲，系统弹出【名称】对话框（图6-1），单击 确定 按钮，开始创建"体量1"。

2）选择【创建】选项卡中【绘制】面板的相应绘图工具，在绘图区域中绘制图形，并使用【修改】面板的相应工具使之形成一个闭合图形，完成后单击上下文选项卡【在位编辑器】中的"完成"按钮✔（图6-2）。

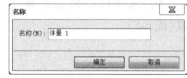

图6-1 【名称】对话框

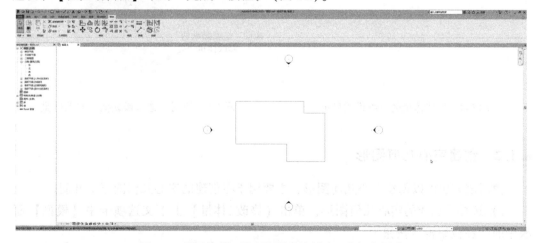

图6-2 利用相应工具在绘图区域创建一个闭合图形

3）选择所绘制的闭合图形，单击【修改|体量】上下文选项卡中"在位编辑"按钮，再次选择所绘制的闭合图形，然后单击"创建形状"按钮（带小黑三角位置），选择实心形状按钮（图 6-3）。

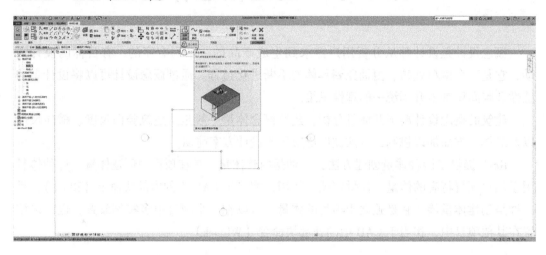

图 6-3　选择闭合图形，再选择"实心形状"按钮

4）单击【修改|线】上下文选项卡中【在位编辑器】面板的"完成体量"按钮，将创建一个实心形状拉伸。

5）在快速访问栏单击三维显示按钮，将视图调为三维模式，如图 6-4 所示（注意，体量的拉伸高度取决于"标高 2"）。

6）选择已经创建的体量，单击"造型操纵柄"并拖动鼠标可以进行体量修改(图 6-5)。

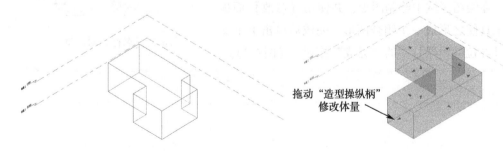

图 6-4　创建体量的三维模式显示　　　　　图 6-5　使用"造型操纵柄"修改体量

6.1.2　创建空心几何图形

使用该方法可以创建空心几何图形，主要用于在创建的实心几何图形上开洞。

1）选择所创建的实心几何图形，单击【修改|体量】上下文选项卡中【模型】面板中的"在位编辑"按钮。

2）选择【修改】选项卡中【绘制】面板的相应绘图工具，在已经创建的体量上绘制图形，并使用【修改】面板的相应工具使之形成一个闭合图形（图6-6）。

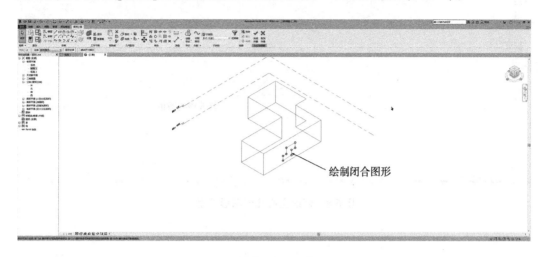

图6-6 在实心体量上绘制闭合图形

3）选择所绘制的闭合图形，单击【修改|线】上下文选项卡中【形状】面板的"创建形状"按钮（带小黑三角位置），选择 空心形状 按钮（图6-7）。

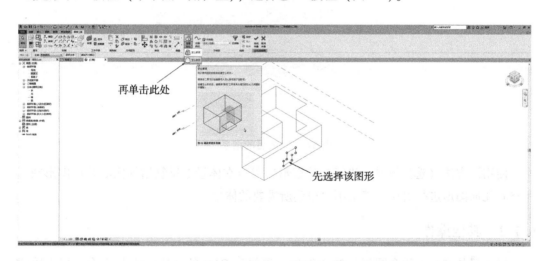

图6-7 先选择闭合图形，再选择"空心形状"按钮

4）空心几何图形被拉伸后，会出现一个长度标注，单击该标注后，可以通过修改数字调整几何图形的长度，如图6-8所示。

5）单击【修改|空心形状图元】上下文选项卡中【在位编辑器】面板的"完成体量"按钮✔，则完成一个空心形状拉伸，如图6-9所示。

实际上是实心几何形体被刚创建的空心几何形体剪切出一个洞口（或者槽），该操作类似于CAD中布尔运算的【Subtract】命令。

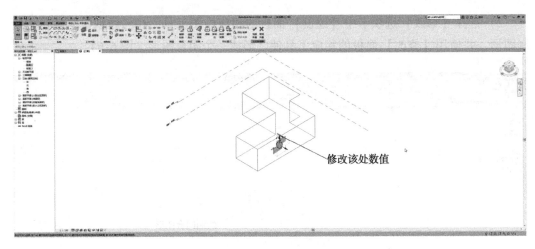

修改该处数值

图 6-8　修改空心几何图形长度

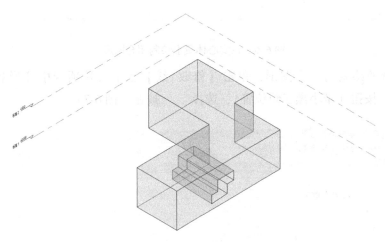

图 6-9　完成后的结果

使用该方法（选择体量，进行在位编辑）可以在体量上反复增加实心几何图形或者用空心几何图形进行剪切，直至用户得到所需要的体量。

6.1.3　其他操作

以上只是进行了闭合图形的拉伸创建，类似于 CAD 的【Extrude】命令。以下将讲述一些其他体量的创建。

1. 线条的拉伸创建

这里只是简单介绍一些线条的拉伸创建方法，对于体量的创建应用仅起到辅助作用。

1）重新创建一个新体量（关闭 Revit 后重新启动，或者新建一个项目），单击【体量和场地】选项卡中【概念体量】面板的"内建体量"按钮，系统弹出【名称】对话框后，单击 确定 按钮，开始创建体量。

2）选择【创建】选项卡中【绘制】面板的直线绘图工具，在绘图区域中绘制一条直线，并按 Esc 键终止绘制命令。

3）选择所绘制的直线，单击【修改 | 线】上下文选项卡中【形状】面板的"创建形状"按钮（带小黑三角位置），选择 实心形状 按钮。

4）单击【修改 | 线】上下文选项卡中【在位编辑器】面板的"完成体量"按钮 ✔，则直线被拉伸为面，结果如图 6-10 所示。

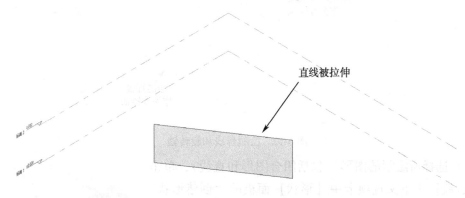

直线被拉伸

图 6-10　直线被拉伸的结果

5）选择所创建的几何图形，单击【修改 | 体量】上下文选项卡中【模型】面板中的"在位编辑"按钮 🗊。

6）用户可以依次绘制弧线、多边形、椭圆、圆（有球体和圆柱的选择）等图形进行上述操作练习（图 6-11）。

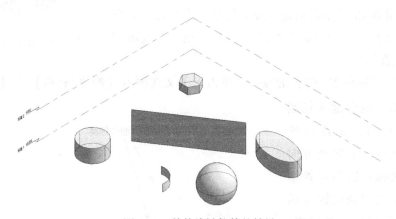

图 6-11　其他线被拉伸的结果

由此可以看出，不闭合的线条将变成面，闭合区域将被创建为实心体，而空心几何图形只是剪切实心几何图形。这一点用户一定要牢记。

2. 创建旋转体

Revit 除了可以将形体拉伸外，还可以创建以绘制的闭合区域为母线，以绘制的线条为转动轴的旋转体，类似于 CAD 的【Revolve】命令。

1）重新创建一个新体量（关闭 Revit 后重新启动，或者新建一个项目），单击【体量和场地】选项卡中【概念体量】面板的"内建体量"按钮，系统弹出【名称】对话框后，单击 确定 按钮，开始创建体量。

2）选择【创建】选项卡中【绘制】面板的相应绘图工具，在绘图区域中绘制图形，并使用【修改】面板的相应工具使之形成一个闭合图形，然后绘制一条直线（图6-12）。

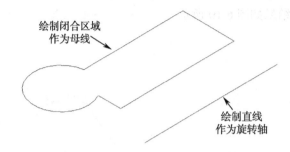

绘制闭合区域 作为母线

绘制直线 作为旋转轴

图6-12 绘制母线和旋转轴

3）选择所绘制的图形（包括闭合图形和直线），单击【修改|线】上下文选项卡中【形状】面板的"创建形状"按钮（带小黑三角位置），选择 实心形状 按钮，结果如图6-13所示。

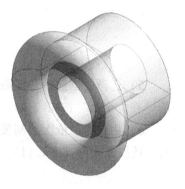

图6-13 完成的旋转体

3. 创建放样融合体量

放样融合是将一组不同高度的二维图形形成复杂的三维对象，以下是关于放样融合的基本操作。

1）关闭 Revit 后重新启动，或者新建一个项目，双击【项目浏览器】中的"立面"中的"东"选项，将视图切换到"东立面"。

2）选择"标高2"位置的虚线，单击上下文选项卡【修改|标高】中【修改】面板的 按钮（或者键入复制的快捷键 CO），并且勾选"多个"。然后沿着竖直方向依次拖动鼠标在适当位置单击（此时还可以通过键盘键入数值），则标高复制完成，结果如图6-14所示。

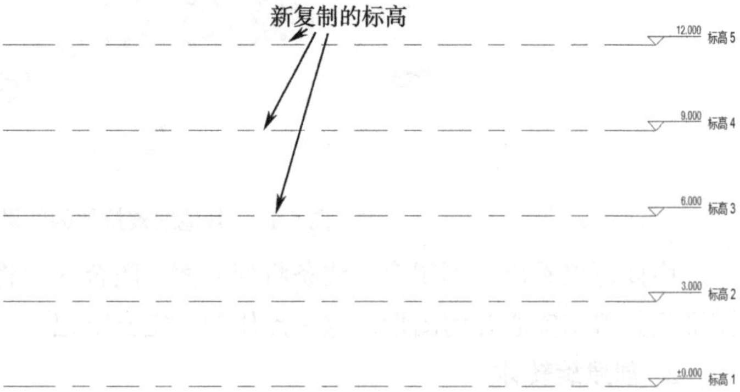

3）单击【视图】选项卡中【创建】面板的"平面视图"按钮，选择"楼层平面"项（图6-15）。

新复制的标高

12.000 标高5

9.000 标高4

6.000 标高3

3.000 标高2

±0.000 标高1

图6-14 标高复制完成

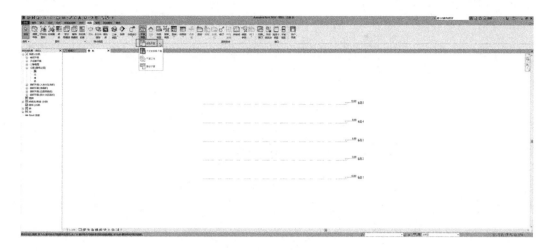

图 6-15　选择"楼层平面"项

4）在系统弹出的【新建楼层平面】对话框中，按 `Ctrl` 键选择所列标高名称（图 6-16），单击 确定 按钮，【项目浏览器】中会添加所复制的标高。

5）双击【项目浏览器】中"标高 1"，将视图切换到标高 1 视图，单击【体量和场地】选项卡中【概念体量】面板的"内建体量"按钮，系统弹出【名称】对话框后，单击 确定 按钮，开始创建体量。

6）选择【创建】选项卡中【绘制】面板的相应绘图工具，在绘图区域中绘制图形，如图 6-17 所示。

7）采用同样的方法分别在"标高 2""标高 3""标高 4""标高 5"绘制闭合图形（用户可自行决定闭合图形的形状），完成后在快速访问栏单击三维显示按钮，将视图调为三维模式，如图 6-18 所示。

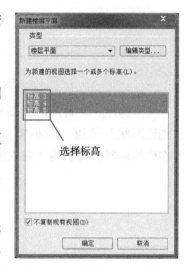

图 6-16　选择所列标高名称

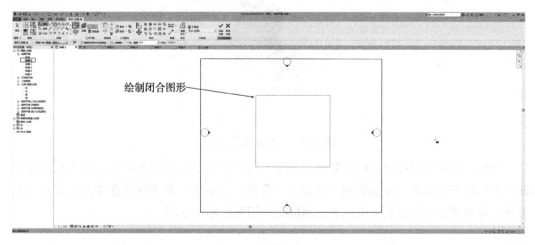

图 6-17　绘制闭合图形

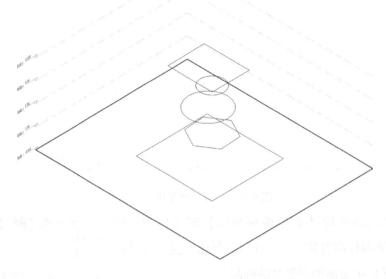

图 6-18　在不同标高绘制的闭合图形

8）选择所绘制的闭合图形，单击【修改|线】上下文选项卡中【形状】面板的"创建形状"按钮（带小黑三角位置），选择 实心形状 按钮，然后单击【修改】选项卡中【在位编辑器】面板的"完成体量"按钮 ✓，则实心形状放样完成（图 6-19）。

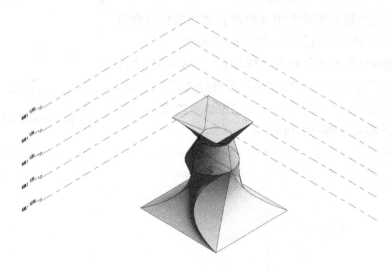

图 6-19　放样完成的体量

注意，前面之所以进行标高复制，是为了创建不同高度的闭合图形；在各标高绘制闭合图形时不能点击"完成体量"按钮 ✓。另外，如果用户在实际操作中无法完成上述操作，有可能是标高设置太大或者绘制的闭合图形过小的原因。

4. 体量调整

（1）移动元素的坐标位

1）按照之前讲述的方法创建一个长方体的实心几何体量。

2）选择该体量，单击【修改|体量】上下文选项卡中【模型】面板中的按钮，进行在位编辑。

3）使用复制命令将长方体复制多个。

4）选择体量的一条边（或点），选择后会出现三维坐标系（可以按 Tab 键依次选择与其相关联的线或面），当鼠标放在 X、Y 或 Z 方向坐标上，该方向箭头变为亮显，此时按住鼠标并拖曳，可以在该方向移动所选择的点、线、面（图6-20）。

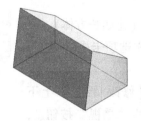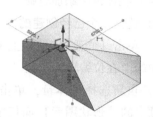

图 6-20 修改体量元素

另外，选择体量元素后会出现一些尺寸显示，修改其中的数值也可以改变其造型。

（2）透视 透视主要用于显示形状的骨架，可以编辑形状的几何元素（点、线、面等）来调整其形状。以下为具体操作步骤。

1）选择一个已经创建的体量。

2）单击【修改|体量】上下文选项卡中【模型】面板中的"在位编辑"按钮。

3）重新选择该体量，单击【修改|形式】上下文选项卡的【形状图元】面板中的"透视"按钮，所选体量会显示其几何图形和节点（图6-21）。

4）选择体量的形状任意图元，在出现三维坐标后拖曳鼠标可以重新定位节点和线。也可以在透视模式中添加和删除轮廓、边和顶点，以达到重新调整其形状。

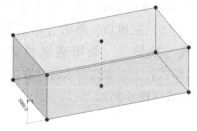

图 6-21 透视模式下的体量

5）完成后选择修改完成的体量，并单击【修改|形式】上下文选项卡的【形状图元】面板中的"透视"按钮，可返回到默认的编辑模式（即关闭"透视"模式）。

此外，还可以通过编辑绘图区域中的临时尺寸标注，来修改拉伸的尺寸标注。

（3）在体量中添加边 创建体量过程中，有时自动创建的边缘不能满足编辑需要，就通过在体量中添加边来更改体量的几何造型。

1）选择一个已经创建的体量（比如长方体）。

2）单击【修改|体量】上下文选项卡中【模型】面板中的"在位编辑"按钮。

3）重新选择该体量，单击【修改 | 形式】上下文选项卡的【形状图元】面板中的"添加边"按钮，然后在体量的适当位置添加边，如图 6-22 所示。

4）按 Tab 键选择相应的线或面，按住鼠标并沿亮显的 X、Y 或 Z 方向坐标拖曳，则体量形状被调整，结果如图 6-23 所示。

5）完成后单击【修改 | 形式】上下文选项卡的【在位编辑器】面板中的"完成体量"按钮，则新体量修改完成。

（4）在体量中添加轮廓

1）选择一个已经创建的体量（比如长方体）。

2）单击【修改 | 体量】上下文选项卡中【模型】面板中的"在位编辑"按钮。

3）重新选择该体量，单击【修改 | 形式】上下文选项卡的【形状图元】面板中的"透视"按钮，将所选体量的节点显示。

4）单击【修改 | 形式】上下文选项卡的【形状图元】面板中的"添加轮廓"按钮，然后在体量的适当位置添加轮廓，如图 6-24 所示。

注意：生成的轮廓平行于最初创建形状的几何形状，垂直于拉伸的轨迹中心线。

5）选择相应的线或面，按住鼠标并沿亮显的 X、Y 或 Z 方向坐标拖曳，则体量形状被调整（图 6-25）。

6）完成后，单击【形状图元】面板中的"透视"按钮，关闭透视模式；然后单击【修改 | 形式】上下文选项卡的【在位编辑器】面板中的"完成体量"按钮，则新体量修改完成（图 6-26）。

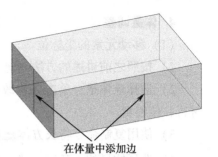

在体量中添加边

图 6-22　在体量中添加边

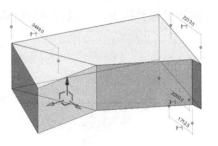

图 6-23　调整体量形状

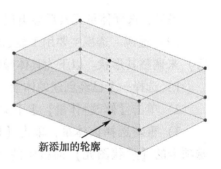

新添加的轮廓

图 6-24　在体量中添加轮廓

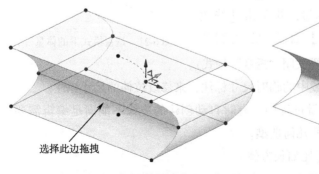

选择此边拖拽

图 6-25　调整体量形状

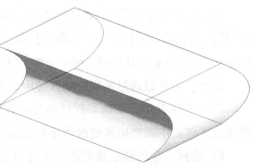

图 6-26　调整完成的体量形状

该操作中之所以先选择"透视"模式，主要是为了能够清晰看到添加的轮廓边界。

（5）使用融合重新创建体量　融合工具可以删除形状的所有表面，仅保留其曲线，这样用户就可以修改曲线重新创建新体量，以下就以刚刚使用添加轮廓修改的体量为例，简单介绍该工具的操作步骤。

1）选择已经创建的体量；单击【修改|体量】上下文选项卡中【模型】面板中的"在位编辑"按钮。

2）重新选择该体量，单击【修改|形式】上下文选项卡的【形状图元】面板中的"融合"按钮，则该体量的表面被删除，仅余下其轮廓曲线（图6-27）。

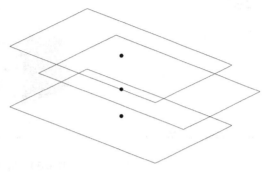

图6-27　融合后的结果

3）单击曲线的元素（点或线），并用鼠标拖曳调整曲线的形状（图6-28）。

4）选择调整后的曲线，单击【形状】面板的"创建形状"按钮（带小黑三角位置），选择实心形状按钮。

5）单击【修改】选项卡的【在位编辑器】面板中的"完成体量"按钮，则新的体量创建完成（图6-29）。

如果用户对造型不满意，可以按 Ctrl + Z 键取消操作，也可以再次使用融合命令，将其表面去除，并修改曲线轮廓，然后重新创建。

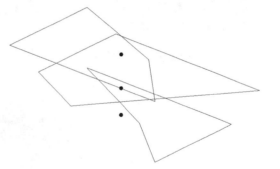

图6-28　调整曲线形状

5. 编辑体量分割面

在概念设计中，对于已经创建的体量，有时需要对某个表面进行网格划分处理，可以使用"分割表面"工具来完成。

1）选择已经创建的体量；单击【修改|体量】上下文选项卡中【模型】面板中的"在位编辑"按钮。

2）重新选择该体量的一个表面（可以按 Tab 键依次筛选），如图6-30所示。

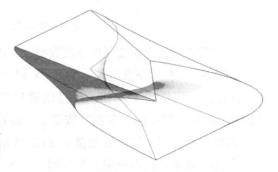

图6-29　新创建的体量

3）单击【修改|形式】上下文选项卡的【分割】面板中的"分割表面"按钮，则该表面被网格化处理（图6-31）。

165

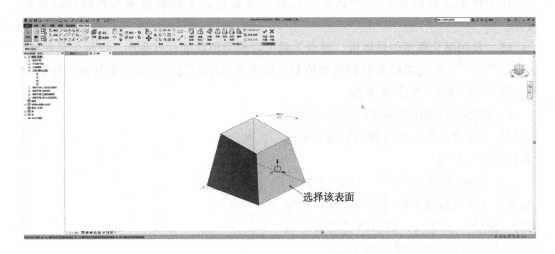

图 6-30　选择体量的表面

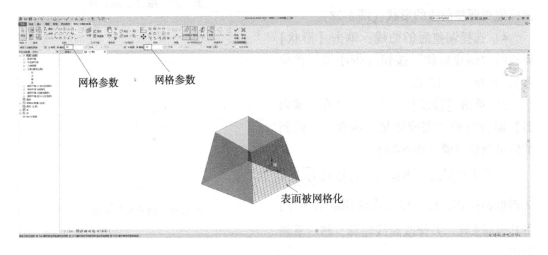

图 6-31　选择的表面被网格化处理

用户可以通过在参数框内修改数据，来确定网格数的多少；另外可以通过单击【修改|分割的表面】上下文选项卡的【UV 网格和交点】面板中的按钮 ▧ 或 ▨，分别关闭（或开启）U 网格或 V 网格；还可以通过单击【修改|分割的表面】上下文选项卡的【表面表示】面板中的"表面"按钮 ▨，将 U、V 网格全部关闭或打开。

通常三维空间中的位置是基于 *XYZ* 坐标系，可全局性地应用于建模空间或工作平面。但是，如果表面不一定是平面时，需采用 *UVW* 坐标系，针对非平面表面或形状的等高线进行调整。*UV* 网格用在概念设计环境中，相当于 *XY* 网格。

4）单击【属性】浏览器中的"图案填充"，在弹出的对话框中，选择相应的图案（如菱形棋盘），如图 6-32 所示。

5）完成后，单击 确定 按钮，结果如图 6-33 所示。

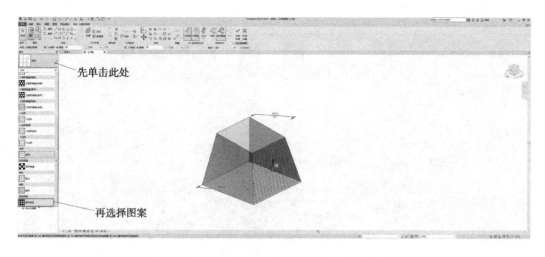

先单击此处

再选择图案

图 6-32 在【类型属性】对话框中选择"族类型"

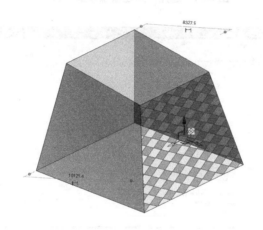

图 6-33 完成后的结果

6）单击【修改|分割的表面】上下文选项卡的【在位编辑器】面板中的"完成体量"按钮 ✓，体量分割面编辑完成。

6.2 创建体量族

体量族与内建体量的创建方法基本相同，但内建体量只能随项目保存，因此使用时具有一定的局限性；体量族则可以单独保存为族文件，随时可以载入到项目中，而且在族空间中预设垂直的参照面和三维标高等工具，比内建体量更加方便。

6.2.1 选择模板

1）重新启动 Revit 后，单击"族"选项的"新建概念体量"选项，如图 6-34 所示。

2）系统弹出【新概念体量 – 选择样板文件】对话框，选择"公制体量.rft"（图 6-35）后，单击 打开(O) 按钮，进入体量创建环境。

图 6-34　选择"新建概念体量"选项

图 6-35　选择"公制体量 . rft"

6.2.2　创建标高平面

"公制体量 . rft"样板文件提供了基本标高平面和两个相互垂直于标高平面的参照平面。这几个平面可以理解为 *X*、*Y*、*Z* 平面，3 个平面的交点可以理解为坐标原点。

创建概念体量，需先创建标高平面、参照平面、参照点等，然后再在相应平面中创建草图轮廓，以下就介绍一下其具体操作步骤。

1）选择"公制体量 . rft"后，进入体量创建环境（图 6-36）。

2）单击【创建】选项卡下的【基准】面板中的"标高"按钮 ，如图 6-37 所示。

3）将鼠标移动到三维标高平面的上方，拖动鼠标后在其下方出现间距显示，单击左键即可完成标高设定，也可以直接键入数值后按回车键（如"15000"表示高度为 15m）。该示例输入"15000"回车后，又输入"12000"，表示连续创建了 2 个标高（图 6-38）。

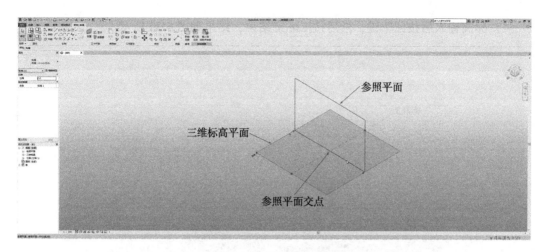

图 6-36　进入体量创建环境

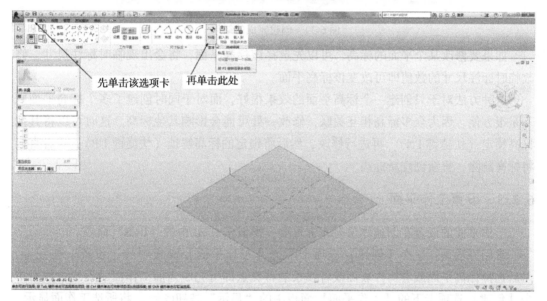

图 6-37　选择"标高"按钮

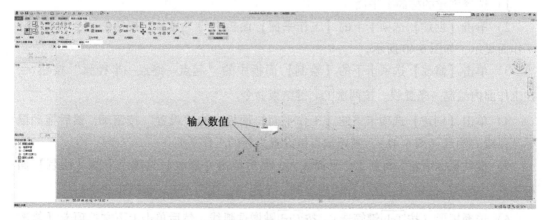

图 6-38　输入数值创建标高

4）标高输入后按回车键，然后按 Esc 键结束，结果如图 6-39 所示。

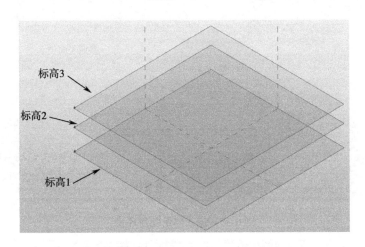

图 6-39 创建完成的结果

如果要修改某个平面的标高，可以先选择该标高平面，将会出现临时标注尺寸，修改临时标注尺寸的数值即可改变该标高平面。

这种方法对于只创建一个标高平面的效果很好，而对于同时创建了多个标高平面则不是很方便，因为众多标高相互关联，修改一处可能会影响其他标高。这时可以将其他标高锁定（快捷键 PN），再进行修改，然后将锁定的标高解锁（快捷键 UP）；或者直接将标高删除，重新创建新标高。

6.2.3　设置工作平面

工作平面的设置在创建体量时非常重要，类似于 CAD 中的"UCS"命令。

常用方法为：单击【创建】选项卡下的【工作平面】面板中的"设置"按钮，然后选择标高平面或者构件表面或者线条的特殊点即可完成当前工作面的设置；然后单击【创建】选项卡下的【工作平面】面板中的"显示"按钮 显示，将所选工作面显示。

1）选择创建的标高 1 平面。

2）单击【创建】选项卡下的【工作平面】面板中的"显示"按钮 显示，将标高 1 工作面显示，如图 6-40 所示。

3）单击【修改】选项卡下的【绘制】面板中的"起点—终点—半径弧"按钮，在工作面内绘制一条弧线。按两次 Esc 键结束命令。

4）单击【创建】选项卡下的【工作平面】面板中的"设置"按钮，然后拖动鼠标至弧线的端点（图 6-41），则该端点被设置为新的工作平面。

5）推动鼠标滚轮，将新工作平面放大，然后单击【修改】选项卡下的【绘制】面板中的"矩形"按钮，在工作面内绘制一个矩形。按两次 Esc 键结束命令。

6）选择矩形（按 Tab 键筛选），按 Ctrl 键增选弧线，然后单击上下文选项卡【修改

图 6-40　将工作平面显示

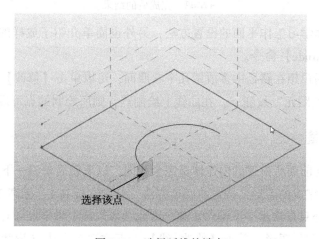

图 6-41　选择弧线的端点

|线】中【形状】面板的"创建形状"按钮（带小黑三角位置），选择 ⬜实心形状 按钮，如图 6-42所示。

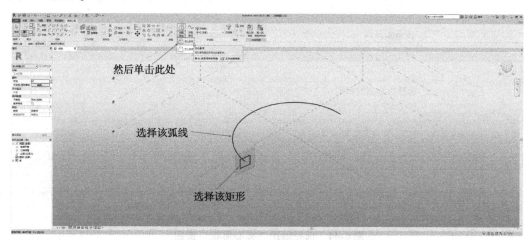

图 6-42　选择矩形和弧线创建实心形状

则矩形会沿着所选弧线进行实心体创建（图6-43）。

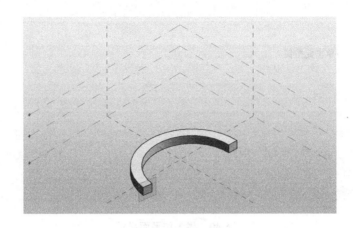

图6-43　完成后的结果

该操作一方面学习工作平面的设置方法，另外也简单介绍了放样的基本操作，类似于 CAD 中的【Extrude】命令。

此外，如果用户想在路径中多放置几个参照面，可以单击【修改】选项卡下的【绘制】面板中的"点图元"按钮 ，在曲线上绘制点，则所绘制的点可设置为工作平面。

6.2.4　创建体量

体量的创建与前面所讲述的内建体量完全相同，以下就简单看一下其操作步骤。

1）删除已经完成的图形，按之前所述方法，分别在标高1、标高2、标高3相应位置绘制矩形（此处只是演示一下操作步骤，因此图形未确定指定尺寸）。

2）选择所绘制的图形，单击【修改|线】上下文选项卡中【形状】面板的"创建形状"按钮（带小黑三角位置），选择 实心形状 按钮（图6-44），结果如图6-45所示。

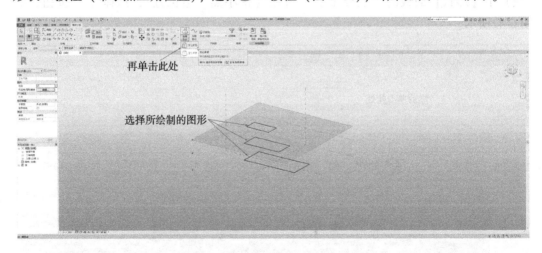

图6-44　选择创建"实心形状"按钮

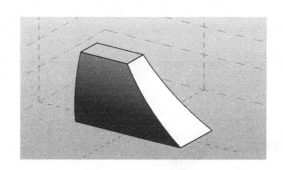

图 6-45　创建完成的结果

6.2.5　体量的使用

对于创建完成的体量族，用户可以单独建立相应目录，将其保存为族文件，以备将来使用；还可以单击【修改】选项卡中【族编辑器】面板的"载入到项目"按钮 或者"载入到项目并关闭"按钮 ，将当前所创建的体量族载入到当前所进行的项目当中。

6.3　体量分析

体量创建完成后，关于模型的可行性通常应当进行相关分析和统计，以获取最佳方案设计。对于体量分析，一方面可以借助于其他软件，如 Ecotect analysis，在其中建立体量进行相关分析，然后将模型转换到 Revit 中；另一方面是在 Revit 中创建体量，然后导入相关软件（如 Ecotect analysis）中进行分析，或者上传到云端，借助相关合约（如 Autodesk Subscription）进行分析评测。

本小节将简单介绍在 Revit 中创建体量后的相关分析。

6.3.1　放置体量

对于复杂形体，在体量分析过程中，可以将多个体量放置到一个项目中将其综合处理，然后再进行深入研究。

体量包括内建体量和体量族两种类型，如果在项目中使用"内建体量"工具创建的体量模型，可以直接使用"面模型"工具；如果使用体量族创建的概念体量，则需要利用"放置体量"工具将其载入项目中。以下来综合看一下其具体操作步骤。

1）使用"内建体量"工具创建一个简单体量。

2）单击【体量和场地】选项卡的【概念体量】面板中的"放置体量"按钮 ，系统弹出提示对话框（图 6-46）。

3）单击提示对话框中的 按钮，系统弹出【载入族】对话框，如图 6-47 所示。

4）选择相应的文件夹中的族，单击 按钮，所选的族被载入到当前项目当中（图 6-48）。

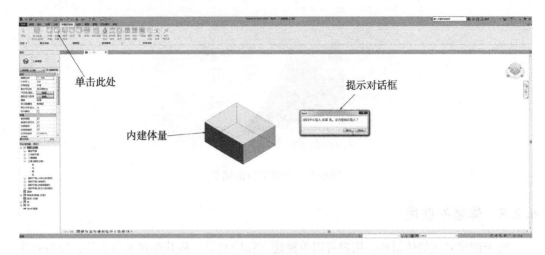

图 6-46 单击"放置体量"按钮

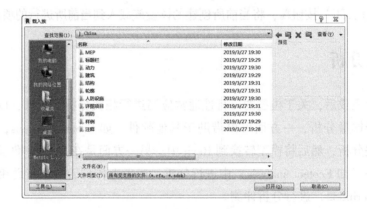

图 6-47 【载入族】对话框

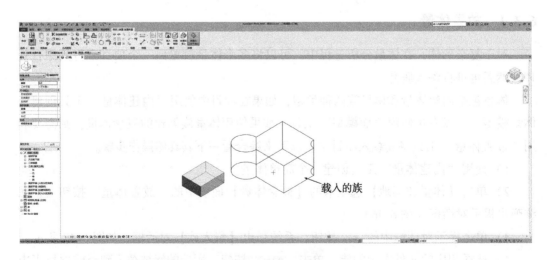

图 6-48 载入族到当前项目中

5）移动族位置与内建体量相交（图 6-49）。

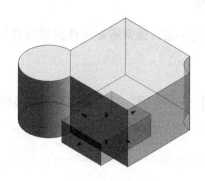

图 6-49　移动族位置与内建体量相交

6）选择两个体量，选择上下文选项卡【修改 | 体量】的【几何图形】面板下"剪切"中的"剪切几何图形"工具，如图 6-50 所示。

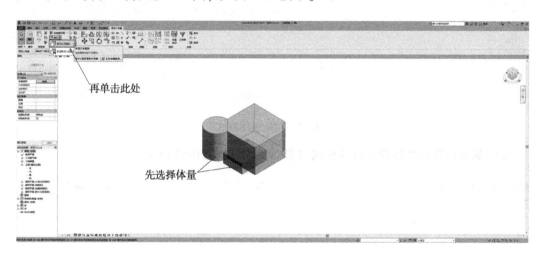

图 6-50　选择"剪切几何图形"工具

7）根据提示首先选择体量族，然后选择内建体量（长方体），结果如图 6-51 所示。

通过以上操作，一方面用户可以发现在项目中内建体量与体量族没有区别，只是创建方法的不同；另一方面可以明确"剪切几何图形"工具实际上是从一个体量中减去另一个体量，与 CAD 中的【Subtract】很相似，对于复杂体量可以运用类似于 CAD 中的布尔运算来逐步创建。同理，如果选择【连接几何图形】工具，则与 CAD 中的【Union】类似。

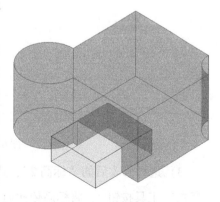

图 6-51　剪切后的结果

6.3.2 创建体量楼层

如果建筑形体的层数超过一层，通常需要将体量进行楼层划分，以便于更细致、准确地进行分析研究。

1. 标高设定

1）单击【项目浏览器】中"立面"选项，将视图切换到立面模式（图6-52）。

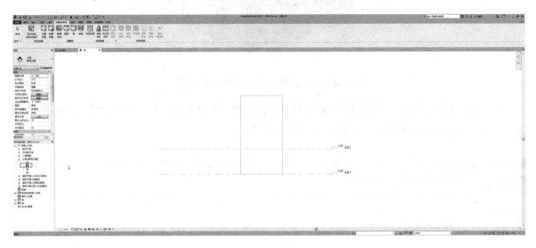

图 6-52　切换视图模式

2）单击标高数值位置并修改标高（如3000），如图6-53所示。

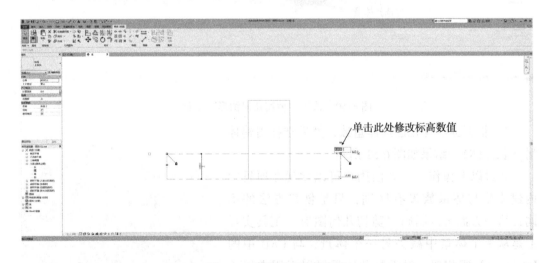

图 6-53　单击标高数值位置

3）选择修改后的"标高2"，选择上下文选项卡【修改|标高】的【修改】面板下"复制"工具按钮⁕，将标高依次向上复制，复制数值均为"3000"，完成后按 Esc 键结束，结果如图6-54所示。

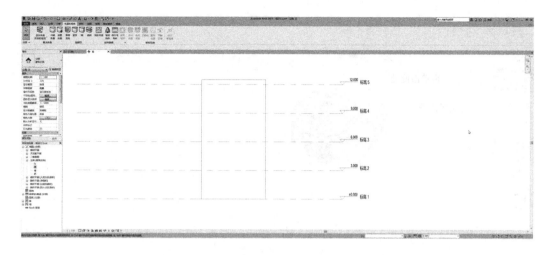

图 6-54 复制标高后的结果

4）单击【视图】选项卡【创建】面板的"平面视图"工具按钮，选择"楼层平面"工具，如图 6-55 所示。

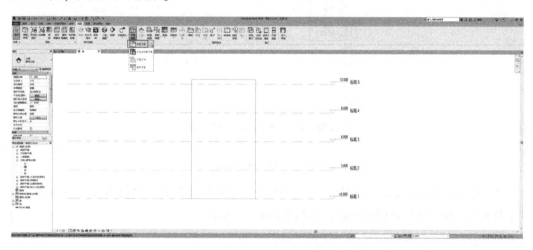

图 6-55 选择"楼层平面"工具

5）在弹出【新建楼层平面】对话框中，按 Ctrl 键选择楼层平面名称（图 6-56），并单击 确定 按钮，则"标高3"、"标高 4"、"标高 5"楼层平面创建完成。

2. 创建楼层

1）单击快速访问栏的 按钮，切换到三维视图模式。

2）选择体量模型，单击上下文选项卡【修改|体量】的【模型】面板中的"体量楼层"按钮，如图 6-57 所示。

3）在系统弹出的【体量楼层】对话框中将所有楼层名称勾选（图 6-58）。

图 6-56 选择"楼层平面"

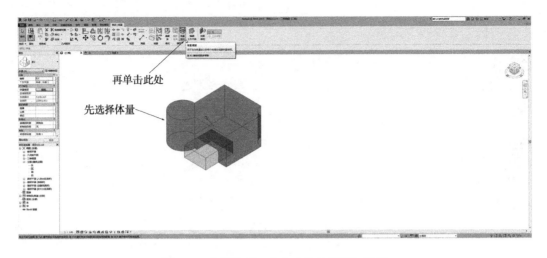

再单击此处

先选择体量

图 6-57　选择体量，单击"体量楼层"按钮

图 6-58　勾选楼层名称

4）单击 确定 按钮关闭对话框，则体量分别在"标高 1"、"标高 2"、"标高 3"、"标高 4"、"标高 5"处创建楼层，结果如图 6-59 所示。

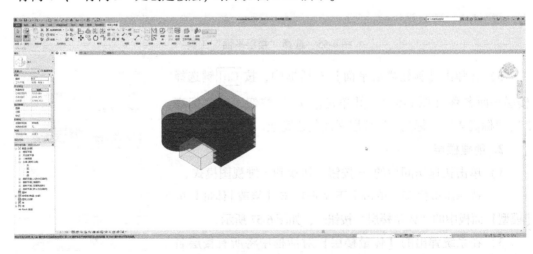

图 6-59　楼层创建完成后的结果

6.3.3 体量分析模块

从最初的概念阶段一直到详细设计阶段，均应对建筑设计执行相关能量分析，以确保设计出最高效节能的建筑。

前面提到，可以将体量模型以常见格式（gbXML、DOE2 模拟引擎、Energy Plus 等）导入第三方应用程序进一步分析。也可以利用 Revit 中的分析模块或者一些插件来完成体量分析。

Revit 2019 中的分析模块主要是用于能量分析（Energy Analysis），该附加模块与 Green Building Studio 的分析相关联，但需借助 Autodesk Subscription 合约（付费模式）上传到云端进行分析评测。

因此，在这里只是简单介绍一下其操作步骤。

1）体量创建完成后，单击"地点"按钮，在【位置、气候和场地】对话框（图6-60）中进行项目信息设置。

图 6-60 【位置、气候和场地】对话框

2）单击【分析】选项卡，选择【能量分析】面板中的"能量设置"按钮，系统弹出【能量设置】对话框，如图 6-61 所示。

3）单击【能量设置】对话框"其他选项"的 编辑... 按钮，在系统弹出的【高级能量设置】对话框（图 6-62）中进行相应的设置，完成后单击 确定 按钮，关闭该对话框。

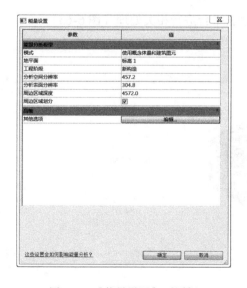

图 6-61 【能量设置】对话框

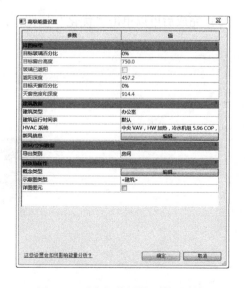

图 6-62 【高级能量设置】对话框

4）设置完成后，单击【能量分析】面板中的"创建能量模型"按钮 ，在系统弹出提示对话框（图6-63）中，单击 创建能量分析模型(C) 按钮。生成的能量模型如图6-64所示。

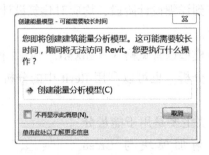

图6-63 系统弹出提示对话框

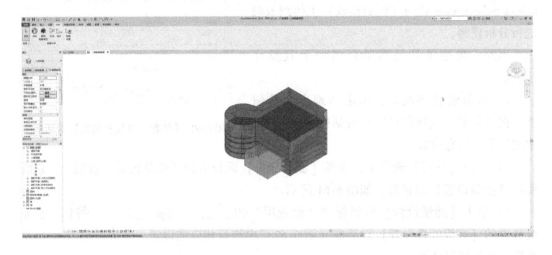

图6-64 生成的能量模型

5）完成后可以单击"优化"按钮 ，登录云平台进行相关处理（图6-65）。

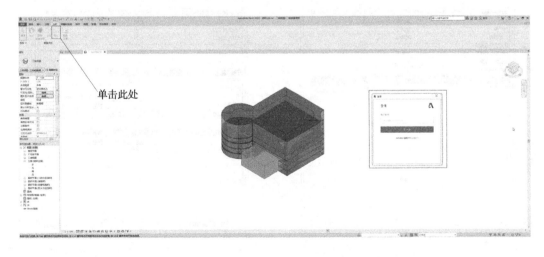

图6-65 登录云平台进行相关处理

以上操作只是简单介绍了一个流程，对于真实的项目操作需要将体量模型进行相对细致的划分，包括屋顶、墙体、门窗、幕墙等，而且需有有效的 Subscription 合约（付费模式）方能进行分析评测。

6.4 创建明细表

明细表是显示项目中各类型图元属性信息的列表。这些信息是从项目中的图元属性中提取并以表格形式显示。

6.4.1 新建明细表

1）单击【视图】选项卡。

2）选择【创建】面板的"明细表"按钮 中的小黑三角，选择"明细表/数量"项（图 6-66）。

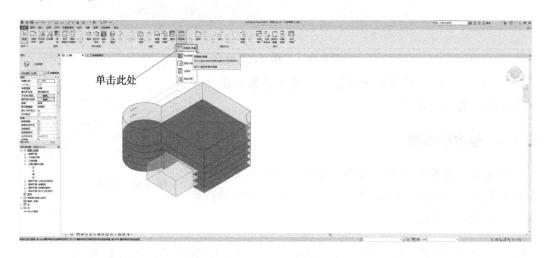

图 6-66 选择"明细表/数量"项

3）在系统弹出【新建明细表】对话框中，选择"体量"，如图 6-67 所示。

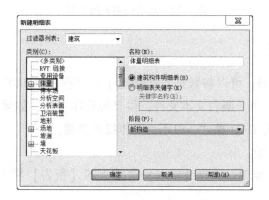

图 6-67 选择"体量"项

4）单击 [确定] 按钮后，系统弹出【明细表属性】对话框，在"可用的字段"栏中按 Ctrl 键选择相应的列表名称，然后单击"添加"按钮，如图 6-68 所示。

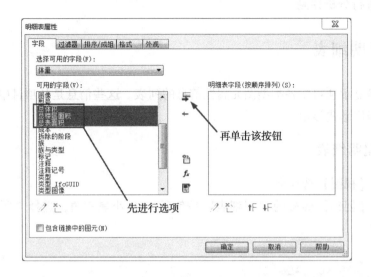

图 6-68　选择列表名称项

5）单击 [确定] 按钮关闭对话框，关于体量的所选项列表创建完成（图 6-69）。

6.4.2　修改明细表

明细表中的各项名称与数值，可以借助上下文选项卡【修改明细表/数量】中的相应工具（图 6-70）进行修改调整，在此就不再赘述。

	<体量明细表>	
A	B	C
总体积	总楼层面积	总表面积
2587.44		1244.42
22991.95	5550.21	5168.26

图 6-69　创建完成的明细表

图 6-70　修改明细表的工具

6.4.3　导出明细表

Revit 创建的明细表，可以将数据发送到电子表格程序（如 Excel）中打开或操作；也可将明细表导出为一个分隔符文本文件，供其他程序使用；如果将明细表添加到图样中，还可以将其导出为 CAD 格式，以下为具体操作步骤。

1）打开明细表视图。

2）单击【文件】菜单，选择【导出】菜单下的【报告】栏中的"明细表"选项，如图 6-71 所示。

图 6-71　导出明细表

3）系统弹出【导出明细表】对话框（图 6-72），选择相应保存路径和名称后，单击 保存(S) 按钮，则明细表导出完成。

图 6-72　【导出明细表】对话框

用户还可以练习其他格式的导出方法，以适应不同软件的需要。

6.5　体量转换

当体量的方案确定后，可以利用"面模型"将体量面转换为墙、楼板、屋顶、幕墙等建筑构件，来进行深入研究。面模型通常包括楼板、屋顶、墙、幕墙等。

6.5.1　楼板转换

使用"面模型"面板的"楼板"工具，可以从体量楼层中创建楼板。

1）单击【体量和场地】选项卡，选择【面模型】面板中的"楼板"按钮，如图 6-73所示。

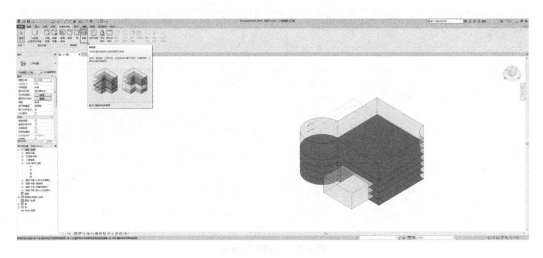

图 6-73　选择"楼板"按钮

2）在【属性】对话框中选择楼板类型，如图 6-74 所示。

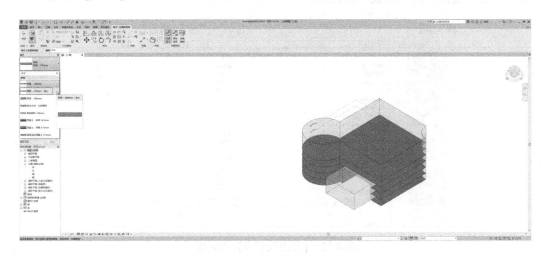

图 6-74　选择楼板类型

3）选定楼板类型后，依次用鼠标单击楼层，然后单击"创建楼板"按钮🗄，则楼层体量的楼层被转换为所选楼板（图 6-75）。

6.5.2　屋顶转换

1）单击【体量和模型】选项卡，选择【面模型】面板中的"屋顶"按钮🗔，如图 6-76所示。

2）在【属性】对话框中选择屋顶类型。

3）选择屋顶类型后，单击体量模型的屋顶位置，然后单击"创建屋顶"按钮🗄，结果如图 6-77 所示。

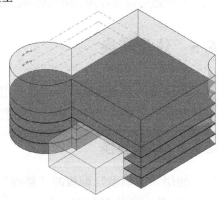

图 6-75　楼层转换后的结果

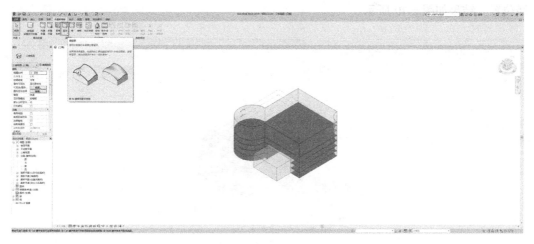

图 6-76 选择"屋顶"按钮

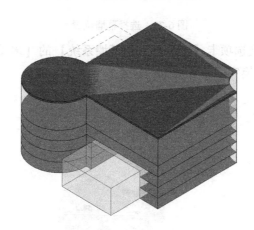

图 6-77 屋顶转换后的结果

6.5.3 墙体转换

1. 墙转换

1）单击【体量和模型】选项卡，选择【面模型】面板中的"墙"按钮▢。

2）在【属性】对话框中选择墙类型。

3）选择墙类型后，单击体量模型的墙位置，如图 6-78 所示。

2. 幕墙转换

1）单击【体量和模型】选项卡，选择【面模型】面板中的"幕墙系统"按钮▦。

2）在【属性】对话框中选择幕墙类型。

3）选择幕墙类型后，单击体量模型相应的

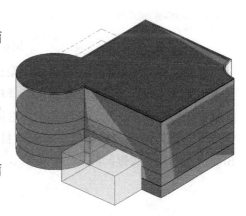

图 6-78 墙转换

墙位置，结果如图 6-79 所示。

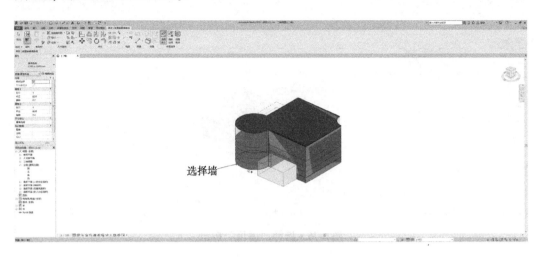

图 6-79 选择幕墙位置

4）然后选择上下文选项卡【修改放置面幕墙系统】的【多重选择】面板的"创建系统"按钮，幕墙转换完成（图 6-80）。

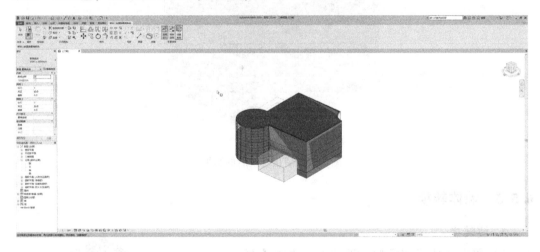

图 6-80 幕墙转换

从以上操作可以发现，将体量模型进行楼板、屋顶、墙体、幕墙转换非常简单，几乎是千篇一律。但其核心在于如何选择构件的类型，本示例采用的均为 Revit 提供示例，在实际工程中并不一定完全用得上，这需要用户根据工程的实际需要（包括做法、模型深度等）进行特定的族创建，导入项目中后进行转换方能与实际工程相吻合，这也是 BIM 应用的一个关键问题。

第7章 创建建筑构件

单体建筑模型通常可包括墙体、门窗、楼梯、楼板、屋顶等几个主要部分。以下将着重介绍这些构件的创建方法。

7.1 创建墙体、柱

墙或柱是房屋的垂直承重构件，它承受楼地层和屋顶传来的荷载，并把这些荷载传递给基础。墙不仅是一个承重构件，它同时也是房屋的围护或分隔构件，外墙阻隔雨水、风雪、寒暑对室内的影响；内墙分隔室内空间，避免相互干扰等。当柱作为房屋的承重构件时，填充在柱间的墙体仅起围护和分隔作用。

7.1.1 墙体

在 Revit 中，墙体通常作为预定义的系统族使用（即这些族不能作为单个文件载入或创建，但可使用不同组合创建其他的类型，并且可以在项目之间传递），墙体同时还是门窗等构件的主要载体，也就是说要创建门窗，首先需要创建墙体。

创建墙体，首先要明确创建墙体的工具类型与作用，其次要了解墙的类型，然后要掌握墙体的参数类型。

1. 创建墙体的工具

启动 Revit，选择"建筑样板"进入界面。单击【建筑】选项卡【构建】面板的"墙"按钮 下方的小黑三角，如图 7-1 所示。

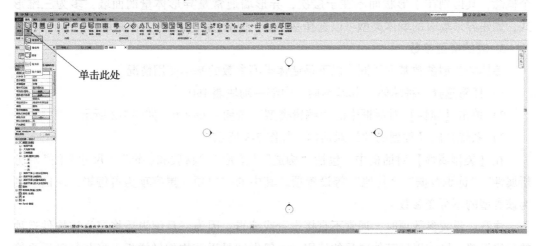

图 7-1 单击【建筑】选项卡【构建】面板的"墙"按钮

从图中可以看出，墙工具包括建筑墙、结构墙、面墙、饰条、分隔条几个工具类型。其中建筑墙用来创建建筑模型的非结构墙（也称填充墙），应用最为广泛；结构墙在创建承重墙或剪力墙时使用；面墙则是通过体量进行模型转换时使用。而饰条则在创建踢脚或顶棚边线时使用；分隔条则是将墙面分缝（或槽）时使用。

因此，对于创建建筑模型来说，使用建筑墙即可；如果墙体中有所谓的承重墙或剪力墙，可以在结构模型中完成，将来这两个模型叠加、替换即可；饰条和分隔条通常在建筑墙中完成，这一点请读者一定牢记，以减少学习中的困惑。

2. 墙的类型

Revit 提供了基本墙、叠层墙和幕墙三个族。任意选择建筑墙、结构墙、面墙工具中的一个（如建筑墙），均可通过选择【属性】对话框相应的选项，来创建基本墙、叠层墙和幕墙等。

（1）基本墙　基本墙可以创建墙体构造层次上下一致的简单内墙或外墙，在建模过程中使用频率较高。

（2）叠层墙　当同一面墙上下分成不同厚度、不同结构和材质时，可以使用叠层墙来创建。叠层墙可以理解为几种不同类型的墙体在高度上的叠加，通过相应设置，可以定义不同高度的墙厚、复合层及材质等。

（3）幕墙　幕墙是一种由嵌板和幕墙竖梃组成的墙类型，此外，还可以利用幕墙创建百叶窗、窗以及屋顶瓦等技巧性操作。幕墙选项中有幕墙、外部玻璃、店面三种类型。关于幕墙和幕墙系统将在以后的示例中着重讲解。

另外，在许多参考资料中会将基本墙、复合墙、异形墙等概念放到一起来提，使得读者感到墙体的类型很凌乱，在这里一并解释一下。首先，基本墙与复合墙不矛盾，基本墙是个常用模板，其中包括了建模过程中最常用的大多数墙体类别；复合墙往往是在基本墙的基础上人为添加了一些符合设计项目要求的构造层次，比如找平层、防水层、保温层等，与基本墙相比，复合墙更接近于实际应用。异形墙与基本墙、复合墙不是一个概念，其区别在于形状而不在于层次，异形墙通常是异形体量的面墙，多为三维形式，创建异形墙时的墙体类型可以选择基本墙、复合墙、叠层墙乃至幕墙。

3. 墙的类型参数

墙体的类型参数基本类同，以下是墙体类型参数的基本使用情况。

1）任意选择一种墙体（如基本墙　内部—砌块墙190）。

2）单击【属性】对话框中的"编辑类型"按钮 ，如图7-2所示。

3）系统弹出【类型属性】对话框，如图7-3所示。

在【类型属性】对话框中，包括"构造""图形""材质和装饰""尺寸标注""分析属性""标识数据""其他"等设置项。其中的空白项或黑字项为可编辑，灰白项则为该类型的不可变参数。

注意：设置参数项时，通常不直接设置或编辑，因为一旦编辑后将变为该构件选项的最终设置，影响以后其他项目的使用。一般做法是以该构件做样板，将其复制后再修

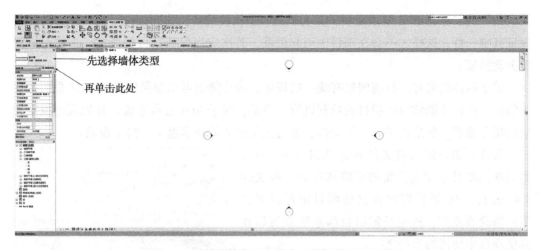

图 7-2 选择墙体类型，单击"编辑类型"按钮

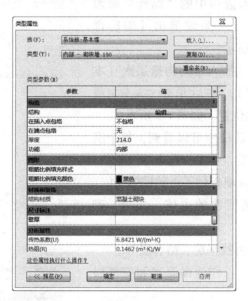

图 7-3 【类型属性】对话框

改编辑，这样将不会影响系统的基本设置，同时在系统族内多了一个新的构件。

4）单击【类型属性】对话框中"复制"按钮，将当前构件复制。系统弹出【名称】对话框，如图7-4所示。

擦除对话框中的名称，重新设置一个新的名称，如"云海山庄—二期—高层—通用内墙"（图7-5），然后单击 确定 按钮。

图 7-4 【名称】对话框

图 7-5 修改对话框中构件名称

构件的名称在 BIM 中很重要，其实就是一个构件编号，如同证件号码一样，首先要保证其唯一性，这样才不会在项目中引起混乱，其次应当保证其可持续性，这样可以降低劳动强度。

关于构件的名称，目前国家有统一的规定，设计师也可以遵循团队的 BIM 总监的要求编制，这样才能够保证项目的顺利进行。当然，对于 BIM 总监来说，首先应当设定相应的项目流程，然后再进行统筹安排，方可避免团队的众多返工、窝工现象。

另外，如果将当前文件存为项目（＊.rvt），则只在该项目中使用，而如果将其存为样板文件（＊.rte），则此类设置将在其他项目中可以通过简单修改被使用，这也是解决目前系统族可以在其他项目中使用的途径之一。

5）单击"构造"参数项中的"结构"参数的"编辑"按钮 ，系统弹出【编辑部件】对话框，如图 7-6 所示。

6）单击按钮 插入新的构造层次（本示例增加了 2 个层次），然后单击 或 按钮调整各层次位置，如图 7-7 所示。

从【编辑部件】对话框中可以看到，每个层次的位置以及功能、材质、厚度、包络等设置。

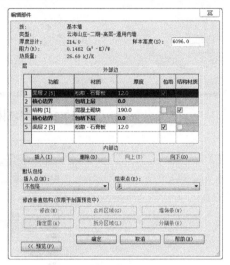

图 7-6 【编辑部件】对话框

①功能。功能列表选项提供了六种墙体功能：

结构［1］：是构造层次的主体，如砖、砌块、钢筋混凝土等。

衬底［2］：可以作为找平层、结合层等。

保温层/空气层［3］：作为保温层和空气层使用。

面层 1［4］：饰面层，通常为外层。

涂膜层：用于防水涂层，厚度必须为零（这一层在一般构造中可以忽略）。

面层 2［5］：饰面层，通常为外层。

将这些层次合理有序地设置使用，就形成了项目中建筑的构造大样。

另外，每个层后面方括号中的数字，表示构件连接的优先等级，数字越小，等级越高。Revit

图 7-7 在【编辑部件】
对话框中增加构造层次

会将功能相同的层次连接，比如结构［1］会首先连接，其次衬底［2］，再次保温层/空气层［3］，又次面层 1［4］，而面层 2［5］将最后连接。

②材质。用于指定各层次的材质类型。通过【材质浏览器】可以设定该层次的"标

识"、"图形"、"外观"、"物理"、"热量"等参数。

③厚度。用于指定层次的厚度，默认单位为"mm"。

④包络。Revit 的墙体部件中，"核心边界"是个比较特殊的功能层，主要是用于界定墙的"核心结构"与"非核心结构"。核心边界之内为核心结构，它是墙的主体，如砖、砌块、混凝土等，可以是一个层次，也可以是多个层次，用于创建复杂的复合墙体；核心边界之外为非核心结构，如找平层、保温层、面层等。功能为"结构 [1]"的层次必须位于"核心边界"之内。

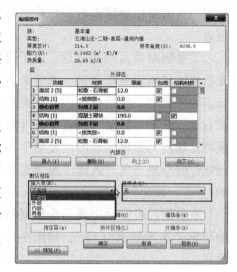

图 7-8 构造层次的包络选项

位于核心边界之外的层次可以设置在断开点处（比如在墙内插入门窗洞口）的连接方式，称为"包络"。在【编辑部件】对话框中，设置了"插入点"（墙体内部插入门窗洞口）和"结束点"（墙体端点）包络，其中插入点选项中包括"不包络"、"外部"（外侧构造层次向内包络）、"内部"（内侧构造层次向内包络）和"两者"（内外两侧构造层次向中心线包络）几种，如图 7-8 所示。

注意，Revit 仅会对勾选"包络"选项的层次进行包络。

7）将新添加的两个层次设定为"衬底 [2]"，作为找平层用（图 7-9）。

8）设定层次类型后，接下来就可以给这些层次指定材质。

①点击层次的"材质"项的"按类别"，如图 7-10 所示。

图 7-9 设定构造层次　　　　　　图 7-10 单击"材质"项的"按类别"

②在弹出的【材质浏览器】对话框中，选择材质名称，比如"水泥砂浆"项（图7-11）。如果对话框中没有所需材质，可在【材质浏览器】对话框中上方的空白处输入所需材质名称搜索。

③复制材质。同样道理，为了避免系统的样板库系统紊乱，通常是将选定的项复制，然后修改。方法是单击右键，选择"复制"或者单击【材质浏览器】对话框底部的"复制"按钮 旁的小黑三角，选择"复制选定的材质"，如图7-12所示。

在名称列表中会出现一个被复制的材质"水泥砂浆（1）"，如图7-13所示。

④修改材质名称。选中被复制的材质，单击鼠标右键，在弹出的浮动对话框中选择"重命名"，然后将材质名称擦除，重新输入新的名称（如云海山庄—二期—高层—通用水泥聚合物砂浆），如图7-14所示。

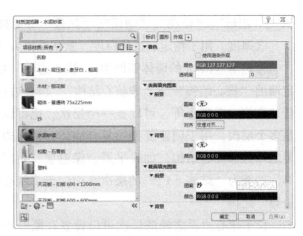

图7-11 选择"水泥砂浆"材质

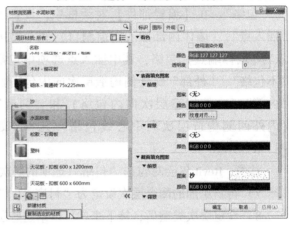

图7-12 选择"复制选定的材质"

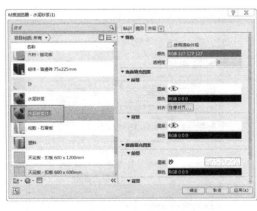

图7-13 复制材质

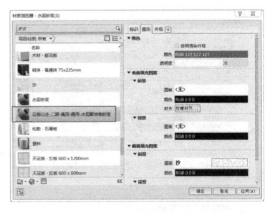

图7-14 修改材质名称

⑤设定参数项。接下来就可以对该材质进行"标识"、"图形"、"外观"、"物理"、"热量"等项的设置。在这里，"标识"、"物理"、"热量"等参数项是BIM应用中的重要参数项，而"图形"、"外观"等则主要是在图形表达和表现中有作用。

当然，如果所编辑的层次是面层，那么其"外观"参数也应当注意，尤其是其中的"反射率"、"透明度"等，对项目的光环境分析和表现有着一定的作用，请用户认真体会。

设置完成后，单击 确定 按钮，完成该层材质的设定，同时该"衬底"层被赋予刚才所设置的材质。

9）在【编辑部件】对话框中，将该层厚度设定为"10"。

10）选择另一侧的"衬底"层的材质项，在弹出的【材质浏览器】对话框中选择刚编辑的材质，单击 确定 按钮，并将该层厚度设定为"10"，结果如图 7-15 所示。

图 7-15 设置完成的"衬底"层

11）用同样的方法，将材质中"松散—石膏板"面层设定为"云海山庄—二期—高层—内饰面粉刷 1"，厚度为"2"，如图 7-16 所示。

12）完成后，单击 确定 按钮，则以"云海山庄—二期—高层—通用内墙"命名的"构造"参数项中的"结构"参数设置完成。

13）接下来，可以修改部件的功能。

单击【类型属性】对话框的"构造"参数中的"功能"项"值"，单击旁边的小三角（图 7-17），进行相应的功能选择。

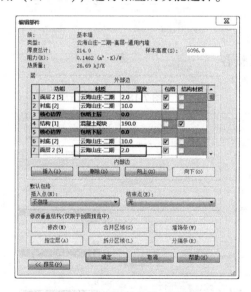

图 7-16 设置完成的"面层"

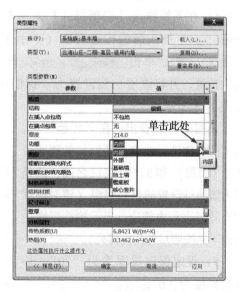

图 7-17 选择部件的功能

在"功能"列表中有"内部"、"外部"、"基础墙"、"挡土墙"、"檐底板"、"核心竖井"几个项，分别用于指定构件的功能，这里由于设定的是内墙，所以按照默认的

"内部"即可。

14）完成后，单击 确定 按钮。项目的内部墙体的参数设置完成。

这里简单总结一下上述操作的注意事项：

①创建部件一定注意编号。

②创建部件或材质宜将对象复制，然后再编辑。

③不同功能部位的部件设置有差异时，应创建不同的部件。

④各部件或材质的参数应根据建模深度不同添加，不能千篇一律，既不能无谓增加劳动强度，也不能使模型空洞无物，毕竟对 BIM 来说，重要的是参数。

⑤对于 BIM 总监来说，合理分类、规划、统筹是一个综合的思维过程，不能过于草率，以免影响项目的顺利进行。

4. 创建外墙实例

外墙的设置与内墙类似，但对于不同区域来说，有可能要添加不同厚度的保温层。以下，将学习一个带保温层的外墙设置。

1）选择创建的内墙，单击【属性】对话框中的"编辑类型"按钮 编辑类型。

2）在弹出的【类型属性】对话框中，单击"复制"按钮 复制(D)... ，将当前构件复制，并修改名称为"云海山庄—二期—高层—保温外墙通用"。

3）单击"构造"参数项中的"结构"参数的"编辑"按钮 编辑。

4）在系统弹出【编辑部件】对话框中，单击按钮 插入(I) 插入新的构造层次（本示例增加了 1 个层次），然后单击 向上(U) 或 向下(O) 按钮调整各层次位置，并将该层功能设置为"保温层/空气"，如图 7-18 所示。

图 7-18 添加构造层次

从图中可以看出，在"类型"中，墙体的名称已经改变；新增加的层次位于 1（面层）和 3（衬底）之间，这是因为该项目设置的是外保温（该对话框中有外部边和内部边，表示构造层次由上而下是按照从外到内排列）。

5）设定保温层厚度为"70"，外面层厚度为"6"。

6）单击【材质浏览器】对话框底部的"打开/关闭资源浏览器"按钮 ▦（图 7-19）。

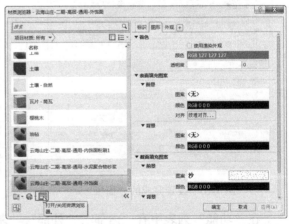

图 7-19 单击"打开/关闭资源浏览器"按钮

7）选择【资源浏览器】中的"塑料"中的"挤塑聚苯乙烯泡沫",并单击该选项后面的"添加"按钮，如图 7-20 所示。

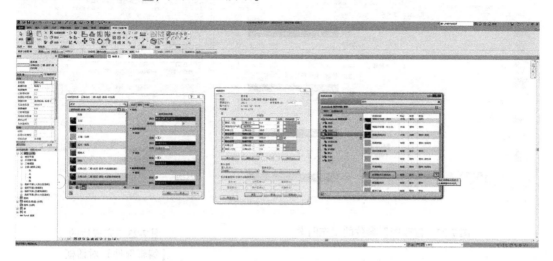

图 7-20 从【资源浏览器】中选择"挤塑聚苯乙烯泡沫",并添加到编辑器

8）在【材质浏览器】中将层次名称复制并修改为"云海山庄—二期—保温层—通用"。

9）修改标识参数中的"说明"为"B1 级保温板","类别"设定为"塑料"。结果如图 7-21 所示。

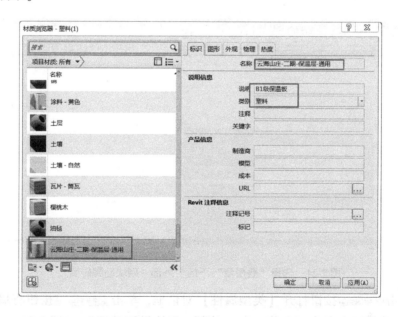

图 7-21 复制修改层次名称,并修改标识参数

10）修改"图形"中的填充图案（图 7-22）。

11）完成后,单击 确定 按钮,结果如图 7-23 所示。

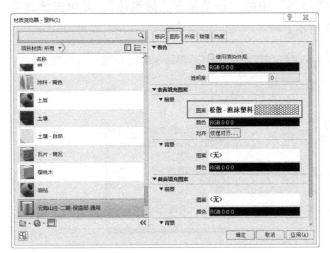

图 7-22 修改图形参数的填充图案

图 7-23 完成后的
【编辑部件】对话框

5. 创建叠层墙实例

叠层墙是 Revit 的一种特殊墙体类型。当一面墙上下有不同的厚度、材质、构造层时，可以用叠层墙来创建。以下为叠层墙的创建步骤。

1）单击选择功能区【建筑】选项卡【构建】面板中"墙"工具中的"建筑墙"。

2）在【属性】面板中选择"叠层墙"下的"外部—砌块勒脚砖墙"（图 7-24）。

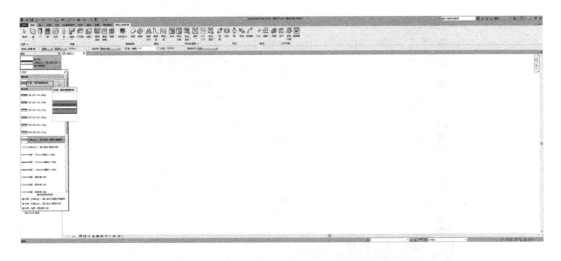

图 7-24 选择"叠层墙"下的"外部 – 砌块勒脚砖墙"

3）单击 编辑类型 按钮打开【类型属性】对话框，单击 复制(D)... 按钮将墙体复制新的叠层墙，并将其命名为"云海山庄—外部—砌块勒脚砖墙"（图 7-25），然后单击 确定 按钮。

4）单击 编辑... 按钮，打开【编辑部件】对话框，如图 7-26 所示。

图 7-25　复制新的"叠层墙"

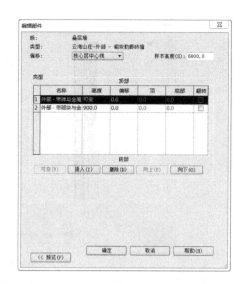

图 7-26　【编辑部件】对话框

5）单击[插入(I)]按钮，增加一行（可以单击[向上(U)]或[向下(O)]按钮，移动其位置），单击新插入行的"名称"，从列表选择"带粉刷砖与砌体复合墙"，如图 7-27 所示。

6）设置该行墙体高度为"1500"，其他参数默认。

7）修改样板高度为"3000"（图 7-28）。

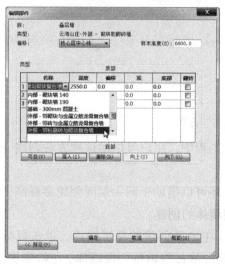

图 7-27　插入新行并修改名称

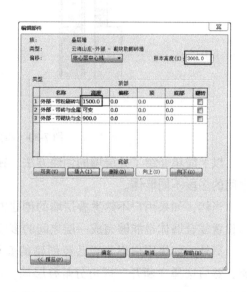

图 7-28　修改相关参数

8）单击[<<预览(P)]按钮，预览一下设置效果，如图 7-29 所示。

9）从预览中可以看出第一行与第二行和第三行的内墙面有偏差，这时可以调整偏移项，将偏移参数设定为"18"，并推动鼠标滚轮适当放大（图 7-30），确认上下层的内表皮处于同一位置，完成设置后，单击[确定]按钮关闭对话框，即可叠层墙体创建完成。

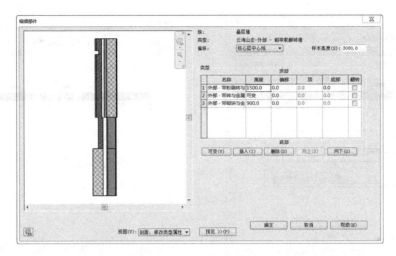

图 7-29　预览效果

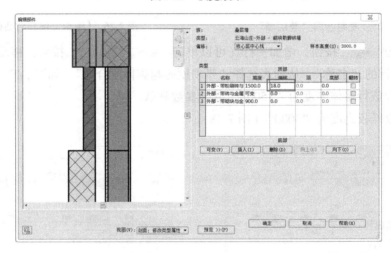

图 7-30　调整"偏移"参数

以上简单介绍了叠层墙的创建方法，在实际工程中，用户可以用这种方法创建一层之间的多段不同墙体。

当然，如果用户不熟悉叠层墙的创建方法，还可以借助于同一层间创建多标高，然后设置复合墙体也能够完成一层之间的多段不同墙体的创建。

另外，如果用户想分解已经创建的叠层墙，在选择创建的叠层墙后，单击鼠标右键，然后选择"断开"即可分解叠层墙。这样就可单独编辑每一段墙体。（特别提醒：叠层墙分解后不能重新组合，请谨慎操作，按 Ctrl ＋ Z 可取消操作）

6. 绘制墙体

墙体设置完成后，接下来就可以绘制墙体（在实际工程中，用户还可以先按照相关流程分别绘制墙体，然后再进行相应墙体的设置）。

（1）墙体的定位　绘制墙体时，首先应当注意的是如何定位，墙体的定位有墙中心线、核心层中心线、外部面层面、内部面层面、内部核心面、外部核心面六种。其中核心层是指墙体的主结构层；有时墙中心线会与核心层中心线重合，比如非复合墙体。

（2）绘制墙体的工具　使用上下文选项卡【修改|放置墙】中的【绘制】面板中的工具（图7-31），可以进行相应形状墙体的绘制。

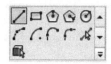

图7-31　【绘制】面板

（3）绘制墙体的方法　绘制墙体的方法有多种：一种是捕捉已绘制的轴网进行绘制；另一种是借助导入的 CAD 图形，通过拾取线工具进行绘制。下面简单介绍一下其基本操作。

1）利用现有轴网进行绘制。

①简单绘制一个轴网，如图7-32 所示。

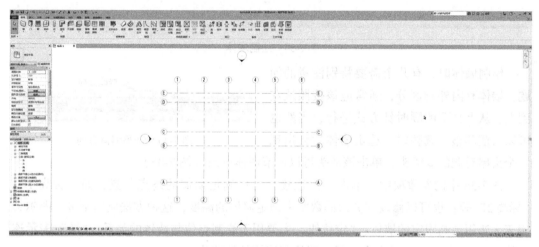

图7-32　简单绘制一个轴网

②选择墙体类型　单击选择功能区【建筑】选项卡【构建】面板中"墙"工具中的"建筑墙"，在【属性】面板中选择设置完成的叠层墙（图7-33）。

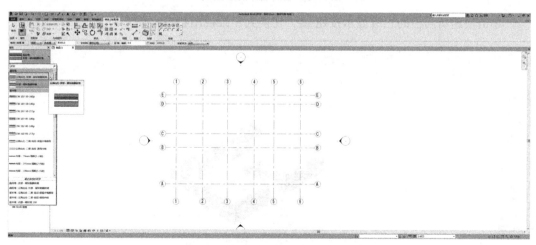

图7-33　在【属性】面板中选择设置的叠层墙

③依次选择相应点位，绘制墙体（图7-34）。

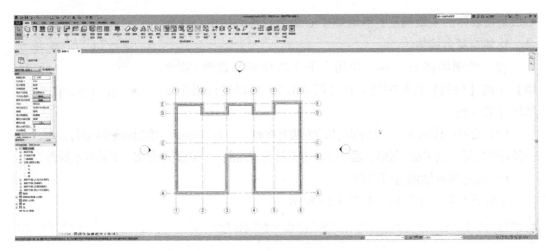

图 7-34　绘制墙体

绘制墙体时，有几个需要特别注意的问题：墙体有内外侧区分，通常应该按照从左到右，从上到下的顺时针方式进行，当然也可以后期调整。调整时，选定墙体后会出现

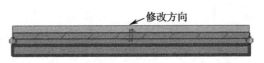

图 7-35　调整墙体方向

一个头尾对调的双箭头，单击该箭头可以调节墙体方向（图 7-35）。

图 7-36 中的参数项中，单击"未连接"可以确定墙体的终点位置，如"标高 1"、"标高 2"等；也可以修改其旁边的数字来确定墙体的高度，这种方法应用不多，偶尔会用于无法用层高限定的墙体；"定位线"主要用于绘制点位与墙体的关系；"链"表示连续绘制；"偏移"表示确定点位后，所绘制墙体的偏移值。

图 7-36　绘制墙体的参数项

单击快速访问栏的三维显示按钮 🏠，切换到三维视图状态（图 7-37）。

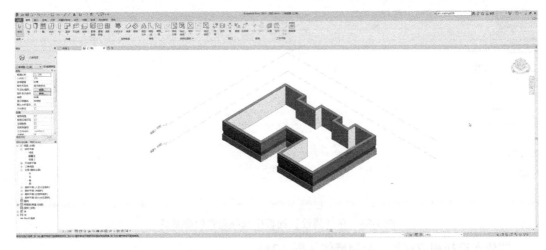

图 7-37　将视图三维显示

单击【视图】菜单中的"平铺"项,将之前打开的界面同时显示,并将各视图适当进行放缩,结果如图7-38所示。

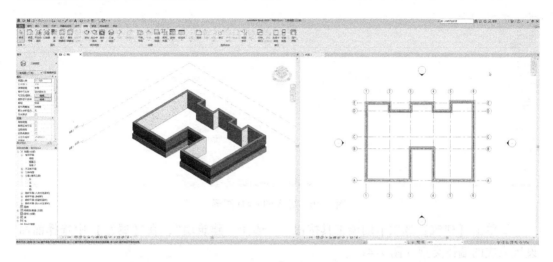

图7-38 平铺视图

2)利用现有 CAD 图拾取线绘制。在实际项目中,往往会利用现有 CAD 图进行绘制,接下来就看一下如何利用导入的 CAD 图进行绘制。

①导入 CAD 图形。

单击【插入】选项卡【导入】面板的按钮 。

在【导入 CAD 格式】对话框中(图7-39)选择已有的 CAD 图形,单击 打开(O) 按钮。

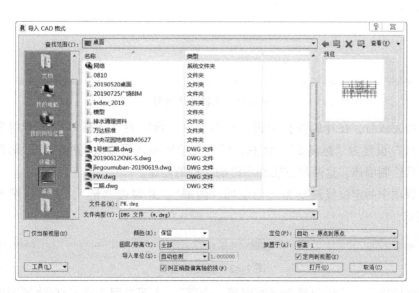

图7-39 【导入 CAD 格式】对话框

进行适当放缩,结果如图7-40所示。

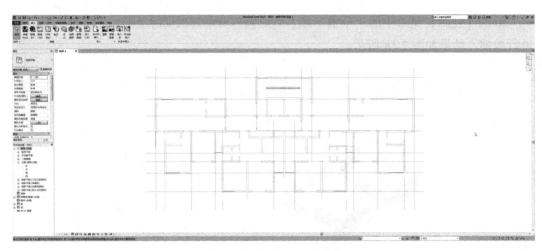

图 7-40　导入的 CAD 图形

②单击【建筑】选项卡的墙工具按钮，选择"建筑墙"，在【属性】中选择前面设置完成的墙体类型（图 7-41）。

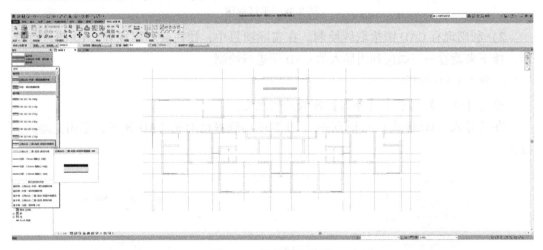

图 7-41　选择墙体类型

③选择完成后，在【属性】中将"顶部约束"设定为"标高 2"，或者将参数项中的"未连接"设置为"标高 2"。注意，可以先绘制墙体后修改高度；本示例则是先确定高度，后绘制墙体，这两种方法都不影响模型的创建。

将参数项中的定位线调整为"面层面：内部"；并勾选"链"，表示连续绘制，如图 7-42 所示。

图 7-42　设置参数项

这里之所以将定位线调整为"面层面：内部"，主要是因为在 CAD 建筑图中，更多反映的是内部空间，建筑师首先保证的是内部空间的净面积，而在实际工程中，由于增设保温等构造层次，墙体的实际厚度会与 CAD 建筑图中的不同，为保证室内空间的面积，所以本示例选择以内部面层面作为定位依据。这种方法请用户仔细揣摩，结合自己项目的具体要求来合理选择。

④单击上下文选项卡【修改|放置墙】中的【绘制】面板中的"拾取线"工具。单击 CAD 图形中外墙的一条内边线，绘制墙体（图 7-43）。

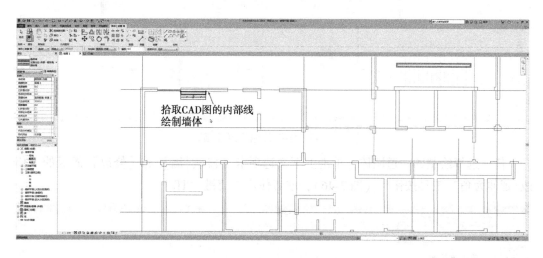

图 7-43　拾取线绘制墙体

⑤从图中可以看出，虽然墙体有一条边与拾取线对齐了，但墙体却整体向内了，这时需要调整墙体的方向，具体方法是单击该墙体的"修改墙体方向"控制箭头，将墙体的外部方向调整，结果如图 7-44 所示。

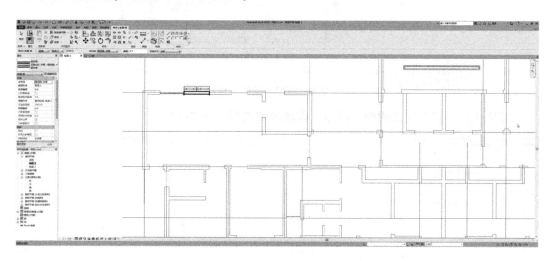

图 7-44　修改墙体方向的结果

⑥用同样方法将其他部位的几道墙体绘制出来（图 7-45），并按两次 ESC 键结束墙体绘制。

⑦接下来使用编辑工具将这些墙体连接。

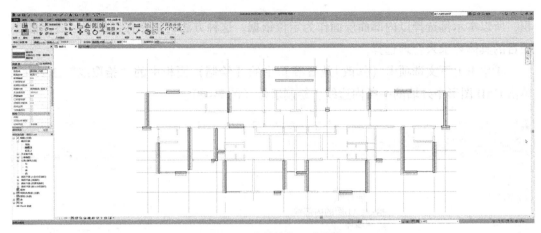

图7-45　绘制其他几道外墙

任一选择绘制的一道墙体，单击上下文选项卡【修改|墙】的【修改】面板的"修改/延伸为角"工具按钮 （图7-46），或者使用快捷键"TR"。

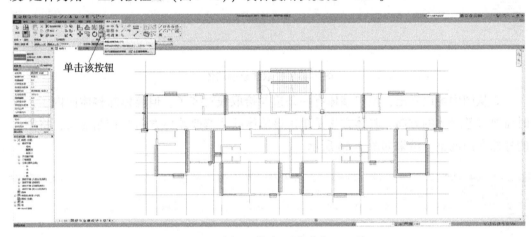

图7-46　选择"修改/延伸为角"工具

⑧依次选择想要连接的两道墙体，则墙体被连接（图7-47）。

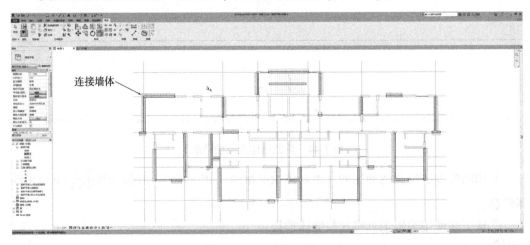

图7-47　连接墙体

⑨继续上述操作，完成其余外墙的连接（图 7-48），并按 ESC 键结束墙体编辑。

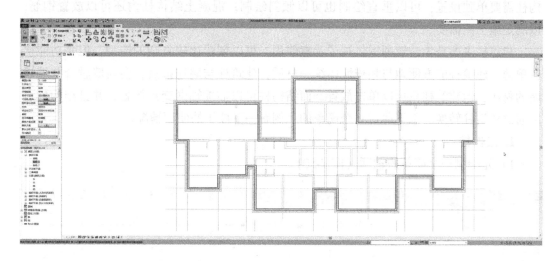

图 7-48　连接其余外墙

⑩单击快速访问栏的三维显示按钮 ⚙，切换到三维视图状态；单击【视图】菜单中的"平铺"项，将之前打开的界面同时显示，并将各视图适当进行放缩，结果如图 7-49 所示。

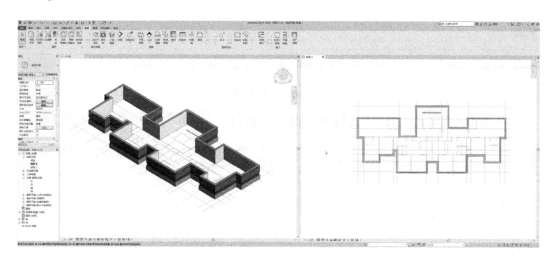

图 7-49　三维显示并平铺视图的结果

使用同样的方法可以绘制建筑的内墙。

7.1.2　柱

柱子分布于框架结构、框剪结构当中，另外部分建筑的出入口以及阳台也有可能需要绘制柱子。Revit 中的柱子分两大类，一类是具有承重功能的"结构柱"，另一类是装饰示意功能的"建筑柱"。

结构柱带有分析线，可直接导入分析软件进行分析，通常由结构师设计和布置。结构柱需要单独设置，可以垂直绘制也可以倾斜绘制；混凝土结构柱内还可以放置钢筋，以满足施工图需要。

建筑柱主要是为建筑师提供柱子示意使用，可以创建比较复杂的造型，但是功能比较单薄。建筑柱能方便地与相连墙体统一材质，建筑柱与墙连接后，会与墙融合并继承墙的材质；但建筑柱只可以单击放置，而结构柱可以捕捉轴网交点放置，并且结构柱可以通过建筑柱转换。以下通过一个简单的示例看一下柱子的使用情况。

1. 结构柱

1）先绘制一个简单的轴网（图 7-50）。

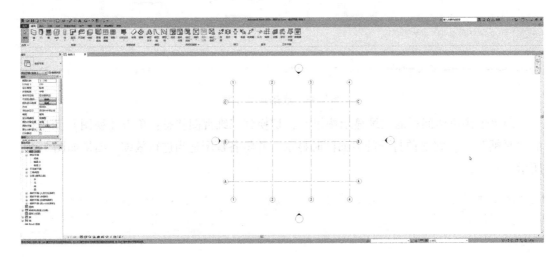

图 7-50　绘制轴网

2）单击【建筑】选项卡下【构建】面板中的按钮，选择"结构柱"工具（图 7-51）。

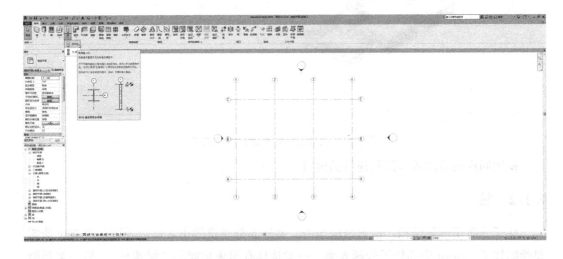

图 7-51　选择"结构柱"工具

3）在【属性】中选择结构柱类型，单击 ⊞ 编辑类型 按钮，并在【类型属性】对话框中复制并设置柱子的相关参数。

注意：本示例只是选择 Revit 自带的柱子类型，所以未做设置。在实际工程中，用户可以根据工程的实际需要创建相应的柱子族库。

4）柱子设定完成后，可以在轴网中放置柱子，放置时可以通过按空格键来调整柱子的放置方向（图 7-52）。

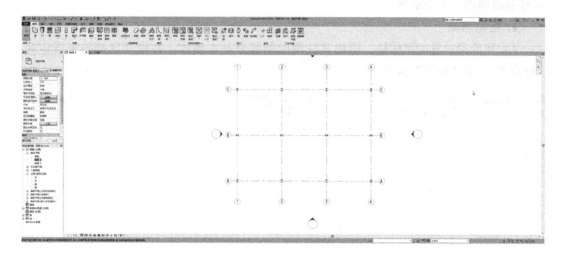

图 7-52　在轴网中放置柱

5）单击快速访问栏的三维显示按钮 ⊙，切换到三维视图状态，如图 7-53 所示。

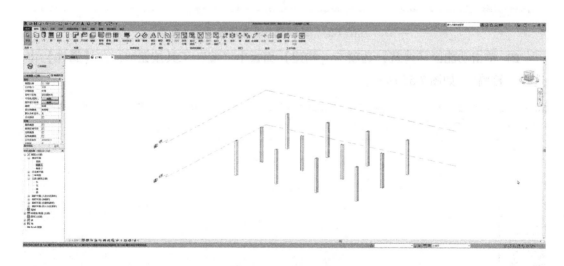

图 7-53　三维显示结果

2. 建筑柱

建筑柱的绘制与结构柱完全相同，只是注意建筑柱绘制完成后，如果在柱间创建墙体，建筑柱与墙连接会与墙融合，并继承墙的材质。

7.1.3 幕墙

　　幕墙作为建筑的一个特殊构件，尤其是在公共建筑中应用频繁。在实际工程中，幕墙与普通墙柱不同，经常作为一个专项工程由专业公司设计、施工。

　　Revit 默认的幕墙有三种类型：幕墙、外部玻璃、店面。此外 Revit 还在【建筑】选项卡下【构建】面板中提供了"幕墙系统"、"幕墙网格"、"竖梃"等几个工具。以下是绘制幕墙的一个小示例。

　　1. 绘制幕墙

　　1）删除所放置的结构柱，借用其柱网绘制部分基本墙体，并将其顶部约束设定为"标高2"，结果如图 7-54 所示。

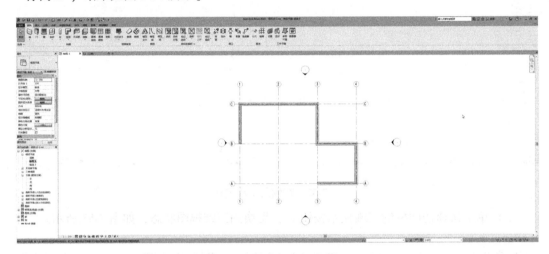

图 7-54　绘制部分普通墙体

　　2）单击功能区【建筑】选项卡【构建】面板中"墙"工具按钮，在【属性】中选择"幕墙"，如图 7-55 所示。

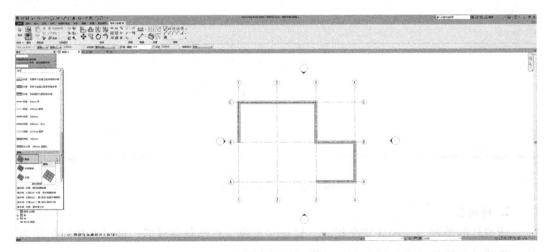

图 7-55　在【属性】中选择"幕墙"

3）将顶部约束设定为"标高2"，然后捕捉轴网绘制幕墙（图7-56）。

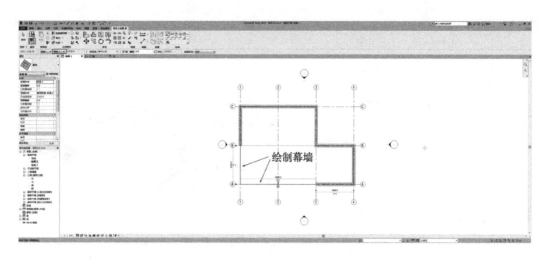

图 7-56 绘制幕墙

4）单击快速访问栏的三维显示按钮 ，切换到三维视图状态；单击【视图】选项卡下【窗口】面板的"平铺"工具，将平面视图与三维视图同时显示（图7-57）。

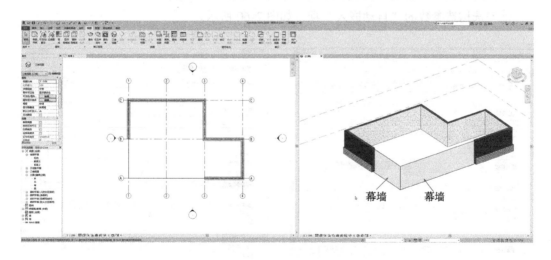

图 7-57 平铺视图

从三维视图中可以明确看出幕墙与其他普通墙体不同。

2. 编辑幕墙

幕墙的编辑可以在绘制前进行编辑设置，方法如同之前的叠层墙设置，也可以先绘制，然后再进行编辑。本示例采用后一种方法，即先绘制后编辑。

1）单击已经绘制的幕墙。

2）单击【属性】中的 编辑类型 按钮。

3）在弹出的【类型属性】对话框中，单击 复制(D)... 按钮，将名称修改为"项目1-

幕墙-1"（图 7-58），然后单击 [确定] 按钮。

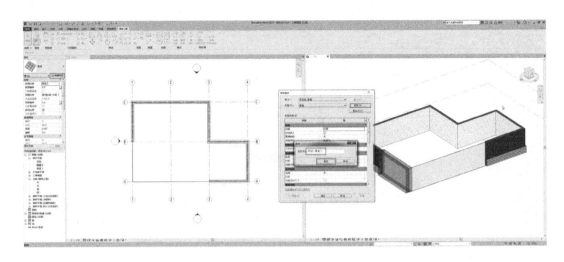

图 7-58 复制并修改幕墙名称

4）设定幕墙的参数项。

①构造参数的"功能"项设定为"外部"，如图 7-59 所示。

②勾选构造参数的"自动嵌入"项，如图 7-60 所示。

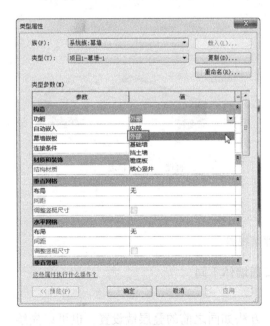

图 7-59 设定构造参数的"功能"项

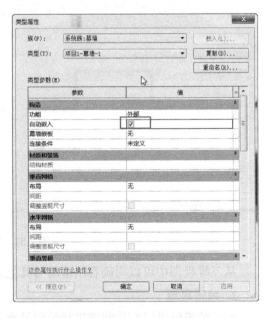

图 7-60 勾选构造参数的"自动嵌入"项

③构造参数的"幕墙嵌板"项设定为"玻璃"，如图 7-61 所示。

④分别将"垂直网格"和"水平网格"参数的"布局"项设定为"固定距离"，如图 7-62 所示。

图 7-61　设定构造参数的"幕墙嵌板"项　　　　图 7-62　设定网格参数项

　　"垂直网格"和"水平网格"参数的"布局"项主要是与幕墙的样式有关，这里只是简单介绍一下其基本设置方法。还有其他的设置项，请用户在练习中认真体会其区别。

　　⑤设定"垂直竖梃"及"水平竖梃"的"内部类型"及"边界类型"（图 7-63）。完成后，单击 确定 按钮。

图 7-63　设定竖梃类型

　　5）设置完成后的幕墙如图 7-64 所示。

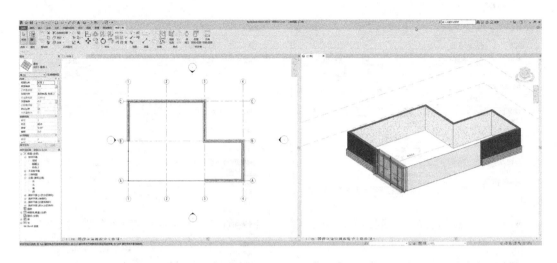

图 7-64　设置完成的幕墙

6）单击选择另外一面幕墙，然后单击【属性】中的 编辑类型 按钮。

7）在弹出的【类型属性】对话框中，单击"类型"旁边的下拉按钮，选择"项目 1-幕墙-1"，如图 7-65 所示。

8）完成后，单击 确定 按钮，结果如图 7-66 所示。

从以上示例中可以看出，如果多面幕墙为同一类型，只需设置一次即可；如果有不同类型，则需将名称复制修改，然后修改其参数即可完成不同幕墙的创建。

图 7-65　选择幕墙类型

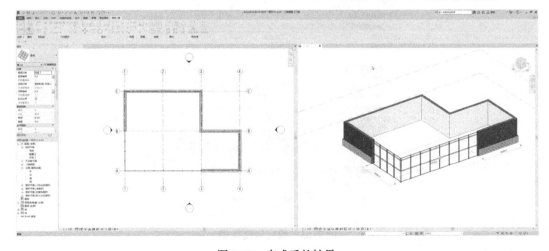

图 7-66　完成后的结果

3. 幕墙系统

幕墙系统为一种由幕墙网格、嵌板和竖梃组成的构件。通常是选择体量的某个面创建为幕墙系统，然后利用上述方法创建幕墙细节；或者单击【建筑】选项卡的【构建】面板的"幕墙系统"工具▦、"幕墙网格"工具▦，以及"竖梃"工具▦来细化幕墙。以下，一起来看一个简单示例。

1）简单创建一个内建体量（图 7-67）。

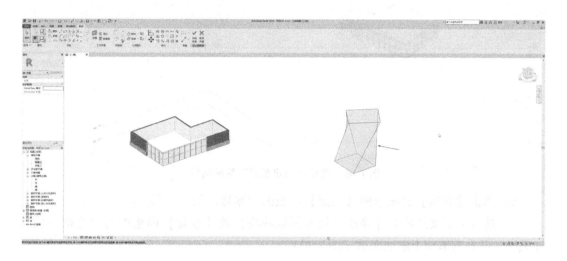

图 7-67 创建一个内建体量

2）单击【建筑】选项卡的【构建】面板的"幕墙系统"工具▦。

3）选择内建体量的一个面（图 7-68）。

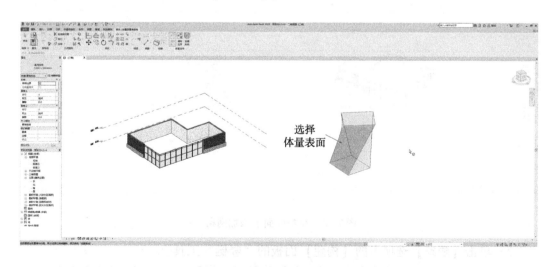

图 7-68 选择内建体量的一个面

4）选择上下文选项卡【修改｜放置面幕墙系统】的【多重选择】面板中的"创建系统"工具▦，结果如图 7-69 所示。

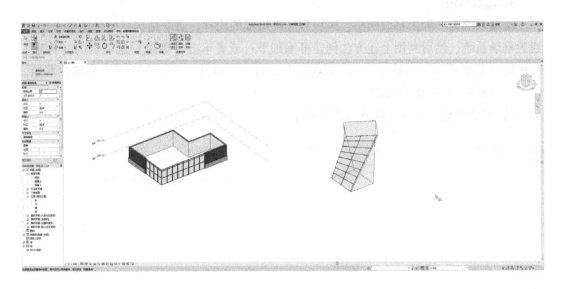

图 7-69　选择"创建系统"后的结果

5）单击【建筑】选项卡的【构建】面板的"幕墙网格"工具▦。

6）选择上下文选项卡【修改 | 放置幕墙网格】的【放置】面板中的"全部分段"工具▦，并在幕墙面上添加网格（图 7-70）。

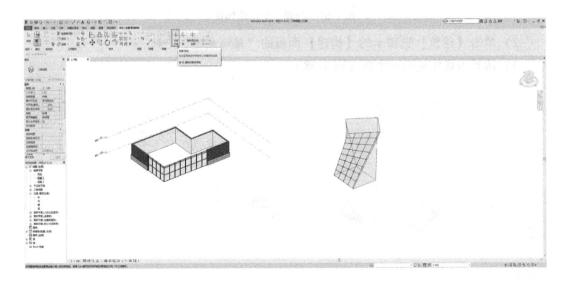

图 7-70　在幕墙面上添加网格

7）单击【建筑】选项卡的【构建】面板的"竖梃"工具▦。

8）选择上下文选项卡【修改 | 放置竖梃】的【放置】面板中的"全部网格线"工具▦，单击幕墙面，幕墙创建完成，结果如图 7-71 所示。

在"幕墙网格"和"竖梃"中还有其他工具，请用户自行选择练习。

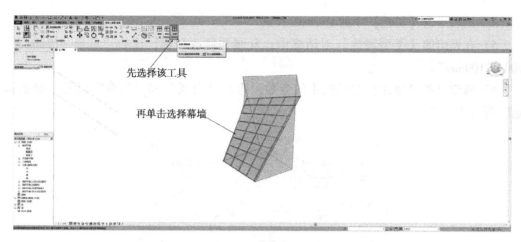

图 7-71　创建完成的幕墙

7.2　插入门窗

门窗作为建筑必不可少的构件，在工程中多为专项工程，由专业公司根据设计图样制作、加工、安装。

门窗在建模过程中，要注意其几何尺寸、造型、材质、物理指标、造价以及生产商等相关信息。此外门窗不能独立在模型中出现（创建族除外），必须有墙体作为载体。

7.2.1　插入门

接着以上的小示例，继续在模型中添加门窗。

1）单击【项目浏览器】中的"楼层平面"视图的"标高 1"，将视图替换到"标高 1 平面视图"。

2）单击【建筑】选项卡的【构建】面板的"门"工具。

3）在【属性】中选择门的类型（图 7-72）。

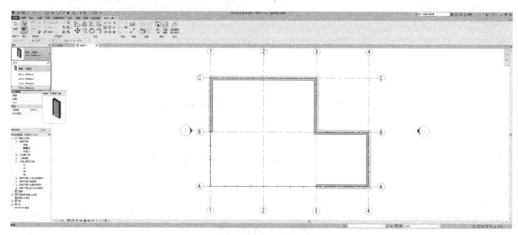

图 7-72　选择门的类型

4）然后单击【属性】中的 编辑类型 按钮。

5）在弹出的【类型属性】对话框中，复制并修改名称，比如"单扇—房间门—900×2100mm"。

6）修改【类型属性】对话框中的参数，比如"门宽"和"门高"以及"分析构造"等（图7-73）。

图7-73　修改类型属性

7）完成后，单击 确定 按钮。

8）拖动鼠标在墙体的适当位置放置门扇，放置时鼠标与墙体墙皮位置决定门扇的内外开启，按空格键可以调整门扇的左右开启（图7-74）。

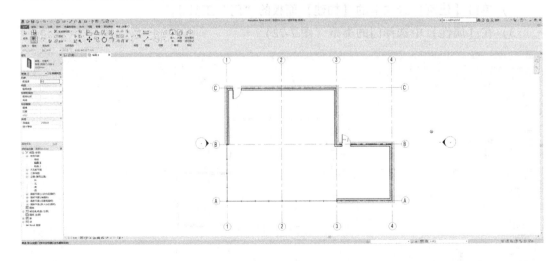

图7-74　放置门扇

7.2.2　插入窗

窗的插入方法与门类似。

1）单击【建筑】选项卡的【构建】面板的"窗"工具 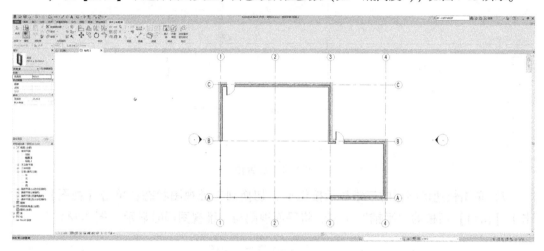。

2）在【属性】中选择窗的类型，并修改属性参数（如"底高度"），如图 7-75 所示。

图 7-75　修改窗的属性参数

3）单击【属性】中的 編辑类型 按钮。

4）在弹出的【类型属性】对话框中，复制并修改名称，比如"外窗—1500 × 1500mm"；并修改其中的相关参数，比如材质、几何尺寸等（图 7-76）。

图 7-76　修改窗的类型属性

5）完成后，单击 确定 按钮。

6）拖动鼠标在墙体的适当位置放置窗，如图 7-77 所示。

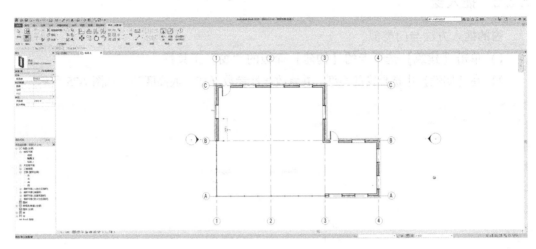

图 7-77　放置窗

7）单击快速访问栏的三维显示按钮 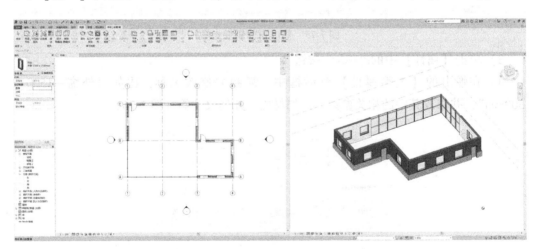，切换到三维视图状态；单击【视图】选项卡下【窗口】面板的"平铺"工具，将平面视图与三维视图同时显示（图 7-78）。

图 7-78　平铺视图

以上示例，仅仅是借用 Revit 自带的门窗族，讲述了门窗的插入方法，在实际工程中，还需要大量的门窗族来完成。

7.3　创建楼梯、栏杆、扶手

楼梯是楼房中的重要构件之一，起着联系上下层垂直交通的作用，楼梯的样式多种多样，在 Revit 中可以通过定义楼梯梯段或绘制踢面线、边界线来创建楼梯；也可以直接定义直跑梯、带平台的 L 形楼梯、U 形楼梯和螺旋楼梯等。

在多层建筑物中，可以先只设计一组楼梯，然后修改楼梯属性中定义的标高，就能为其他楼层创建相同的楼梯。

7.3.1 绘制楼梯

1. 创建楼梯

1）单击【建筑】选项卡的【楼梯坡道】面板的"楼梯"按钮 。

2）在【属性】中选择楼梯形式（图7-79）。

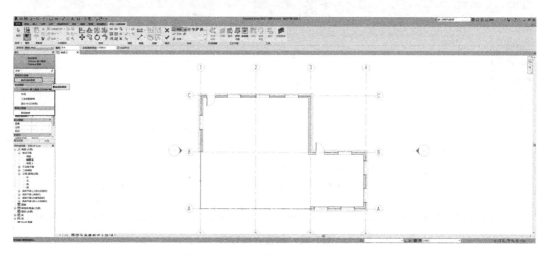

图7-79 在【属性】中选择楼梯形式

3）单击【属性】中的 编辑类型 按钮，在弹出的【类型属性】对话框中，复制并修改名称，比如"多层—整体浇筑楼梯"，并修改其中的相关参数等（图7-80），完成后单击 确定 按钮。

图7-80 在【类型属性】中设置参数

4）单击上下文选项卡【修改｜创建楼梯】的【构件】面板中的梯段按钮，在参数栏中将定位方式设定为"左"，并勾选"自动平台"（图7-81）。

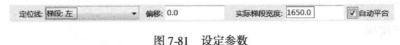

图7-81 设定参数

5）单击并拖动鼠标先创建直段楼梯（图7-82）。

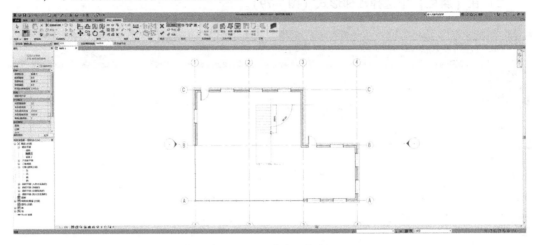

图7-82 创建直段楼梯

6）再次单击楼梯草图右端的端点，然后向上拖动鼠标，出现"剩余0个"提示时单击左键，则一部楼梯草图完成（图7-83）。

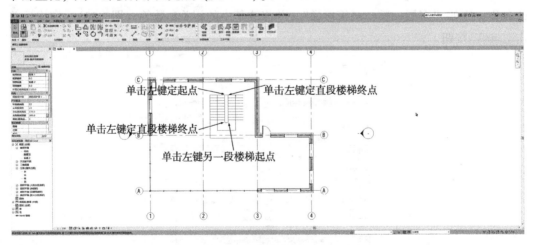

图7-83 创建楼梯草图

7）单击上下文选项卡【修改｜创建楼梯】的【模式】面板中的✓按钮，结果如图7-84所示。

本示例只是简单演示了楼梯的创建过程，没有准确确定楼梯的位置，在实际建模过程中，可以先绘制辅助线来确定楼梯的位置；也可以先创建完成后借助于移动、旋转等工具将楼梯放置于准确位置（图7-85）。

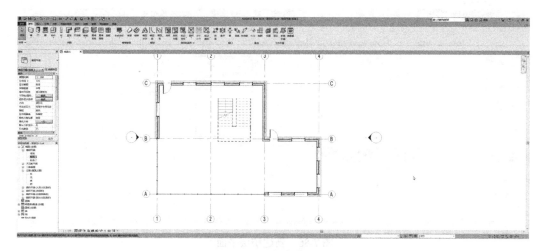

图 7-84　创建完成的楼梯

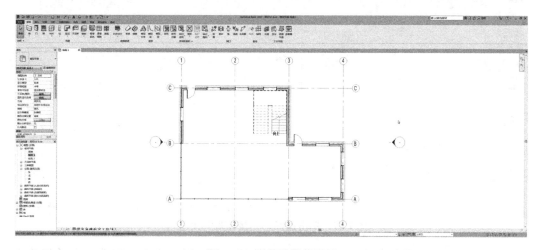

图 7-85　调整楼梯的位置

关于楼梯的创建，还有很多工具可以使用，用户可以在练习时仔细揣摩，在此就不再一一赘述。

2. 多（高）层楼梯绘制

对于多层（高层）楼梯，如果每层均相同，可以绘制一层楼梯，通过设置参数即可完成。

1) 打开立面（比如北立面），复制几个标高（注意层高一定要相同），在【视图】选项卡【创建】面板的"平面视图"按钮，选择"楼层平面"，在弹出的【新建楼层平面】对话框中勾选全部标高（图 7-86），完成后单击 确定 按钮。

2) 单击选择已经完成的楼梯，单击上下文选项卡【修改 | 创建楼梯】的【多层楼梯】面板中的"选择标高" 按钮。

3) 单击上下文选项卡【修改 | 创建楼梯】的【多层楼梯】面板中的"连接标高" 按钮（图 7-87）。

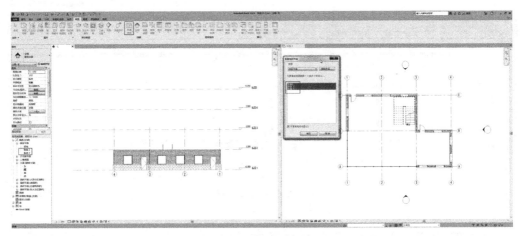

图 7-86 新建楼层平面

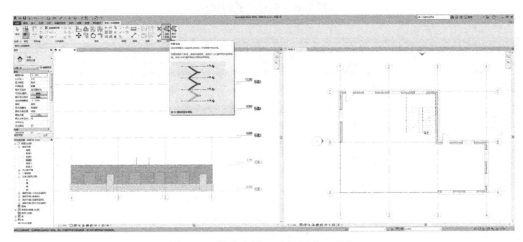

图 7-87 单击选择"连接标高"按钮

4）按 Ctrl 键，依次选择"标高 3"、"标高 4"，完成后单击上下文选项卡【修改 | 创建楼梯】的【模式】面板中的 ✔按钮，结果如图 7-88 所示。

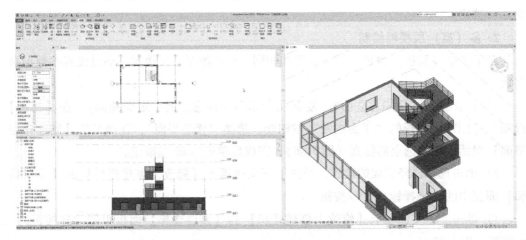

图 7-88 创建多层楼梯的结果

7.3.2 绘制栏杆、扶手

栏杆扶手通常由扶手、栏杆、嵌板和支柱等构件组成，在 Revit 中，栏杆、扶手通常是成组出现，可以单独创建，也可以附着于楼梯、阳台、坡道等构件。

Revit 能够自动生成楼梯的栏杆扶手。另外，创建新楼梯时可以指定要使用的栏杆扶手类型。

1. 更改栏杆、扶手类型

以图 7-88 所创建的楼梯为例，简单看一下更改栏杆、扶手类型的基本操作。

1）单击三维视图中的楼梯栏杆，在【属性】中重新选择栏杆类型，如"玻璃嵌板—底部填充"，如图 7-89 所示。

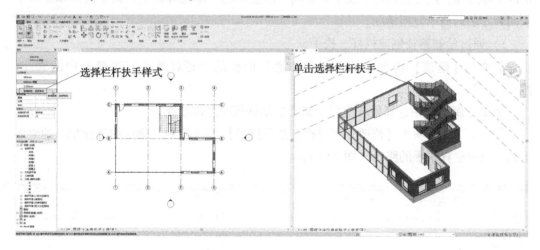

图 7-89　在【属性】中选择栏杆类型

2）选择后楼梯栏杆、扶手被自动替换（图 7-90）。

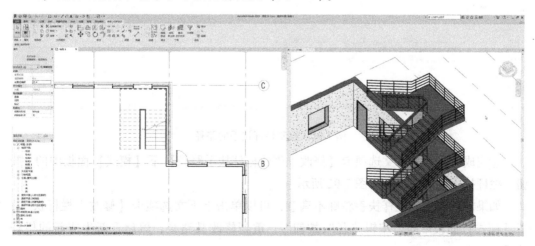

图 7-90　替换后的结果

223

以上操作是利用 Revit 中原有族库进行创建，如果用户对现有类型不满意，一方面可以根据工程需要创建外部族库，载入后进行替换；还可以直接单击【属性】中的 编辑类型 按钮，在弹出的【类型属性】对话框中将当前构件复制并重新命名后进行修改。

2. 创建单独的栏杆、扶手

当阳台等构件创建完成后，需要单独创建栏杆或扶手，这时可以直接使用"栏杆扶手"工具 完成。

"栏杆扶手"工具有两种创建方法：一种是单击 工具中的按钮 绘制路径，通过绘制栏杆的轮廓位置来创建独立的栏杆、扶手；另一种是单击 工具中的按钮 放置在楼梯/坡道上，通过拾取主体或编辑路径将栏杆、扶手放置到已经创建的楼梯或坡道上。以下就简单看一下这两种方法的简单使用情况。

1）通过绘制路径创建栏杆、扶手。

①单击【建筑】选项卡的【楼梯坡道】面板的"栏杆扶手"工具 中的 绘制路径 按钮。

②在【属性】中选择栏杆类型，如"玻璃嵌板—底部填充"。

③在上下文选项卡【修改|创建栏杆扶手路径】的【绘制】面板中选择相应的绘制工具，绘制栏杆扶手的路径（图 7-91）。

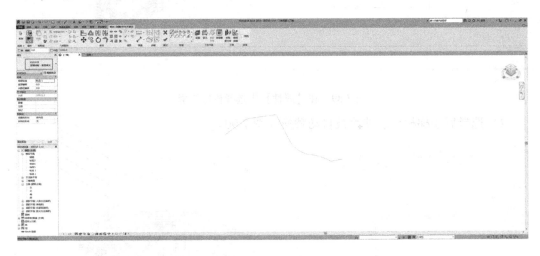

图 7-91　绘制栏杆扶手的路径

④完成后单击上下文选项卡【修改|创建栏杆扶手路径】下【模式】面板中的 ✔ 按钮，栏杆扶手创建完成，如图 7-92 所示。

如果对所创建的栏杆扶手轮廓不满意，可以单击上下文选项卡【修改|栏杆扶手】下【模式】面板中的"编辑路径"按钮 ，重新修改其路径，然后重新生成新的栏杆扶手。

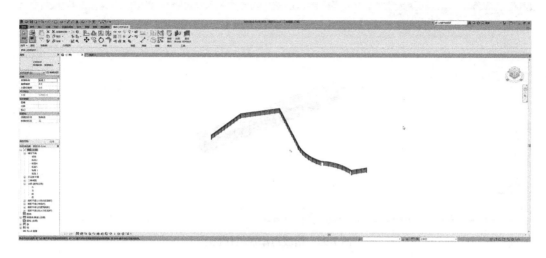

图 7-92　绘制完成的栏杆扶手

如果想修改栏杆扶手的类型，可以在【属性】中选择相应的栏杆扶手类型进行替换，或者单击【属性】中的 编辑类型 按钮，将当前的栏杆扶手名称进行复制修改，然后修改其中的各项参数，从而修改栏杆扶手的外观。

2）将创建的栏杆、扶手放置在主体上。

①单击【建筑】选项卡的【楼梯坡道】面板的 "坡道" 按钮 ，任意绘制一段坡道（这里仅做一个示例，所以坡道未做任何参数设置。）。

②删除自动生成的栏杆扶手，如图 7-93 所示。

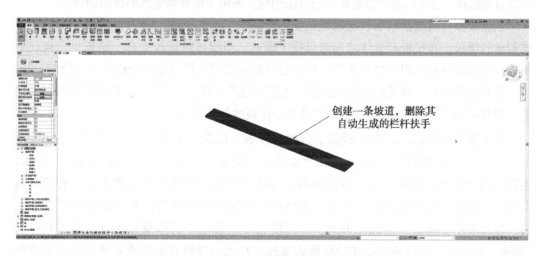

创建一条坡道，删除其自动生成的栏杆扶手

图 7-93　创建一段坡道并删除其栏杆扶手

③单击【建筑】选项卡的【楼梯坡道】面板的 "栏杆扶手" 工具 中的 放置在楼梯/坡道上 按钮，并在【属性】中选择栏杆扶手类型（比如 "玻璃嵌板—底部填充"）。

④单击上下文选项卡【修改｜创建主体上的栏杆扶手位置】下的【位置】面板的 "踏板" 按钮，然后选择所创建的坡道，则坡道被添加所选定类型的栏杆扶手（图 7-94）。

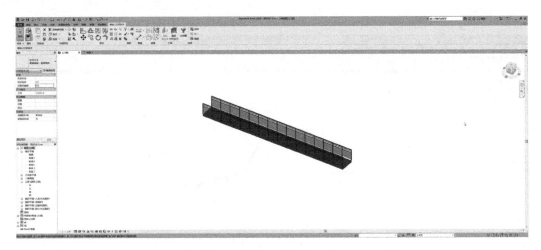

图 7-94　给坡道添加栏杆扶手

该操作对于修改楼梯的栏杆扶手位置较有效，可以通过选择"踏板" ▮和"梯边梁" ▮按钮来确定栏杆扶手的位置。

7.4　创建楼板

楼板的构造层次包括顶棚、结构层、面层。Revit【建筑】选项卡下的【构建】面板中，提供了两种创建工具：一种是"楼板"工具 ，主要用于创建普通建筑的楼层（包括顶棚、结构层、面层）；另一种是"顶棚"工具 ，是在既有楼板的基础上创建复合顶棚，可以自动创建，也可以通过绘制轮廓的方法创建，多用于精装修建筑的顶棚创建。

创建楼板可通过拾取墙、拾取线或使用绘制线工具来完成。用"拾取墙"的创建方式创建的楼板，在楼板和墙体之间是保持关联的，当墙体位置改变后，楼板也会自动更新。顶棚的绘制和编辑与楼板类似，可以通过墙定义或选择任意一个绘制工具绘制。

需要注意的是，楼板的绘制视图是"楼层平面"（从上往下看），而顶棚的绘制视图是"顶棚平面"（从下往上看）。以下是关于楼板的创建方法。

关于楼板的创建，Revit 中提供了包括"楼板：建筑"工具 楼板:建筑、"楼板：结构"工具 楼板:结构、"面楼板"工具 面楼板 和"楼板：楼板边"工具 楼板:楼板边 四种。其中"楼板：建筑"与"楼板：结构"创建方法类似，只是"楼板：结构"的参数多了钢筋的参数设置项，用该工具创建的楼板可以作为结构构件用于结构分析，对于创建建筑模型来说，建议使用"楼板：建筑"方式；"面楼板"主要用于将体量楼层转换为楼板；而"楼板：楼板边"可以将所创建的楼板边缘按选择的边缘形式加厚或者增加类似于槽钢之类的构件，这种方式应用也不是很多。

7.4.1　在模型中创建楼板

1）单击【视图】选项卡，选择【窗口】面板中的"平铺视图"工具 ，将平面与三维视图平铺显示。

2）单击【建筑】选项卡下【构建】面板的"楼板"按钮 下的小黑三角，选择"楼板：建筑"工具 楼板:建筑 。

3）在【属性】中选择楼板形式，并将限制条件中的标高项设定为"标高2"。

4）在上下文选项卡【修改 | 创建楼层边界】的【绘制】面板中选择绘制工具（比如选择直线），并勾选"链"参数项，然后平面视图中依次捕捉选择墙体上的点（图7-95）。

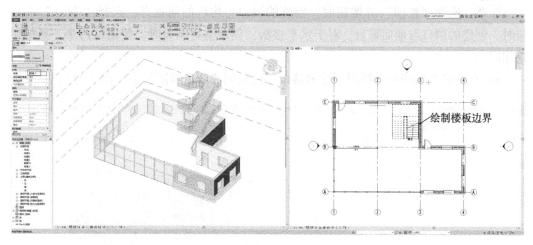

图 7-95　设定参数项并绘制楼板边界

5）完成后，单击上下文选项卡【修改 | 创建楼层边界】的【模式】面板中的 按钮，结果如图 7-96 所示。

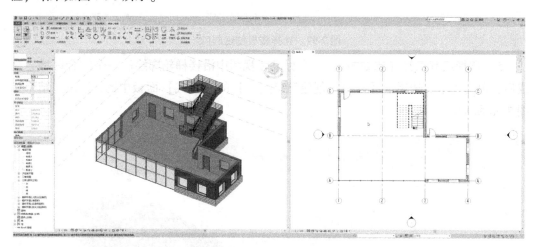

图 7-96　绘制楼板边界结果

创建楼板时注意，同其他构件的创建类似，可以在创建之初选择楼板类型并编辑其属性，也可以在创建完成后再选择楼板类型并编辑其属性。

7.4.2　在楼板中开设洞口

1）双击【项目浏览器】中平面视图的"标高2"，切换到标高2视图。

2）单击【视图】选项卡，选择【窗口】面板中的"平铺视图"按钮 日，将平面与三维视图平铺显示。在标高2视图中可以看到楼板封闭了楼梯处的洞口，这时就需要在楼板上开设洞口。

3）单击选择【建筑】选项卡下【洞口】面板的中的"按面"按钮 或"垂直" 按钮。

注意：选择"按面" 按钮时，创建的洞口与构件的面垂直；选择"垂直" 按钮时，创建的洞口与地面垂直。对于水平楼板，创建垂直洞口时，使用这两个工具的结果相同。

4）在标高2视图中选择所创建的楼板，进入创建洞口草图状态（图7-97）。

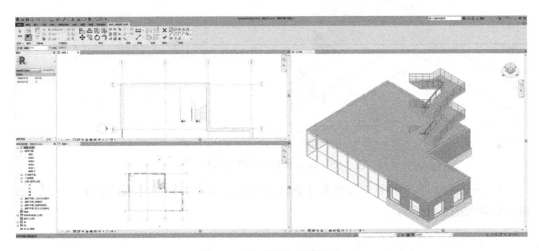

图7-97　选择楼板创建洞口

5）选择绘制工具（比如矩形），在标高2视图中沿楼梯轮廓绘制一个闭合区域，完成后，单击上下文选项卡【修改｜创建洞口边界】的【模式】面板中的 按钮，结果如图7-98所示。

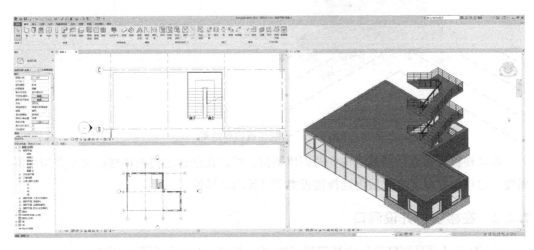

图7-98　创建洞口

在【洞口】面板中还有给墙体开设洞口的工具 ，竖井工具 以及老虎窗工具 ，其操作原理基本相同。

7.5 创建屋顶

屋顶是建筑物的重要组成部分，也被称为"第五立面"，在建筑设计中起着至关重要的作用。

Revit 中提供了三种屋顶的创建方法：一种是迹线屋顶，可以通过绘制屋顶的边界轮廓，设定坡度后形成的屋顶；一种是拉伸屋顶，主要是通过绘制屋顶的断面轮廓，然后通过拉伸生成屋顶，如同 CAD 中的【Extrude】命令；再有一种就是面屋顶，是使用体量创建屋顶。

另外还有关于屋顶配件的小工具，比如屋檐底板、封檐板以及檐槽（即天沟）等。

7.5.1 创建迹线屋顶

1. 创建其余楼层

1）在"标高 2"视图中，重新选择墙体类型，进行绘制（图 7-99）。

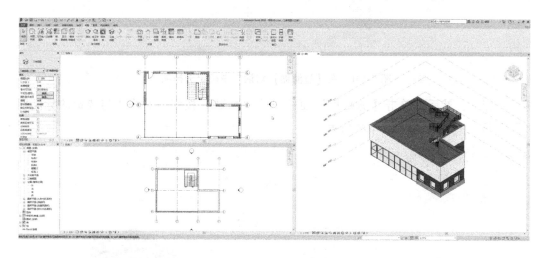

图 7-99　绘制二层墙体

2）在"标高 1"视图中用窗口方式选择已经完成的模型，然后单击上下文选项卡【修改 | 选择多个】下【选择】面板中的"过滤器"按钮 ，或者单击右下角的过滤器按钮 （图 7-100）。

3）在弹出的【过滤器】对话框中，除了门、窗构件外，将其余选项的勾选去掉（图 7-101）。

4）完成后，单击 确定 按钮关闭对话框，则标高 1 的门、窗构件被选中。

5）单击上下文选项卡【修改 | 选择多个】下【剪贴板】面板中的"复制到剪贴

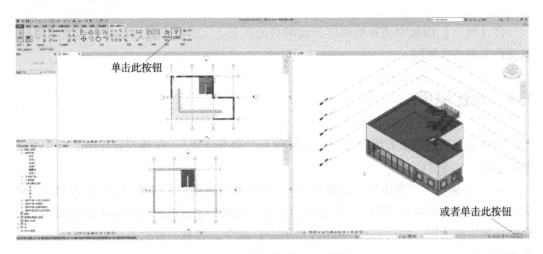

图 7-100 选择模型并单击过滤器按钮

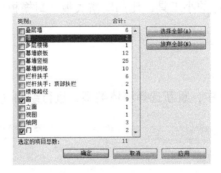

图 7-101 在【过滤器】对话框中确定选择项

板"按钮 ⬚，然后再单击【剪贴板】面板中的"粘贴"按钮 ⬚ 下的"与选定的标高对齐"工具 ⬚ 与选定的标高对齐，如图 7-102 所示。

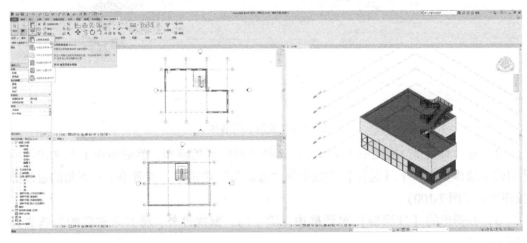

图 7-102 选择"与选定的标高对齐"工具

6）在弹出的【选择标高】对话框中，选择"标高 2"（图 7-103），完成后单击 ⬚ 确定 按钮。

图 7-103 在【选择标高】对话框中，选择标高

7）将"标高 2"平面的门替换成窗，并在墙体中适当补充窗（图 7-104）。

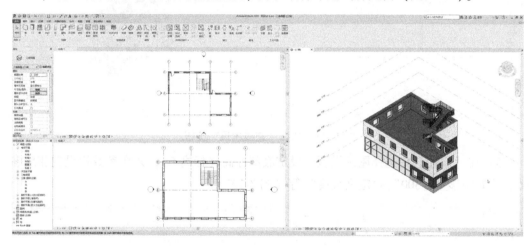

图 7-104 复制并完善"标高 2"后的结果

8）重复使用上述方法，依次将楼板、墙、窗等构件复制到"标高 3"、"标高 4"，如图 7-105 所示。

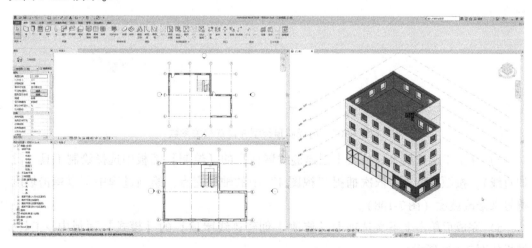

图 7-105 复制完成后的结果

2. 添加迹线创建屋顶

1）关闭"标高 1"视图、"标高 2"视图，在【项目浏览器】中单击"标高 4"视图，单击【视图】选项卡的【窗口】面板中的"平铺"工具 ▤，将"标高 4"视图与三维视图平铺显示，以便于观察模型的创建效果。

2）激活"标高 4"视图，单击【建筑】选项卡的【构建】面板中"屋顶" ▛工具下方的小黑三角，选择"迹线屋顶"按钮 ▤ 迹线屋顶，如图 7-106 所示。

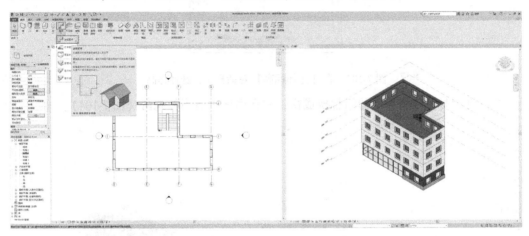

图 7-106 选择"迹线屋顶"按钮

3）在【属性】中选择屋顶类型，设定底部标高（标高 5）；并在参数栏设置相应参数，比如偏移量"300"，"定义坡度"等（图 7-107）。

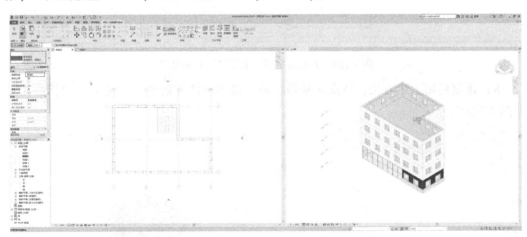

图 7-107 选择屋顶类型并设置相关参数

4）在上下文选项卡【修改 | 创建迹线屋顶】的【绘制】面板中选择绘制工具（比如直线），按顺时针方向依次捕捉"视图 4"中的轴线交点，绘制过程中可以单击坡度符号来修改坡度（图 7-108）。

5）完成后单击上下文选项卡【修改 | 创建迹线屋顶】的【模式】面板中 ✔ 工具，结果如图 7-109 所示。

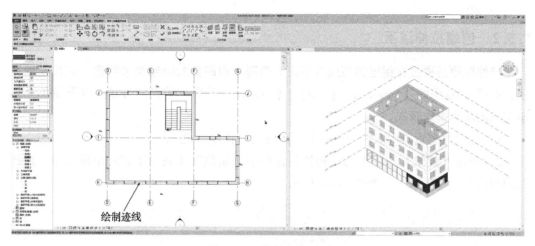

图 7-108　绘制迹线屋顶

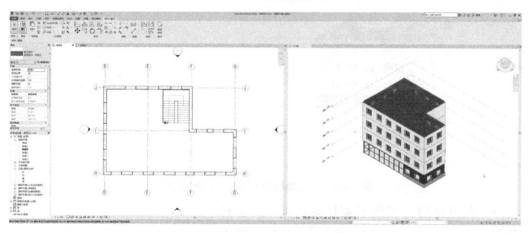

图 7-109　完成后的结果

6）单击【建筑】选项卡的【构建】面板中"屋顶"工具下方的小黑三角，选择"檐槽"按钮，在三维视图中依次单击屋顶轮廓边线，在屋顶中添加天沟，结果如图 7-110 所示。

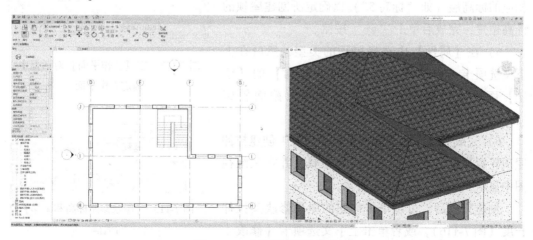

图 7-110　在屋顶中添加檐沟

7.5.2 创建拉伸屋顶

拉伸屋顶是通过在指定标高或参照面上绘制屋顶的截断面轮廓来创建一定长度的屋顶，如同 CAD 中的【Extrude】、【Loft】、【Tabsurf】等命令的操作方式。以下简单介绍该工具的基本操作情况。

1）在项目浏览器中双击选择一个立面视图（比如"北"）。

2）单击【建筑】选项卡的【构建】面板中"屋顶"工具下方的小黑三角，选择"拉伸屋顶"按钮，如图 7-111 所示。

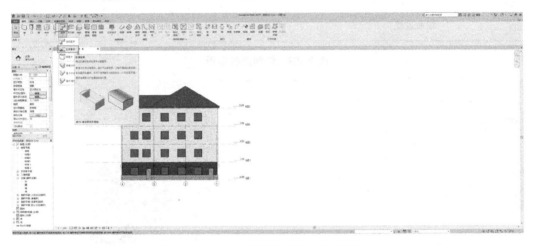

图 7-111 在立面视图中选择"拉伸屋顶"

3）在弹出的【工作平面】对话框中，选择"拾取一个平面"项（图 7-112），完成后，单击 确定 按钮。

4）单击立面图中任一构件，在系统弹出的【屋顶参照标高和偏移】对话框（图 7-113）中，选择相应的标高层（如"标高 5"）以确定所创建屋顶的标高位置，完成后单击 确定 按钮。

5）在【属性】中选择屋顶的类型，然后在上下文选项卡【修改 | 创建拉伸屋顶轮廓】的【绘制】面板中选择绘制工具，绘制屋顶截面轮廓（图 7-114）。

6）完成后单击上下文选项卡【修改 | 创建拉伸屋顶轮廓】的【模式】面板中 工具，并在三维视图中显示，结果如图 7-115 所示。

创建完成后，可以单击创建的屋顶修改其拉伸长度（图 7-116），或者单击上下文选项卡【修改 |

图 7-112 在【工作平面】对话框中确定工作平面

图 7-113 【屋顶参照标高和偏移】对话框

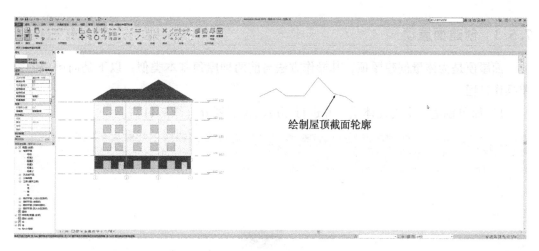

图 7-114 绘制屋顶截面轮廓

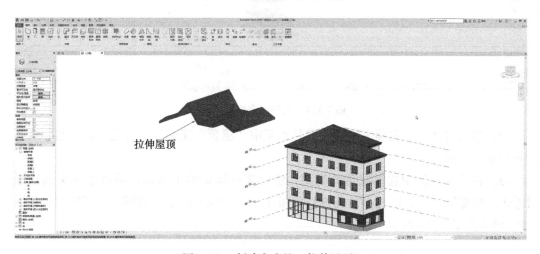

图 7-115 创建完成的"拉伸屋顶"

屋顶】的【模式】面板中的"编辑轮廓"按钮，重新修改屋顶轮廓。

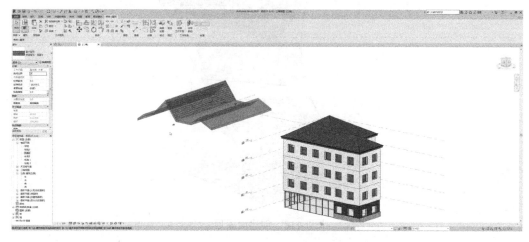

图 7-116 修改拉伸屋顶的长度

7.5.3 创建面屋顶

面屋顶是为体量创建屋顶，其操作方法与前两种屋顶基本类似。以下是面屋顶的简单操作过程。

1）简单创建一个内建体量，并进行相应的楼层划分（图 7-117）。

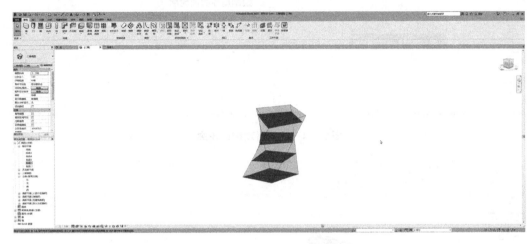

图 7-117 创建一个内建体量

2）单击【建筑】选项卡的【构建】面板中"屋顶"工具下方的小黑三角，选择"面屋顶"按钮。

3）在【属性】中选择屋顶的类型，然后选择体量的上表面，单击上下文选项卡【修改 | 放置面屋顶】的【多重选择】面板中的"创建面屋顶"按钮，面屋顶创建完成，结果如图 7-118 所示。

面屋顶

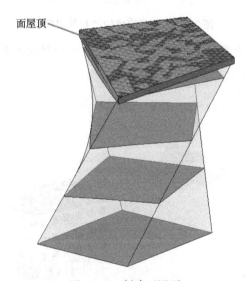

图 7-118 创建面屋顶

第8章 视图的创建与深化

三维模型创建完成后，应当进一步创建视图并深化。本章主要系统讲述如何利用 Revit 的视图功能进行图样的深化设计。包括创建视图、删除视图、重命名视图、施工图中的线型、图例、注释以及明细表等内容。

8.1 视图的创建

视图在 Revit 中非常重要，模型创建完成后，用户可以通过设置视图的相关属性（包括模型对象的显示、模型图元的截面形式、线型、打印线宽以及颜色等图形信息），进一步形成施工图，从而实现项目的具体实施。

图 8-1 项目浏览器

8.1.1 【项目浏览器】简介

【项目浏览器】（图 8-1）用于显示当前项目的所有视图（包括楼层平面、天花板平面、三维视图、建筑立面等）、图例、明细表、族、组等。

1. 打开项目浏览器的方法

实际建模过程中，如果【项目浏览器】没打开，可以单击【视图】选项卡的【窗口】面板中的"用户界面"按钮，勾选"项目浏览器"即可将其打开，如图 8-2 所示。

勾选此项

图 8-2 打开项目浏览器的方法

2. 项目浏览器的基本操作

（1）打开一个视图　双击视图名称可以打开该视图；或者在视图名称上单击鼠标右键，然后单击浮动对话框的"打开"按钮。

（2）复制视图　在视图名称上单击鼠标右键，然后单击浮动对话框的"复制视图"，再点击下级浮动对话框的"复制"。如果选择"带细节复制"的话，视图的专有图元（如详图构件、尺寸标注等）将被复制到视图中。

（3）视图重命名　在视图名称上单击鼠标右键，然后单击浮动对话框的"重命名"。

（4）删除视图　在视图名称上单击鼠标右键，然后单击浮动对话框的"删除"。

（5）展开或收拢视图　单击视图前的"＋"可以展开下级视图，单击视图前的"－"可以收拢下级视图。

（6）查找相关视图　在视图名称上单击鼠标右键，然后单击浮动对话框的"搜索"。

（7）创建新图纸　在"图纸"分支上单击鼠标右键，然后单击浮动对话框的"新建图纸"。

（8）将视图添加到图纸　将视图拖曳到图纸名称上；或者在图纸名称上单击鼠标右键，然后单击浮动对话框的"添加视图"。

（9）从图纸中删除视图　在图纸名称下的视图名称上单击鼠标右键，然后单击浮动对话框的"从图纸中删除"。

8.1.2　【设置】面板中的"其他设置"

单击【管理】选项卡的【设置】面板中的"其他设置"按钮🔧（图8-3）。

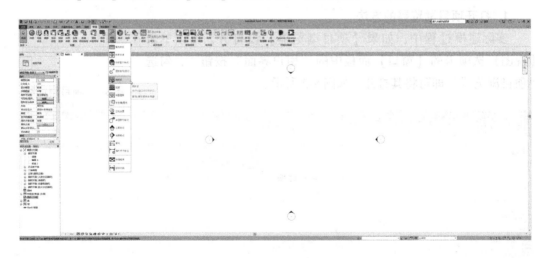

图8-3　单击"其他设置"按钮

1. 线样式

单击"线样式"按钮，系统弹出【线样式】对话框（图8-4），可以在其中修改已有线样式的线宽、颜色及图案；还可以根据需要单击 新建(N) 按钮创建新样式。

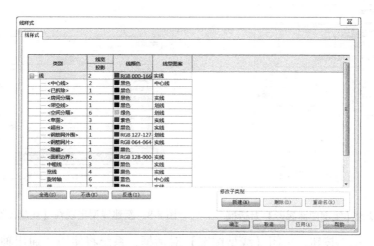

图 8-4 【线样式】对话框

2. 线型图案

该工具可以创建或修改线型图案，创建完成后，使用"对象样式"管理将其指定给相应图元。

1）单击"线型图案"按钮▦线型图案，系统弹出【线型图案】对话框（图 8-5）。

2）单击 新建(N) 按钮，系统弹出【线型图案属性】对话框（图 8-6）。

图 8-5 【线型图案】对话框

图 8-6 【线型图案属性】对话框

3）设置【线型图案属性】对话框。

①在"名称"栏输入新建线型图案的名称，如"通用轴网线"。

②在第一行的"类型"中，选择为"划线"，"值"输入"15mm"；第二行的"类型"中，选择为"空间"，"值"输入"3mm"；第三行的"类型"中，选择为"划线"，"值"输入"1mm"；第四行的"类型"中，选择为"空间"，"值"输入"3mm"（图 8-7）。

③完成后，单击 确定 按钮，返回【线型图案】对话框，可以看到新创建的线型已经出现在对话框中（图 8-8）。

图 8-7 设置【线型图案属性】对话框 图 8-8 新建线型出现在【线型图案】对话框中

④单击 确定 按钮，关闭【线型图案】对话框，系统将使用"通用轴网线"重新绘制所有轴网图元。

3. 线宽

单击"线宽"按钮 线宽，在系统弹出的【线宽】对话框（图 8-9）中可以选择或修改线宽，用于控制模型线、透视视图线或注释线的宽度。模型线的线宽要受视图比例的影响。

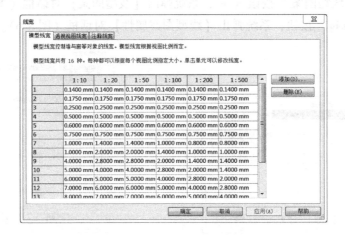

图 8-9 【线宽】对话框

在"模型线宽"活动标签中单击 添加(D)... 按钮，可以添加视图比例，并在该视图比例下指定各代号线宽的打印值。

8.1.3 对象样式管理

Revit 与 CAD 有着明显的不同，CAD 是通过"图层"来控制图形的样式和显示，而 Revit 是利用对象样式工具来管理对象类别和子类别的模型信息。对象样式的功能与 CAD 的图层功能类似，修改对象样式中类别的线宽、颜色、线型图案即可同步修改相应模型的外观样式。

修改类别的外观显示的主要方法是通过"对象样式"或"可见性/图形替换"等来实现，

其中"对象样式"可以全局查看和控制当前项目中的对象类别和子类别的线宽、线颜色等；"可见性/图形替换"则可以在各个视图中有针对性地对图元进行控制和替换。

1. 对象样式的使用

单击【管理】选项卡的【设置】面板中的"对象样式"按钮 ，打开【对象样式】对话框（图 8-10）。

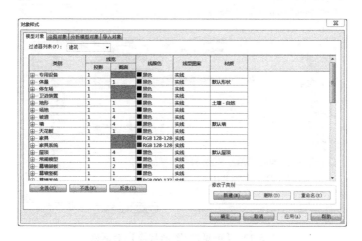

图 8-10 【对象样式】对话框

1）在"模型对象"标签中，列举了当前建筑规程中的对象类别的线宽、颜色、线型图案以及材质等设置，用户可以在列表中单击选择相应项进行修改。

2）在"注释对象"标签中，列举了当前注释图元的线宽、颜色以及线型图案等设置，用户可以在列表中单击选择相应项进行修改。

3）在"分析模型对象"标签中，列举了当前分析图元的线宽、颜色、线型图案以及材质等设置，用户可以在列表中单击选择相应项进行修改。

4）在"导入对象"标签中，列举了当前导入的族图元或图形的线宽、颜色、线型图案以及材质等设置，用户可以在列表中单击选择相应项进行修改。

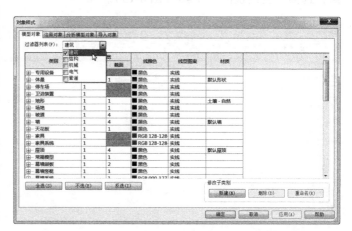

图 8-11 在【对象样式】对话框中勾选选项

如果在【对象样式】对话框的"过滤器列表"中，只勾选"建筑"选项（图 8-11），可以对建筑图元的线宽、颜色以及线型图案进行设置。

2. 可见性/图形的使用

"可见性/图形"主要用于控制模型图元、注释、导入、链接的图元以及工作集图元在视图中的可见性和图形显示。使用该工具可以替换图元的截面线、投影线以及模型类别的表面、注释以及类别等。

单击【视图】选项卡的【图形】面板中的"可见性/图形"按钮 (或者使用快捷键"VG"),打开【可见性/图形替换】对话框(图8-12)。

图 8-12 【可见性/图形替换】对话框

用户可以在对话框勾选所需图元的可见性,并设置图元的显示样式。

8.1.4 视图过滤器

使用视图过滤器可以按指定条件控制视图中图元的显示。当然,必须先创建视图过滤器,然后才能在视图中使用过滤条件。

1)单击【视图】选项卡的【创建】面板中的"复制视图" 按钮旁边的小黑三角,选择"复制视图"工具(图8-13)。

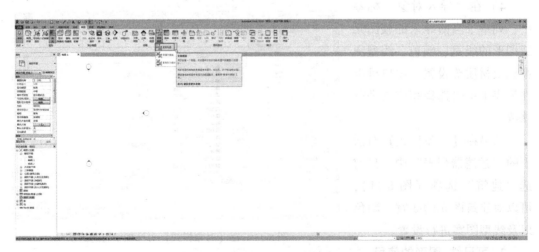

图 8-13 单击选择"复制视图"工具

2）在【浏览器】中选择被复制的视图（如标高1副本1），单击右键选择"重命名"选项。

3）重新输入视图名称，比如"标高1外墙"，则【浏览器】中的视图名称被修改（图8-14）。

4）单击【视图】选项卡的【图形】面板中"过滤器"按钮，系统弹出【过滤器】对话框（图8-15）。

5）单击【过滤器】对话框的"新建"按钮，在【过滤器名称】对话框中输入"外墙"，然后单击按钮返回【过滤器】对话框，在类别栏的对象类别列表中选择"墙"对象类别，设置过滤条件为"功能"，判断条件为"等于"，值为"外部"，结果如图8-16所示。

图8-14　视图重命名

图8-15　【过滤器】对话框

图8-16　在【过滤器】对话框中添加设置

6）使用同样方法创建"内墙"过滤器，其类别依然是"墙"，设置过滤条件为"功能"，判断条件为"等于"，值为"内部"，完成后单击按钮关闭对话框。

7）单击【视图】选项卡的【图形】面板中的"可见性/图形"按钮（或者使用快捷键"VG"），打开【可见性/图形替换】对话框。

8）单击对话框中的"过滤器"活动标签，单击按钮，在弹出的【添加过滤器】对话框中，按Ctrl键选择新设置的"外墙""内墙"过滤器（图8-17）。

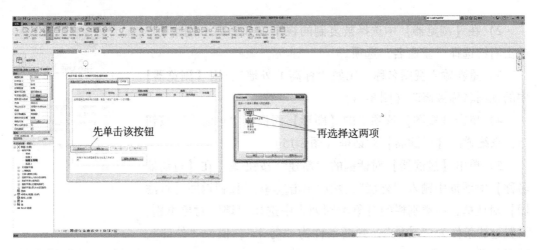

图 8-17 添加过滤器

9）完成后，单击 [确定] 按钮，结果如图 8-18 所示。

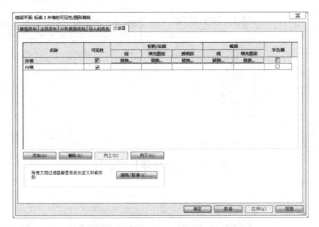

图 8-18 添加过滤器的结果

10）设定"外墙"过滤器的截面填充图案为"实体填充""蓝色"，勾选内墙为半色调（图 8-19），单击 [确定] 按钮关闭对话框。

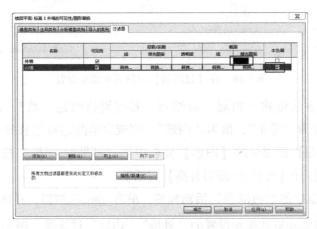

图 8-19 设置过滤器

设置完成后，在视图中的外墙将被蓝色实体填充，内墙将半色调显示，以达到区分显示的效果。

使用过滤器工具可以根据既定的参数条件过滤视图中的图元对象，并可使用过滤器控制对象的显示、隐藏及线型等。使用过滤器可以根据需要突出强调设计意图，使图样更加灵活、生动。

使用"复制视图"功能，可以复制视图生成副本，各视图副本可以单独设置可见性、过滤器、视图范围等属性。复制后新视图中将仅显示项目模型图元。使用"带细节复制"还可以复制视图中所有二维注释图元，但生成的视图副本将作为独立视图，在原视图中新添加注释不会影响副本视图，反之亦然。如果希望生成的副本视图与原视图实时关联，可以使用"复制作为相关"方式，这样如果在原视图中修改，副本视图将实时显示。

8.1.5 视图样板

在【可见性/图形替换】对话框中设置对象类别的可见性及视图显示仅限于当前视图。如果有多个同类型的视图需要按相同的可见性或图形设置，可以使用视图样板功能来完成。

单击【视图】选项卡的【图形】面板中的"视图样板"按钮旁边的小黑三角，可以进行相应工具的选择（图 8-20）。

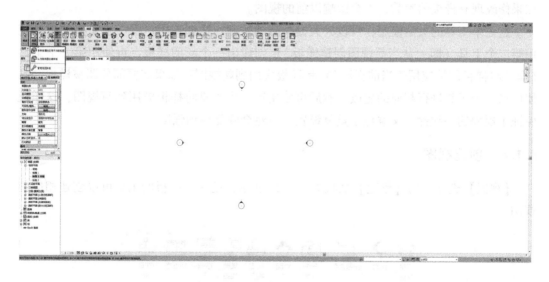

图 8-20 "视图样板"的几个工具

（1）将样板属性应用于当前视图 选择该工具，将弹出【应用视图样板】对话框（图 8-21）。该工具的主要功能是将存储在视图样板的特性应用到当前视图中。使用视图样板可以应用规程特定的设置和自定义视图外观，但是一旦用户对视图样板进行更改，不会自动应用到该视图，这时使用该工具就可以完成对当前视图的更新。

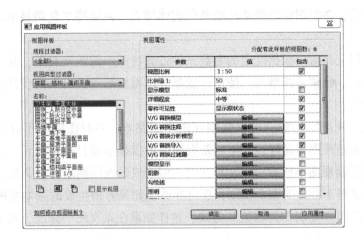

图 8-21 【应用视图样板】对话框

（2）从当前视图创建样板　可以使用当前视图的属性作为新样板基础来创建一个视图样板，这样用户一旦完成一个符合相关标准的完整视图，使用该工具创建一个新样板，在接下来的其他项目的创建过程中可以直接使用该样板，避免了每次烦琐的设置，从而保证了文档集之间的一致性。

（3）管理视图样板　该工具主要用于显示项目中样板视图的参数，用户可以添加、删除或编辑现有视图样板，还可以复制现有的视图样板，作为创建新视图样板的基础。如果修改现有样板的参数，不会影响以前的视图。

这三个工具的灵活使用，可以大大提高劳动效率。比如：用户将一个完整的视图使用第二个工具（即"从当前视图创建样板"）创建出一个新的样板，再使用第一个工具（即"将样板属性应用于当前视图"）将样板应用到新视图；如果需要部分调整样板，则使用第三个工具进行相应的更改，然后再使用第一个工具将样板应用到新视图，这样既保证了规程的一致性，又避免了重复设置，自然会降低劳动强度。

8.1.6　创建视图

【视图】选项卡的【创建】面板如图 8-22 所示，使用该面板的工具可以创建相应的视图。

图 8-22 【创建】面板

1）三维视图：单击 按钮，用于打开默认的三维视图；使用其中的 工具可以在视图中放置相机，创建透视的三维图；使用 工具，可以创建模型的三维漫游，并导出为 AVI 文件或图像文件。

2）剖面：单击 ♻ 按钮用于创建剖面视图。

3）详图索引：单击 ♂ 按钮，可以在视图中创建详图索引。

4）平面视图：单击 ▤ 按钮，可以创建楼层平面、天花板投影平面、平面区域以及面积平面等视图（图 8-23）。

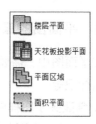

图 8-23 "平面视图"工具

5）立面：单击 ⌂ 按钮，用于创建立面视图，其中 ⌂ 框架立面 工具主要用于创建框架立面，以显示竖向支撑，该工具一般用于一些复杂结构使用。

6）绘图视图："绘图视图"按钮 ▦，用于创建一个视图，该视图中显示与建筑模型不直接关联的详图。

7）复制视图：单击 ⧉ 按钮，可以将视图创建为副本，"复制视图"提供了三个工具（图 8-24），在前面已经讲过。

图 8-24 "复制视图"工具

8）图例："图例"按钮 ▦ 包括 ▤ 图例 和 ▤ 注释记号图例 两个工具，用于创建图例的选项，所创建图例主要用于显示项目中使用的各种构件和注释的列表。比如：可以为材质、符号、线样式、工程阶段、项目阶段以及注释记号创建图例。

9）明细表：单击 ▦ 按钮，可以创建明细表，包括材质提取、图纸列表、视图列表和注释块等工具（图 8-25）。

10）范围框：单击 ▦ 按钮，可以控制特定视图中的基准图元（包括轴网、标高和参照线等）的可见性。方法是创建一个范围框，将该范围框应用于基准图元，然后将该范围框应用于所需的视图。

图 8-25 "明细表"工具

8.2 施工图的深化

前面简单介绍了关于视图创建的基本知识，对于后期深化施工图会有很大的帮助。实际上按照默认方式选定建筑样板或构造样板进入 Revit 后，样板本身会自动带有一些常用视图，用户不必每次都重新创建，仅需在其中根据项目的实际需要进行增减设置即可。而且，如果之前用户已经有一个相对完善的项目，仅需用之前讲过的方法直接创建一个新样板，然后稍加修改即可进入新项目的设计流程。

完成项目视图的设置后，可以在视图中添加尺寸标注、标高、文字及符号等注释信息，从而达到施工图所需要的深度。

以下，将简单介绍如何完成施工图中的平面图、立面图、剖面图、详图以及明细表等内容。另外，为了不影响项目的调整，建议用户使用复制视图副本的方法进行相关注释。

8.2.1 平面图的深化

在平面图中，需要详细表述尺寸线（包括外包尺寸、轴间尺寸及细部尺寸）、标高及门窗标记等。

1. 创建关于图样的副本

1）在【项目浏览器】中选择平面视图（如标高1），单击右键，在"复制视图"中选择"复制"方式（图8-26）。

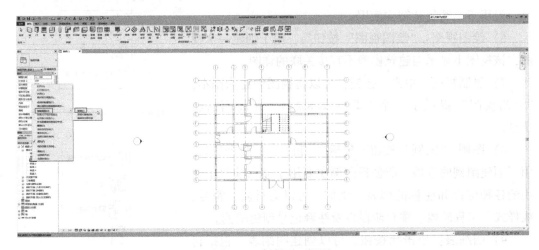

图8-26 复制平面视图

2）选择被复制的视图（如标高1—副本1），单击右键选择"重命名"项，将其名称修改为"如标高1—施工图"，如图8-27所示。

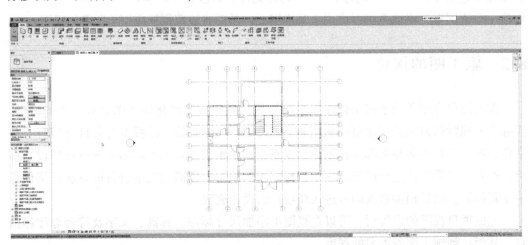

图8-27 将复制平面视图重命名

3）重复上述操作，将标高2、标高3视图复制并重命名。

2. 设置尺寸标注类型

注释尺寸之前，应设置尺寸标注类型。

1）单击【注释】选项卡中【尺寸标注】面板的小黑三角，在其下拉列表中选择"线性尺寸标注类型"项，如图 8-28 所示。

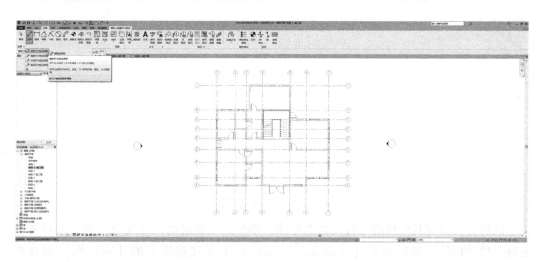

图 8-28　选择"线性尺寸标注类型"项

2）在弹出的【类型属性】对话框中，设置各项参数。

①设定"标记字符串类型"为"连续"。

②设定"记号"（即起止符号）为"对角线 3mm"。

③设定"线宽"为"1"，即细线。

④设定"记号线宽"为"4"，即粗线。

⑤确认"尺寸界线控制点"为"固定尺寸标注线"。

⑥设置"尺寸界线长度"为"8mm"；"尺寸界线延伸"为"2mm"。

⑦设置"颜色"为"蓝色"。

⑧确认"尺寸标注线捕捉距离"为"8mm"，用于确定尺寸线之间的距离。

⑨设置"文字大小"为"3.5mm"；"文字偏移"为"1mm"；设置"文字字体"为"仿宋"。

设置结果如图 8-29 所示。

3）完成后单击 确定 按钮关闭对话框。

3. 添加尺寸标注

在【注释】选项卡的【尺寸标注】面板中选用"对齐"工具 对图形进行相应的标注（图 8-30）。

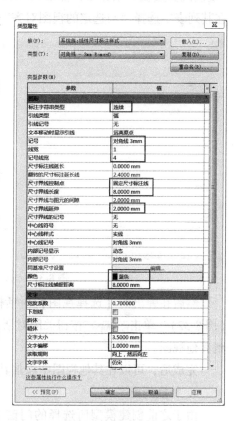

图 8-29　设置【类型属性】对话框

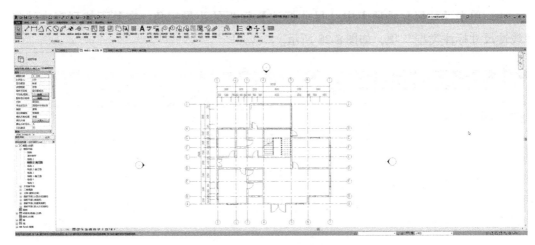

图 8-30　添加尺寸标注

同样，可以对其他视图进行类似的标注。如果其他图层的尺寸完全一致，可以先复制这些尺寸标注，然后单击【修改｜尺寸标注】上下文选项卡的【剪贴板】面板的"复制到剪贴板"按钮，然后再单击【剪贴板】面板的"粘贴"按钮下的小黑三角，在其列表中选择"与选定的视图对齐"项（图8-31）。

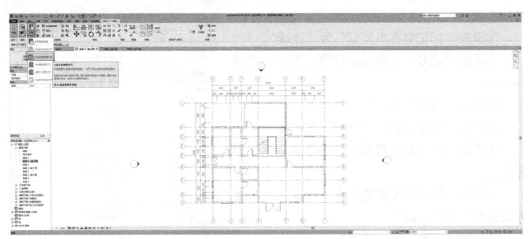

图 8-31　选择"与选定的视图对齐"项

然后在弹出的【选择视图】对话框中，选择相应的视图（图 8-32），单击 确定 按钮关闭对话框，则尺寸标注被复制到其他视图。

完成后，可以在其他视图中添加其他的标注。

4. 替换门窗

由于之前创建模型所选择的门窗等构件均为系统自带的族，不一定能够满足项目要求，这时用户可以自己创建族并将其应用到项目中。

图 8-32　在【选择视图】
对话框中选择视图

1）单击【插入】选项卡的【从库中载入】面板中选择"载入族"按钮 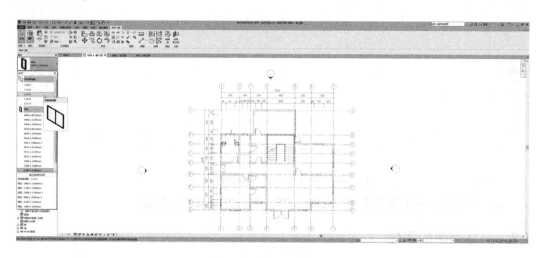。

2）选择保存族的文件夹，选择所创建的窗族，然后单击 打开(Q) 按钮。

3）选择视图中的一个窗，在【属性】中选择载入族的类型（图 8-33），则该窗被载入族替换。

图 8-33　替换视图中的窗

4）重复上述操作，直至所有窗被替换。

从以上操作中可以看出，以现有族替换视图中的构件可以更符合项目的需求，同时也进一步明确了族的重要性。

5. 添加门窗标记

门窗标记即门窗的代号，在施工图中用于区别门窗类型，非常重要。Revit 中提供了"全部标记"和"按类别标记"等工具。

在【注释】选项卡的【标记】面板中选择"全部标记"按钮，在弹出的【标记所有未标记的对象】对话框（图 8-34）中选择"窗标记"选项，然后单击 应用(A) 按钮，系统将自动提取窗对象的类型名称作为窗图元标记。

用同样方法可以进行门或其他构件的标记，完成后单击 确定 按钮关闭对话框。

图 8-34　【标记所有未标记的对象】对话框

6. 添加高程

每个楼层都需要添加楼层标高，可以选择【注释】选项卡的【标记】面板中"高程点"按钮，在【属性】中选择标高符号类型，如正负零高程点（项目），如图 8-35 所示。然后在适宜位置放置标高，完成后按两次 Esc 键结束。

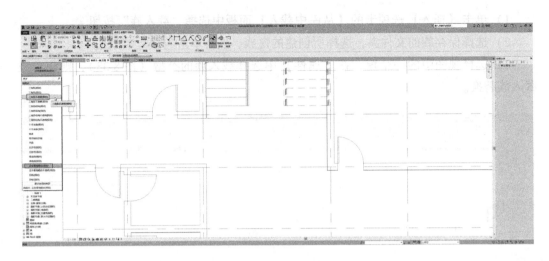

图 8-35　在【属性】中选择标高类型

对于平面图中还有其他需要添加的注释，操作方法与以上类似。

8.2.2　立面图的深化

1）将视图切换到立面视图，如北立面图。用同样的方法复制该立面图，并对复制的视图名称进行修改（如北立面施工图）。

2）在视图中，对于众多轴线不需全部在视图中出现，可以选择多余的轴线后，单击右键，选择"在视图中隐藏"，如图 8-36 所示。

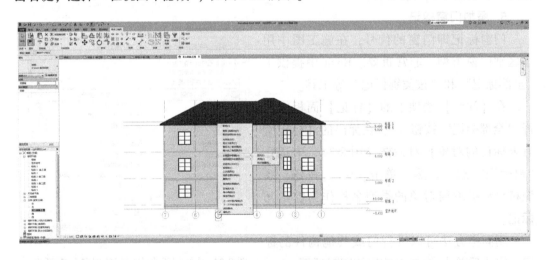

图 8-36　选择"在视图中隐藏"

3）对于长轴线，选择轴线然后单击拖曳端点（图 8-37）。

4）拖曳鼠标将轴线调整到适宜位置。用同样方法调整标高线，结果如图 8-38 所示。

5）在【注释】选项卡的【尺寸标注】面板中选用"对齐"工具，对图形进行相应的标注。

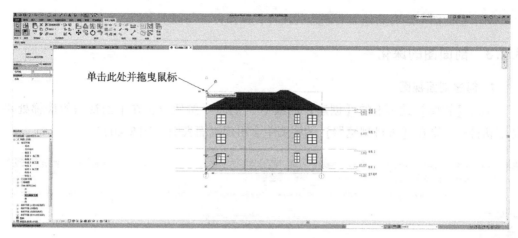

图 8-37 选择轴线并单击拖曳端点

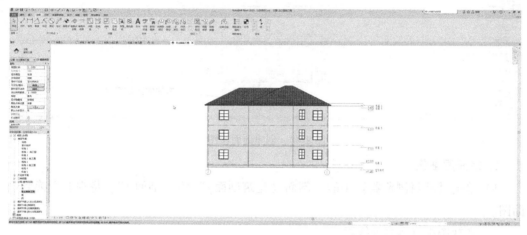

图 8-38 调整轴线

6）单击【注释】选项卡的【标记】面板中"高程点"按钮，添加其他高程。结果如图 8-39 所示。

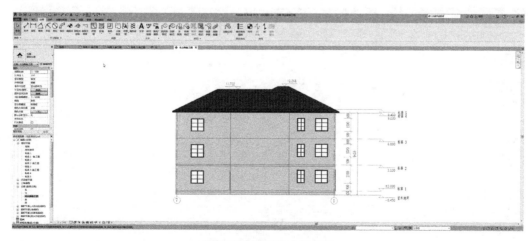

图 8-39 添加尺寸与高程

对于立面图中还有其他需要添加的注释，操作方法与以上类似。

8.2.3 剖面图的深化

1. 创建剖面视图

单击【视图】选项卡的【创建】面板中"剖面"按钮，在平面视图的楼梯处添加剖切符号，则在【项目浏览器】的视图中会出现剖面视图（图8-40）。

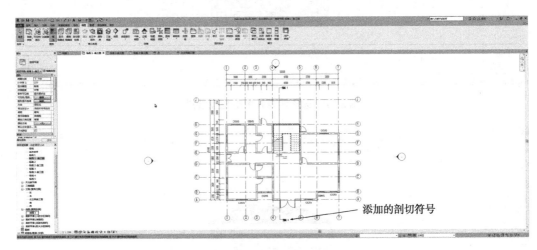

图 8-40 创建剖面视图

2. 剖面图细化

1）单击【项目浏览器】中的"剖面（建筑剖面）"的"剖面1"，将视图切换到剖面图。

2）在视图中将多余轴线隐藏。

3）在楼层处添加标高。

4）在剖面图中添加尺寸标注，结果如图8-41所示。

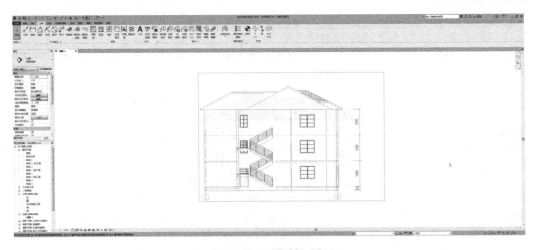

图 8-41 细化剖面图

8.2.4 详图的创建

使用 Revit 创建建筑模型时，起初可以不把各种细节都表现出来，在施工图中可以借助详图工具进一步进行深化，这是一种简单的方法，这样可以减少模型的容量，减轻硬件的负担。还有一种方法就是细化建筑模型，完成后直接利用三维模型生成详图，再在其中增加注释等内容。

实际上第一种方法还是一个传统思维，没有完全发挥 BIM 的优势，但修改施工图会很方便；第二种方法应该是未来 BIM 的发展方向，只是目前受硬件制约，需要相对高端的设备运行。

1. 绘图视图

绘图视图是指在详图设计中创建的与模型不关联的详图，如同手绘的二维视图或从外部导入的 CAD 图。该工具的使用方法如下：

1）单击【视图】选项卡的【创建】面板中的"绘图视图"按钮。

2）在弹出的【新绘图视图】对话框（图 8-42）中，输入视图名称、设定比例。

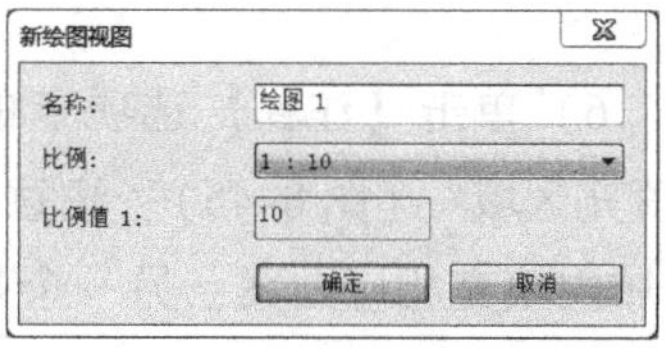

3）完成后单击 确定 按钮，进入新绘图视图界面。

图 8-42 【新绘图视图】对话框

4）单击【注释】选项卡的【详图】面板中"详图线"按钮，在上下文选项卡【修改 | 放置详图线】的【绘制】面板选择相应的绘制工具，绘制详图轮廓（图 8-43）。

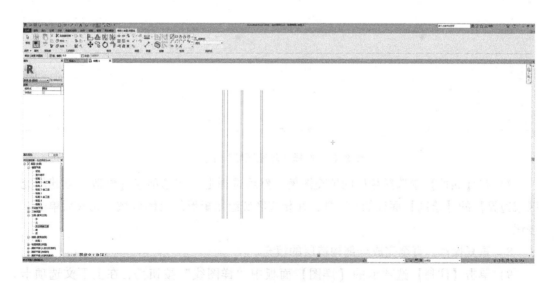

图 8-43 绘制详图轮廓

5）单击【注释】选项卡的【详图】面板中"隔热层"按钮，在相应区域绘制保温层，如图 8-44 所示。

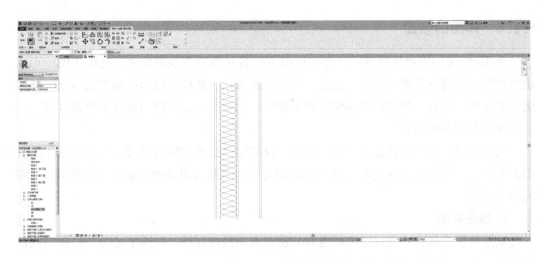

图 8-44 绘制保温层

6）单击【注释】选项卡的【详图】面板中"区域"按钮▣下的小黑三角，选择"填充区域"（图 8-45）。注意，这里有两个选择，一个是"填充区域"，指的是在指定区域内填充相应图案；另一个是"遮罩区域"，指的是将指定区域的图形隐藏。

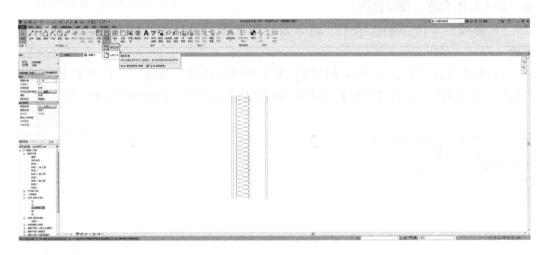

图 8-45 选择"填充区域"工具

7）在【属性】中选择相应的填充图例，然后选择上下文选项卡【修改 | 创建填充区域边界】的【绘制】面板的▫工具，在相应区域绘制矩形的封闭区域，完成后单击✔按钮。

8）重复操作，直至完成全部构造层的填充。

9）单击【注释】选项卡的【详图】面板中"详图线"按钮，在上下文选项卡【修改 | 放置详图线】的【绘制】面板选择直线工具，绘制标注引线（图 8-46）。

10）单击【注释】选项卡的【文字】面板中"文字"按钮A，在相应位置添加文字注释（如同 CAD 的多行文本），结果如图 8-47 所示。

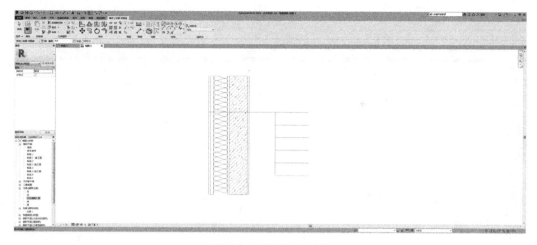

图 8-46　绘制标注引线

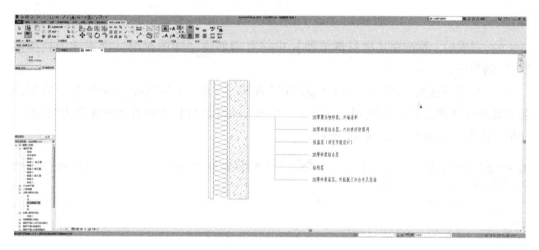

图 8-47　添加文字注释

11）完成后将图形保存。

2. 利用详图索引工具创建详图

Revit 提供了详图索引工具，可以将现有视图进行局部放大以生成索引视图，并在索引中显示模型图元。

1）切换到剖面视图，如"剖面 1"。

2）在【视图】选项卡的【创建】面板中单击"详图索引"工具，系统切换至上下文选项卡【修改|详图索引】。

3）在【属性】中设置当前详图索引类型为"详图索引"，单击编辑类型按钮，打开【类型属性】对话框，单击 复制(D)... 按钮，将复制名称修改为"剖面详图视图索引"，完成后单击 确定 按钮。

4）适当放大屋顶部位，在屋顶位置单击鼠标左键，然后拖动鼠标拉出一个窗口（图 8-48）。

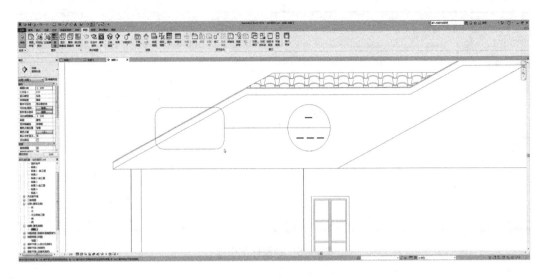

图 8-48　在屋顶位置拖动鼠标拉出一个窗口

5）完成后，系统在【项目浏览器】中将自动创建"详图视图（剖面详图视图索引）"的视图。

6）在【项目浏览器】中选择"视图 0"视图，并单击右键选择"重命名"，将视图名称修改为"详图 1"；切换到"详图 1"视图；在【属性】中设置视图比例为"1∶20"，详细程度为"精细"，如图 8-49 所示。

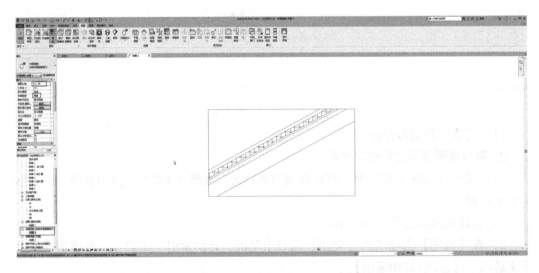

图 8-49　修改并设置视图

7）单击【注释】选项卡的【详图】面板的"详图线"按钮，在视图中绘制标注引线（图 8-50）。

8）单击【注释】选项卡的【文字】面板的"文字"按钮 A，添加文字注释，详图绘制完成，如图 8-51 所示。

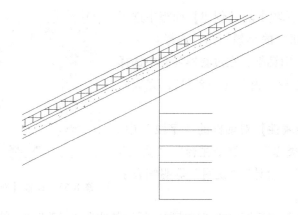

图 8-50　绘制标注引线

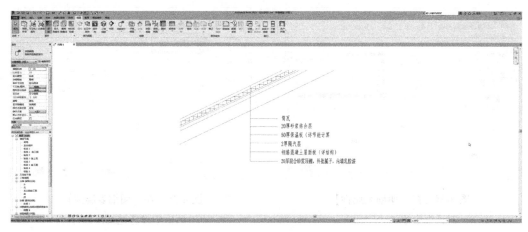

图 8-51　添加文字注释

9）完成后将图形保存。

8.2.5　明细表

明细表主要用于统计，比如房间面积、门窗明细、墙明细、钢筋明细以及其他构件或设施的统计。以下简单介绍一下窗明细表的创建方法。

1）在【建筑】选项卡中选择"窗"按钮█。

2）在【属性】中设置"约束"等参数，完成后单击 编辑类型 按钮。

3）在【类型属性】对话框中，设置相应参数。比如将"类型注释"参数修改为"900 ＊1500"；"说明"参数为"断桥铝合金（全玻），窗台高详大样"；"类型标记"参数为"C0915"，如图 8-52 所示，完成后单击 确定 按钮。

图 8-52　设置【类型属性】对话框

4）在【视图】选项卡的【创建】面板中选择"明细表"工具按钮的小黑三角，选择明细表/数量打开【新建明细表】对话框，在过滤器列表中选择"建筑"，在类别中选择"窗"（图 8-53），完成后单击确定按钮。

5）在【明细表属性】对话框的"字段"中，选择添加"族""类型""类型注释""高度""宽度""部件名称""合计""说明"等明细表字段，如图 8-54 所示。

6）【明细表属性】对话框中的"过滤器"设置条件为"说明""不等于"等(图 8-55)。

图 8-54 在【明细表属性】
对话框中添加"字段"

图 8-55 在【明细表属性】
对话框中设置过滤器条件

7）【明细表属性】对话框中的"排序/成组"设置：选择"类型""升序"；勾选"总计"；选择"标题和总数"，如图 8-56 所示。

8）【明细表属性】对话框中的"格式"设置：选择"宽度""高度""合计"等，字段格式为"隐藏字段"，勾选"计算总数"（图 8-57）。

图 8-56 在【明细表属性】对话框中
设置"排序/成组"方式

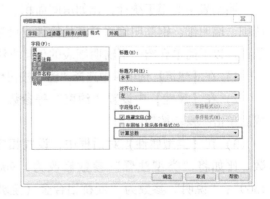

图 8-57 在【明细表属性】对话框中
设置格式

9）完成后单击 确定 按钮，结果如图 8-58 所示。

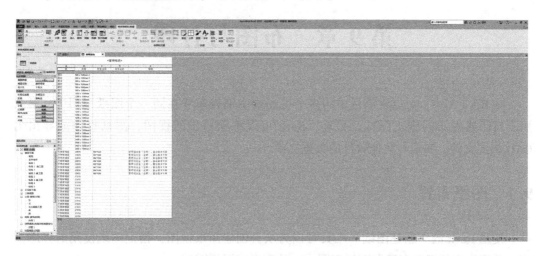

图 8-58　创建完成的明细表

以上因为只设置了窗，所以明细表中只有窗的信息。实际上在创建模型之前或者在创建门窗之前进行门窗的相关信息设置，就会创建一个完整的明细表，以便于将来提取相关数据。另外，对于其他的构件，都应当按类似方法进行设置，这样对于整个项目就会有完整准确的数据，这也就是 BIM 的优势所在。

第9章 布图与打印

在 Revit 当中，可以将项目中的多个视图或明细表布置在同一个图纸视图中，形成用于打印或发布的施工图样。另外，Revit 可以将项目中的视图、图纸打印或导出为 CAD 格式文件，实现与其他软件的数据交换。

9.1 图纸布置

使用 Revit 的"新建图纸"工具可以为项目创建图纸视图，指定图纸使用的标题栏族，并将指定的视图布置在图纸视图中，从而形成图纸图档。

1）在【视图】选项卡的【图纸组合】面板单击"图纸"工具按钮 。

2）在弹出的【新建图纸】对话框（图 9-1）中，选择"A2 公制"，单击 确定 按钮。

3）在【视图】选项卡的【图纸组合】面板单击"视图"工具按钮 。

4）在弹出的【视图】对话框（图 9-2）中，选择视图名称，然后单击 在图纸中添加视图(A) 按钮。

图9-1 【新建图纸】对话框

图9-2 【视图】对话框

5）依次选择其他视图，完成图纸组合，如图 9-3 所示。

6）重复上述操作，直至项目全套图纸完成。

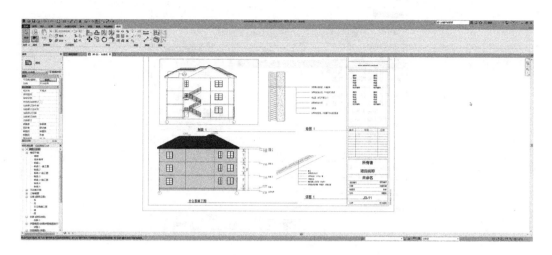

图9-3 完成图纸组合

9.2 打印图纸与导出图纸

图纸布置完成后，可以通过打印机（绘图仪）完成视图的打印，或者将指定的视图或图纸视图导出为CAD文件。

9.2.1 打印

1）单击【文件】菜单，在列表中选择"打印"选项，打开【打印】对话框（图9-4）。

图9-4 【打印】对话框

2）在"打印范围"栏目中选择"所选视图/图纸"项，然后单击 选择(E)... 按钮，在【视图/图纸集】对话框中选择图纸名称（图9-5）。

图 9-5 在【视图/图纸集】对话框中选择图纸名称

3）完成后，单击 确定 按钮回到【打印】对话框，选择"打印到文件"项，点击 浏览(B)... 按钮，设置文件保存路径，单击 确定 按钮开始打印。

4）打印机打印文件（图 9-6），经检查无误后，将文件保存即可。

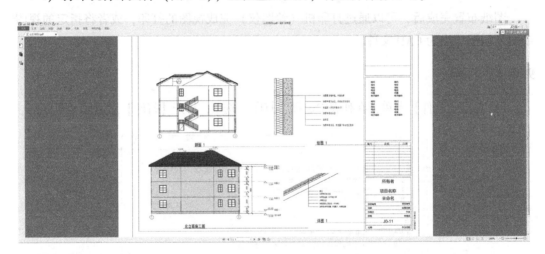

图 9-6 打印文件

9.2.2 导出为 CAD 文件

Revit 可以将项目图样或视图导出为 dwg、dxf、dgn 以及 sat 等格式的 CAD 文件，以便于为使用 CAD 工具的设计人员提供数据，但注意虽然 Revit 不支持图层概念，但可以设置各构件对象在导出 DWG 时对应的图层，以方便在 CAD 中运用。以下就简单看一下导出 CAD 文件的基本操作。

1）单击【文件】菜单，在列表中选择"导出"的"选项"的"设置 DWG/DXF"项，如图 9-7 所示。

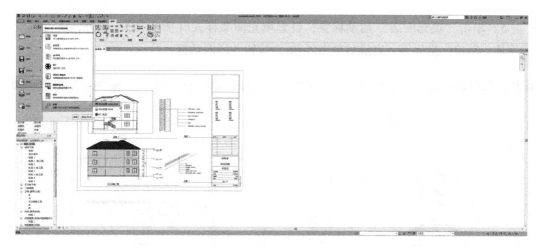

图 9-7 选择导出选项设置

2）系统弹出【修改 DWG/DXF 设置】对话框（图 9-8）。该对话框可以分别对模型导出为 CAD 文件时的图层、线型、填充图案、字体以及 CAD 版本等进行设置。

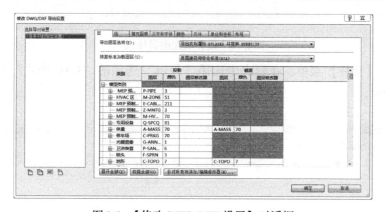

图 9-8 【修改 DWG/DXF 设置】对话框

3）在"层"活动标签的"根据标准加载图层"的下拉列表中选择层设置文件。

4）单击"线"活动标签，设置线型（图 9-9）。

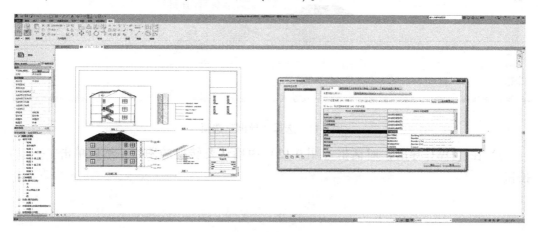

图 9-9 设置线型

5）单击"填充图案"活动标签，设置填充图案样式（图9-10）。此外，还可以设置字体、单位、坐标等。完成后单击 确定 按钮关闭对话框。

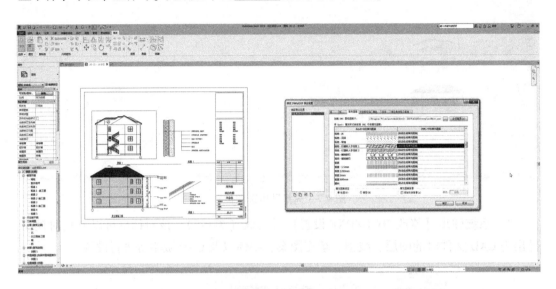

图9-10　设置填充图案样式

6）单击【文件】菜单，在列表中选择"导出"选项的"CAD 格式"的"DWG"，如图9-11 所示。

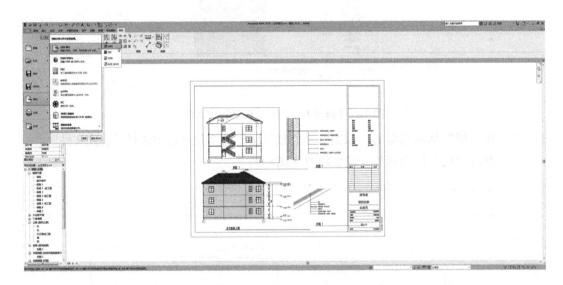

图9-11　选择"导出"选项

7）在【DWG 导出】对话框（图9-12）中确认要转换的图纸，然后单击 下一步(X)... 按钮。

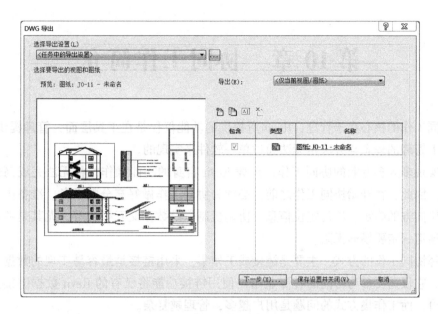

图9-12 【DWG 导出】对话框

8）在【导出 CAD 格式】中设置 CAD 版本格式、图形名称及保存路径等（图9-13），完成后单击按钮完成图纸转换。

图9-13 设置【导出 CAD 格式】对话框

第 10 章　协同工作简介

协同工作的核心在于管理，Revit 所提供的功能仅仅是在工具层面为管理提供支承，而实际上管理的理念与方法是无法通过单一软件来实现的。

要实现多人多专业的协同工作，仅凭 Revit 自身的功能操作，将无法完成高效的协作管理。因此，在开始协同工作之前，必须为协同工作做好充分的准备。准备内容首先应包括协同方的确定、项目定位信息、协调机制以及数据交互模式等，尤其是数据的相互传递通道一定要畅通无阻。

选择协同工作的方式，主要是链接或工作集。采用链接是最容易实现的数据级的协同方式，它仅需要参与协同的各专业用户使用链接功能将已有的 Revit 数据链接至当前模型即可；而工作集方式的问题是用户越多，管理越复杂。

因此，根据经验建议结合项目的实际特点，优先将项目拆分为不同的独立模型，采用链接方式生成完整的模型，在独立模型内部再根据需要启用工作集模式，以方便沟通和修改。

对于联系特别紧密的工作，可以首先使用工作集模式。比如多个工程师同时参与同一个项目建筑专业的设计工作，最终需要合成一个完整的项目时，采用工作集方式便于多个工程师及时交互，并在项目中明确构件的命名规则、文件保存的法则等。

项目主管需要制定项目级的协同设计标准，企业应根据自身的现状制定企业级协同设计标准，而行业则需制定行业乃至国家级的标准，所有这些工作是全面实现 BIM 设计的基础。

10.1　链接

在 Revit 当中，使用链接功能，可以链接其他专业模型，配合使用碰撞检查功能完成构件间碰撞检查等涉及质量控制等方面内容。

10.1.1　链接示例

以下就通过一个小建筑图与设备图的链接，来看一下专业间的协同与碰撞检查情况。

1）打开一个已有的小建筑模型。

2）单击【插入】选项卡的【链接】面板中的"链接 Revit"按钮。

3）根据文件路径，选择要链接的设备模型文件，"定位"方式选择"自动—原点到原点"，单击 打开(O) 按钮，结果如图 10-1 所示。

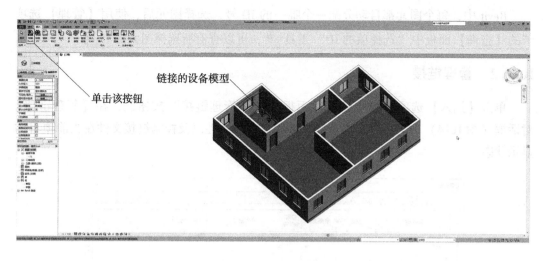

图 10-1　链接设备模型

4）单击【协作】选项卡的【坐标】面板中的"碰撞检查"按钮 的小黑三角，在下拉列表中选择"运行碰撞检查"工具 。

5）在弹出的【碰撞检查】对话框的左侧的"类别来自"选择"当前项目"，勾选其中的构件；对话框右侧的"类别来自"选择"卫浴.rvt"，勾选其中的构件（图 10-2）。

6）完成后，单击 确定 按钮，Revit 将根据所选构件进行碰撞检查。

7）如果构件之间出现碰撞干涉，则系统会给出【冲突报告】对话框（图 10-3）。

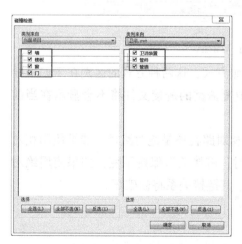

图 10-2　设置【碰撞检查】对话框

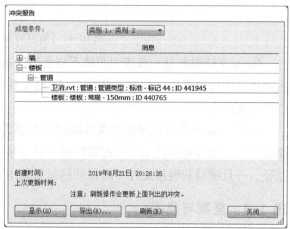

图 10-3　系统提供的【冲突报告】对话框

8）单击 导出(E)... 按钮可以导出"*.html"格式的文件，使用 IE 浏览器可以打开该报告。

9）在【冲突报告】对话框中，展开其中的任一项，可以发现冲突图元的类别、类型以及 ID 号，单击某一图元，将在视图中亮显，以便于迅速查明原因，调整模型。

Revit 中，每个图元都自动分配一个唯一的 ID 号，选择图元后，使用【管理】选项卡的【查询】面板中"选择项的 ID"工具 ，可以查看所选择图元的 ID 号。

10.1.2 管理链接

单击【插入】选项卡的【链接】面板中的"管理链接"按钮 ，在【管理链接】对话框（图 10-4）中，可以设置链接文件的各项目属性以及控制链接文件在当前项目的显示状态。

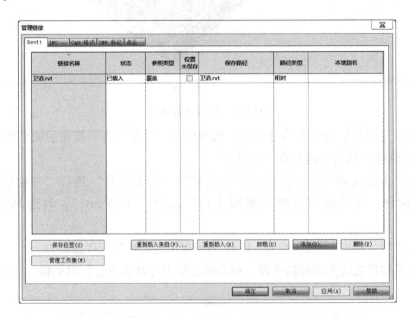

图 10-4 【管理链接】对话框

Revit 支持附着型和覆盖型两种不同类型的参照方式，这两种方式的区别在于如果导入的项目中包含链接（即嵌套链接），链接文件中覆盖型的链接文件将不会显示在当前主项目文件中。

另外，Revit 可以记录链接文件的路径类型为相对路径还是绝对路径。如果使用相对路径，当将项目和链接文件一起移动到新目录中时，链接关系保持不变；如果使用绝对路径，一旦项目和链接文件一起移动到新目录中，其链接关系将被破坏。

10.1.3 复制与监视

在链接图元时，可以将被链接项目的轴网、标高等图元复制到当前项目当中，以方便在当前项目中编辑修改。但为了当前项目中的轴网、标高等图元与链接项目中的轴网、标高等图元保持一致，可以使用"复制/监视"工具 ，将链接项目中的图元对象复制到主体项目中，用于追踪链接模型中图元的变更与修改情况，以便于及时协调和修改当前主项目模型中的对应图元。

10.2　工作集

Revit 工作集是将所有人的修改成果通过网络共享文件夹的方式保存在中央服务器上，并将他人修改成果实时反馈给参与设计的客户端，以便在设计时及时了解他人的修改或变更。

工作集由项目经理或项目管理者在开始共享工作之前设置完成，并保存在服务器共享文件夹中，以确保所有用户具备可以访问中心文件的权限。要启用工作集，必须由项目负责人在开始协作之前建立和设置工作集，并指定共享存储中心文件的位置，以及定义所有参与项目工作的人员权限。

工作集是每次可由一位项目成员编辑的建筑图元的集合，所有其他工作组成员可以查看该工作集的图元，但不能修改该工作集，主要是防止在项目中可能发生的冲突。

10.2.1　设置工作集

设置工作集时需要注意根据项目大小划分工作集，一般工作组成员每人可有 1～4 个工作集，工作组成员每人被指定特定功能的任务，成员间协同工作。当项目发展到一定程度后，由项目负责人启用工作集，启用时一定注意备份原始文件。

1）单击【协作】选项卡的【工作集】面板中的"工作集"按钮🗔。

2）在系统弹出【工作集】对话框中，单击▭新建(N)▭按钮，输入新的工作集名称，勾选或取消勾选"在所有视图中可见"（图 10-5）。

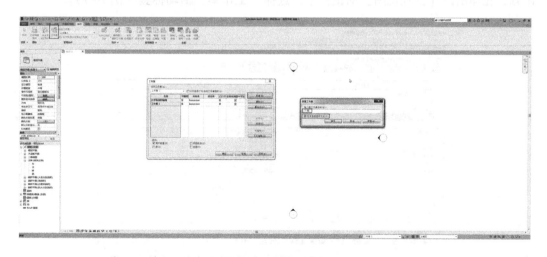

图 10-5　新建工作集

3）创建完成后单击▭确定▭按钮。

4）重复上述操作，创建多个工作集，比如内墙、屋顶、楼梯、楼板等。

10.2.2 细分工作集

1）打开之前创建的"项目 1. rvt"文件，切换到"标高 1"视图。

2）在视图中选择相应图元，单击【属性】中的"标识数据"一栏，在"工作集"对应参数下拉列表中选择对应的工作集名称，如图 10-6 所示。

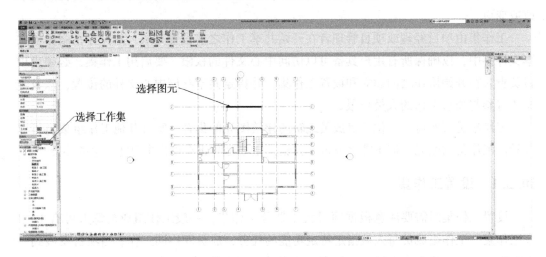

图 10-6 选择图元，选择工作集

3）重复上一步骤的操作，直至全部工作集分配完成。

4）切换到三维视图，选择【视图】选项卡的【图形】面板的"可见性/图形"按钮，在弹出的【三维视图】对话框中，选择"工作集"活动标签（图 10-7）。

图 10-7 选择"工作集"活动标签

5）分别设置工作集的可见性，完成后单击 确定 按钮。

10.2.3 创建中心文件

在本地硬盘的任意位置新建名称为"中心文件"的空白文件夹，并设置该文件夹为网络共享文件夹，设置允许所有网络用户拥有文件夹的读写权限，通过"网上邻居"的"映射网络驱动器"功能，分别在其他工程师的计算机中将"中心文件"共享文件夹映射为"M"。

注意：使用 Revit 的工作集功能，必须确保所有计算机均能正确访问共享文件夹，文件夹的命名规则必须完全一致。

启用工作集后，第一次保存项目时，将自动创建中心文件。再使用【文件】菜单中的"另存为"命令，设置保存路径和文件名称。

10.2.4 签入工作集

创建完成中心文件后，项目负责人必须放弃工作集的可编辑性，以便其他用户可以访问所需的工作集。

1）单击【协作】选项卡的【工作集】面板中的"工作集"按钮👒。

2）在弹出的【工作集】对话框中，选择所有工作集，勾选显示区域的"用户创建"复选框，在对话框右侧单击"不可编辑"按钮，确定释放编辑权（图 10-8）。

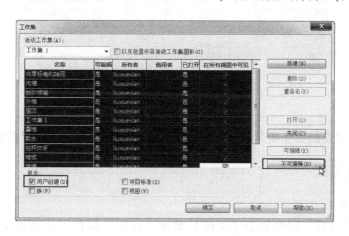

图 10-8 选择工作集，释放编辑权

3）启用工作集后，项目小组成员即可复制本地文件，签出各自负责工作集的编辑权限进行设计。

10.2.5 创建本地文件

1）项目小组成员在【文件】菜单中选择"打开"命令，通过网络路径选择项目中心文件并打开，勾选"新建本地文件"。

2）打开后在【文件】菜单中选择"另存为"命令，单击【另存为】对话框

的 选项(P)... 按钮，确保【文件保存选项】对话框（图 10-9）中取消勾选"保存后将此作为中心模型"复选框，单击 确定 按钮。

3）设置完成后，单击 保存(S) 按钮。

10.2.6 签出工作集

1）单击【协作】选项卡的【工作集】面板中的"工作集"按钮。

2）在【工作集】对话框中选择要编辑的工作集名称，单击 可编辑(E) 按钮获得编辑权，用户将显示在工作集的"所有者"一栏（图 10-10）。

图 10-9 【文件保存选项】对话框

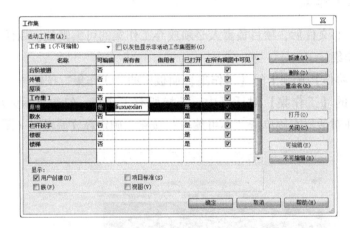

图 10-10 获取编辑权

3）选择不需要的工作集名称，单击 关闭(C) 按钮将其关闭，以提高系统的性能。

10.2.7 保存修改

1. 单独保存

创建修改完成后，可以单击【文件】菜单，选择"保存"命令将文件保存在本地硬盘。

2. 与中心文件同步

单击【协作】选项卡的【同步】面板中的"与中心文件同步"按钮。选择"立即同步"按钮 立即同步，可以实现与中心文件同步。如果选择"同步并修改设置"按钮 同步并修改设置，则需进一步设置【与中心文件同步】对话框（图 10-11）。

图 10-11 【与中心文件同步】对话框

10.2.8 其他

1. 查看其他成员的修改

项目小组成员间协同设计时，如果要查看别人的设计修改，可以单击【协作】选项卡的【同步】面板中的"重新载入最新工作集"按钮 即可。一般建议项目小组成员每 1~2h 将工作保存到中心一次，以便于项目小组成员及时交流设计内容。

2. 图元借用

默认情况下，没有签出编辑权的工作图元只能查看，不能选择和编辑。如果需要编辑这些图元，在没被其他小组成员签出的情况下，单击鼠标右键，在弹出的快捷菜单中选择"使图元可编辑"，即可编辑修改这些图元。

如果该图元已经被其他成员签出，则需单击"放置请求"按钮向所有者请求编辑权限，同时应联系所有者，因所有者不会收到用户请求的自动通知。

以上，只是简单介绍了工作集及协同工作的基本原理，在实际工程运用当中，用户还需根据项目情况以及人员配置，科学合理地进行设置与划分。

参考文献

［1］ 钟训正. 建筑制图［M］. 南京：东南大学出版社，2009.

［2］ 金方. 建筑制图［M］. 北京：中国建筑工业出版社，2018.

［3］ 何培斌. 建筑制图与识图［M］. 重庆：重庆大学出版社，2017.

［4］ 徐寅岚. 建筑制图与 CAD［M］. 武汉：武汉大学出版社，2019.

［5］ 游普元. 建筑制图［M］. 重庆：重庆大学出版社，2014.

［6］ 曲玉凤，李社生. 建筑制图与识图［M］. 北京：科学出版社，2018.

［7］ 魏艳萍. 建筑制图［M］. 北京：中国电力出版社，2013.

［8］ 高丽荣. 建筑制图［M］. 北京：北京大学出版社，2017.

［9］ 张宁远. 建筑制图与识图［M］. 大连：大连理工大学出版社，2013.

［10］ 张琳，蒲小琼. 建筑制图与识图［M］. 武汉：武汉大学出版社，2016.

［11］ 赵丽华，杨哲. 建筑制图与识图［M］. 南京：东南大学出版社，2018.

［12］ 杨月英，李海宁. 建筑制图［M］. 北京：机械工业出版社，2017.

［13］ 罗晓良，朱理东，温和. 建筑制图与识图［M］. 重庆：重庆大学出版社，2016.

［14］ 李建，王飞龙. 建筑制图［M］. 北京：清华大学出版社，2018.

［15］ 刘莉. 建筑制图［M］. 武汉：华中科技大学出版社，2017.

［16］ 李元玲. 建筑制图与识图［M］. 北京：北京大学出版社，2016.

［17］ 罗敏雪. 建筑制图［M］. 北京：高等教育出版社，2014.

［18］ 中华人民共和国住房和城乡建设部. 房屋建筑制图统一标准：GB/T 50001—2017［S］. 北京：中国建筑工业出版社，2018.

［19］ 中华人民共和国住房和城乡建设部. 建筑制图标准：GB/T 50104—2010［S］. 北京：中国计划出版社，2011.

［20］ 中华人民共和国住房和城乡建设部. 总图制图标准：GB/T 50103—2010［S］. 北京：中国计划出版社，2011.

［21］ 中南建筑设计院股份有限公司. 建筑工程设计文件编制深度规定［S］. 北京：中国建材工业出版社，2017.

［22］ 刘学贤，王乐生，王涵乙. 建筑绘图基础［M］. 北京：机械工业出版社，2010.

［23］ 王永皎，徐欣，李金莱. Auto CAD 建筑制图基础教程［M］. 北京：清华大学出版社，2018.

［24］ 郭慧. Auto CAD 建筑制图教程［M］. 北京：北京大学出版社，2018.

［25］ 布克科技，李善锋，姜勇，等. 从零开始 Auto CAD 2016 中文版建筑制图基础教程［M］. 北京：人民邮电出版社，2018.

［26］ 张霁芬，马晓波. Auto CAD 建筑制图基础教程［M］. 北京：清华大学出版社，2018.

［27］ 钱敬平，倪伟桥，栾蓉. Auto CAD 建筑制图教程［M］. 北京：中国建筑工业出版社，2018.

［28］ 周香凝，张黎红. Auto CAD 建筑制图基础教程［M］. 北京：清华大学出版社，2018.

［29］ CAD/CAM/CAE 技术联盟. Auto CAD 2018 中文版建筑设计从入门到精通［M］. 北京：清华大学

出版社, 2018.

[30] 钟日铭. Auto CAD 2019 中文版完全自学手册 [M]. 北京: 清华大学出版社, 2019.

[31] 陈超, 陈玲芳, 姜姣兰. Auto CAD 2019 中文版从入门到精通 [M]. 北京: 人民邮电出版社, 2019.

[32] 王建华. Auto CAD 2019 官方标准教程 [M]. 北京: 电子工业出版社, 2019.

[33] 李永民. Auto CAD 2019 中文版计算机辅助绘图全攻略 [M]. 北京: 人民邮电出版社, 2019.

[34] 郭朝勇. Auto CAD 2019 中文版基础与应用教程 [M]. 北京: 机械工业出版社, 2019.

[35] 宋晓明, 薛焱. 中文版 Auto CAD 2019 基础教程 [M]. 北京: 清华大学出版社, 2018.

[36] Autodesk Asia Pte Ltd. Autodesk Revit 2013 族达人速成 [M]. 上海: 同济大学出版社, 2013.

[37] 廖小烽, 王君峰. Revit 2013/2014 建筑设计火星课堂 [M]. 北京: 人民邮电出版社, 2013.

[38] 北京工程勘察设计行业协会等. 民用建筑信息模型设计标准: DB11/T 1069—2014 [S]. 北京: 中国建筑工业出版社, 2014.

[39] 中华人民共和国住房和城乡建设部, 等. 建筑信息模型应用统一标准: GB/T 51212—2016 [S]. 北京: 中国建筑工业出版社, 2016.

[40] 中华人民共和国住房和城乡建设部, 等. 建筑信息模型分类和编码标准: GB/T 51269—2017 [S]. 北京: 中国建筑工业出版社, 2017.

[41] 中华人民共和国住房和城乡建设部, 等. 建筑信息模型施工应用标准: GB/T 51235—2017 [S]. 北京: 中国建筑工业出版社, 2017.

[42] 中华人民共和国住房和城乡建设部, 等. 建筑信息模型设计交付标准: GB/T 51301—2018 [S]. 北京: 中国建筑工业出版社, 2018.

[43] 中华人民共和国住房和城乡建设部, 等. 建筑工程设计信息模型制图标准: JGJ/T 448—2018 [S]. 北京: 中国建筑工业出版社, 2018.

[44] 平经纬. Revit 族设计手册 [M]. 北京: 机械工业出版社, 2015.

[45] 马骁. BIM 设计项目样板设置指南 [M]. 北京: 中国建筑工业出版社, 2015.

[46] 何波. Revit 与 Navisworks 实用疑难 200 问 [M]. 北京: 中国建筑工业出版社, 2015.

[47] Autodesk Asia Pte Ltd. Autodesk Revit 2014 五天建筑达人速成 [M]. 上海: 同济大学出版社, 2014.

[48] 肖春红. Autodesk Revit Architecture 中文版实操实练 [M]. 北京: 电子工业出版社, 2015.

[49] 张金月. Revit 与 Navisworks 入门 [M]. 天津: 天津大学出版社, 2015.

[50] 黄亚斌, 王全杰, 赵雪峰. Revit 建筑应用实训教程 [M]. 北京: 化学工业出版社, 2016.

[51] 刘学贤, 郝占鹏, 王乐生. Revit 2016 建筑信息模型基础教程 [M]. 北京: 机械工业出版社, 2017.

[52] 益埃毕教育组. Revit 2016/2017 参数化从入门到精通 [M]. 北京: 机械工业出版社, 2017.

[53] 王晓军. Revit2018 中文版完全自学一本通 [M]. 北京: 电子工业出版社, 2018.

[54] 罗玮, 邱灿盛. 中文版 Revit 2018 建筑设计从入门到精通 [M]. 北京: 机械工业出版社, 2018.

[55] 何相君, 刘欣玥. 中文版 Revit 2018 基础培训教程 [M]. 北京: 人民邮电出版社, 2019.

[56] CAD/CAM/CAE 技术联盟. Revit 2018 中文版建筑设计入门与提高 [M]. 北京: 清华大学出版社, 2019.

[57] ACAA 教育. Autodesk Revit 2019 中文版实操实练 [M]. 北京: 电子工业出版社, 2019.

［58］杨新新，耿旭光，王金城．Revit2019 参数化从入门到精通［M］．北京：机械工业出版社，2019.

［59］刘孟良．建筑信息模型（BIM）Autodesk Revit 2019 全专业建模［M］．北京：中国建筑工业出版社，2019.

［60］柏慕进业．Autodesk Revit Architecture 2019 官方标准教程［M］．北京：电子工业出版社，2019.